U0452747

全国二级建造师执业资格考试专项突破

建设工程施工管理重点难点
专 项 突 破

全国二级建造师执业资格考试专项突破编写委员会　编写

中国建筑工业出版社

图书在版编目（CIP）数据

建设工程施工管理重点难点专项突破 / 全国二级建造师执业资格考试专项突破编写委员会编写. -- 北京：中国建筑工业出版社，2024.10. --（全国二级建造师执业资格考试专项突破）. -- ISBN 978-7-112-30502-5

Ⅰ．TU71

中国国家版本馆 CIP 数据核字第 2024FP4667 号

  本书按知识点进行划分，根据近年考试命题形式进行分析总结。本书的形式打破传统思维，采用归纳总结的方式进行题干与选项的优化设置，将考核要点的关联性充分地体现在"同一道题目"当中，该类题型的设置有利于考生对比区分记忆，这种方式大大压缩了考生的复习时间和精力。对部分知识点采用图表方式进行总结，易于理解，降低了考生的学习难度，并配有经典试题，用例题展现考查角度，巩固记忆知识点。

  本书既能使考生全面、系统、彻底地解决在学习中存在的问题，又能让考生准确地把握考试的方向。本书的作者旨在将多年积累的应试辅导经验传授给考生，对辅导教材中的每一部分都做了详尽的讲解，辅导教材中的问题都能在书中解决。

  本书可作为二级建造师执业资格考试的复习指导书，也可供广大建筑施工行业管理人员参考使用。

责任编辑：田立平

责任校对：芦欣甜

全国二级建造师执业资格考试专项突破
建设工程施工管理重点难点专项突破
全国二级建造师执业资格考试专项突破编写委员会　编写

*

中国建筑工业出版社出版、发行（北京海淀三里河路9号）
各地新华书店、建筑书店经销
北京红光制版公司制版
廊坊市金虹宇印务有限公司印刷

*

开本：787 毫米×1092 毫米　1/16　印张：17¼　字数：420 千字
2024 年 11 月第一版　　2024 年 11 月第一次印刷
定价：**58.00** 元（含增值服务）
ISBN 978-7-112-30502-5
（42268）

版权所有　翻印必究

如有内容及印装质量问题，请与本社读者服务中心联系

电话：(010) 58337283　　QQ：2885381756

（地址：北京海淀三里河路9号中国建筑工业出版社 604 室　邮政编码：100037）

前　言

　　为了帮助广大考生在短时间内掌握考试重点和难点，迅速提高应试能力和答题技巧，更好地适应考试，我们组织了一批二级建造师考试培训领域的权威专家，根据考试大纲要求，以历年考试命题规律及所涉及的重要考点为主线，精心编写了这套《全国二级建造师执业资格考试专项突破》系列丛书。

　　本套丛书共分7册，涵盖了二级建造师执业资格考试的2个公共科目和5个专业科目，分别是：《建设工程施工管理重点难点专项突破》《建设工程法规及相关知识重点难点专项突破》《建筑工程管理与实务案例分析专项突破》《机电工程管理与实务案例分析专项突破》《市政公用工程管理与实务案例分析专项突破》《公路工程管理与实务案例分析专项突破》《水利水电工程管理与实务案例分析专项突破》。

　　2个公共科目丛书具有以下优势：

　　一题敌多题——采用专项突破形式将重点难点知识点进行归纳总结，将考核要点的关联性充分地体现在"同一道题目"当中，该类题型的设置有利于考生对比区分记忆，该方式大大压缩了考生的复习时间和精力。众多易混选项的加入，更有助于考生全面地、多角度地精准记忆，从而提高了考生的复习效率。本书一个题目可以代替其他辅导书中的3~8个题目，以往考生学习后未必可以全部掌握该考点，造成在考场上答题时觉得见过，但不会解答的情况，本书可以有效地解决这个问题。

　　真题全标记——将近年二级建造师执业资格考试考核知识点全部标记，为考生总结命题规律提供依据，帮助考生在有限的时间里快速地掌握考核的侧重点，明确复习方向。

　　图表精总结——对知识点采用图表方式进行总结，易于理解，降低考生的学习难度，并配有经典试题，用例题展现考查角度，巩固记忆知识点。

　　5个专业科目丛书具有以下优势：

　　要点突出——对每一章的要点进行归纳总结，帮助考生快速抓住重点，节约学习时间，更加有效地掌握基础知识。

　　布局清晰——分别从施工技术、进度、质量、安全、成本、合同、现场、实操等方面，将历年真题进行合理划分，并配以典型习题。有助于考生抓住考核重点，各个击破。

　　真题全面——收录了近年二级建造师执业资格考试案例分析真题，便于考生掌握考试的命题规律和趋势，做到运筹帷幄。

　　一击即破——针对历年案例分析题中的各个难点，进行细致的讲解，从而有效地帮助考生突破固定思维，启发解题思路。

　　触类旁通——以历年真题为基础编排的典型习题，着力加强"能力型、开放型、应用型和综合型"试题的开发与研究，注重关联知识点、题型、方法的再巩固与再提高，加强考生对知识点的进一步巩固，做到融会贯通、触类旁通。

由于编写时间仓促，书中难免存在疏漏之处，望广大读者不吝赐教。

读者如果对图书中的内容有疑问或问题，可关注微信公众号【建造师应试与执业】，与图书编辑团队直接交流。

建造师应试与执业

目 录

全国二级建造师执业资格考试答题方法及评分说明 ·· 1

第1章 施工组织与目标控制 ··· 4

1.1 工程项目投资管理与实施 ··· 4
专项突破1 项目资本金制度 ·· 4
专项突破2 项目投资审批、核准或备案管理 ·· 5
专项突破3 工程建设实施程序 ·· 5
专项突破4 施工承包模式 ·· 6
专项突破5 施工总承包与施工总承包管理的比较 ···································· 7
专项突破6 强制实行监理的工程范围 ·· 8
专项突破7 总监理工程师及总监理工程师代表的基本职责 ·························· 10
专项突破8 专业监理工程师及监理员的职责 ·· 10
专项突破9 施工单位与项目监理机构相关的工作 ···································· 11
专项突破10 工程质量监督 ·· 12

1.2 施工项目管理组织与项目经理 ·· 13
专项突破1 施工项目管理目标及其相互关系 ·· 13
专项突破2 施工项目管理任务 ·· 13
专项突破3 施工项目管理组织结构形式 ·· 14
专项突破4 责任矩阵 ·· 15
专项突破5 施工项目经理的概念、驻场、更换及具备条件 ···························· 16
专项突破6 施工项目经理职责和权限 ·· 17

1.3 施工组织设计与项目目标动态控制 ·· 18
专项突破1 施工项目实施策划 ·· 18
专项突破2 施工组织设计的分类及其内容 ·· 18
专项突破3 单位工程施工进度计划的编制程序和方法 ································ 19
专项突破4 施工组织设计的编制、审批及动态管理 ·································· 21
专项突破5 施工项目目标动态控制过程 ·· 22
专项突破6 施工项目目标控制措施 ·· 23

第2章 施工招标投标与合同管理 ·· 25

2.1 施工招标投标 ·· 25
专项突破1 施工招标方式 ·· 25
专项突破2 施工招标程序 ·· 25
专项突破3 总价合同、单价合同、成本加酬金合同的适用范围 ························ 28

专项突破 4	成本加酬金合同的形式	29
专项突破 5	合同计价方式比较与选择	30
专项突破 6	招标工程量清单	31
专项突破 7	招标控制价	32
专项突破 8	投标报价的编制原则	33
专项突破 9	投标报价编制方法与注意事项	33
专项突破 10	投标报价的基本策略	35
专项突破 11	常用的报价技巧	36
专项突破 12	其他报价技巧	36
专项突破 13	施工投标文件	37

2.2 合同管理 38

专项突破 1	施工合同文件的组成及优先解释顺序	38
专项突破 2	施工合同有关各方义务或职责	39
专项突破 3	施工进度计划与合同进度计划	41
专项突破 4	工期延误	41
专项突破 5	提前竣工	42
专项突破 6	暂停施工	42
专项突破 7	施工质量管理的主要条款内容	44
专项突破 8	工程计量	46
专项突破 9	预付款	46
专项突破 10	安全文明施工费的支付	47
专项突破 11	工程进度付款	48
专项突破 12	竣工结算与最终结清	49
专项突破 13	变更的范围和内容	50
专项突破 14	变更权和变更程序	51
专项突破 15	变更估价	52
专项突破 16	计日工	53
专项突破 17	暂列金额与暂估价	54
专项突破 18	竣工验收	55
专项突破 19	不可抗力后果的承担	56
专项突破 20	承包人索赔程序	57
专项突破 21	承包人索赔处理程序	58
专项突破 22	承包人提出索赔的期限	59
专项突破 23	《标准施工招标文件》中合同条款规定的可以合理补偿承包人索赔的条款	60
专项突破 24	施工合同纠纷审理相关规定	62
专项突破 25	专业分包合同规定的承包人的权利和义务	64
专项突破 26	专业分包合同规定的分包人的责任和义务	65
专项突破 27	分包人与发包人的关系	65

专项突破28	专业分包合同管理	66
专项突破29	专业分包违约	69
专项突破30	劳务分包合同有关各方义务	69
专项突破31	劳务分包合同有关保险的办理	70
专项突破32	不可抗力事件损失的分担原则	71
专项突破33	材料采购合同中合同价格与支付的规定	72
专项突破34	材料采购合同中检验和验收的规定	73
专项突破35	设备采购合同中合同价格与支付的规定	73
专项突破36	设备采购合同中监造和交货前检验的规定	74
专项突破37	设备采购合同中开箱检验的规定	75
专项突破38	设备采购合同中验收、技术服务和质量保证期的规定	75

2.3 施工承包风险管理及担保保险 75

专项突破1	施工承包常见风险	75
专项突破2	施工风险管理计划编制依据与内容	77
专项突破3	施工承包风险管理程序	77
专项突破4	风险等级评估	78
专项突破5	风险应对策略	79
专项突破6	工程担保	80
专项突破7	工程保险种类	81

第3章 施工进度管理 82

3.1 施工进度影响因素与进度计划系统 82

专项突破1	施工进度影响因素	82
专项突破2	施工进度计划系统	83
专项突破3	施工进度计划表达形式	83

3.2 流水施工进度计划 84

专项突破1	工程施工组织方式	84
专项突破2	流水施工表达方式	85
专项突破3	流水施工参数	85
专项突破4	全等节拍、加快的成倍节拍与非节奏流水施工的特点	87
专项突破5	固定节拍流水施工工期的计算	88
专项突破6	加快的成倍节拍流水施工工期的计算	89
专项突破7	非节奏流水施工工期的计算	90

3.3 工程网络计划技术 92

专项突破1	工程网络计划编制程序	92
专项突破2	双代号网络计划的绘图规则	92
专项突破3	网络计划时间参数的概念	96
专项突破4	双代号网络计划时间参数的计算	97
专项突破5	单代号网络图的绘图规则	105

专项突破 6	单代号网络计划时间参数的计算	106
专项突破 7	双代号时标网络计划中时间参数的判定	111
专项突破 8	关键工作的判断	113
专项突破 9	关键线路的判断	115

3.4 施工进度控制 ··· 117

专项突破 1	施工进度监测和调整的系统过程	117
专项突破 2	S曲线比较法	119
专项突破 3	前锋线比较法	120
专项突破 4	施工进度计划的调整方法及措施	122

第4章 施工质量管理 ··· 124

4.1 施工质量影响因素及管理体系 ··· 124

专项突破 1	建设工程固有特性	124
专项突破 2	工程质量形成过程	124
专项突破 3	工程质量影响因素	125
专项突破 4	质量管理原则	126
专项突破 5	质量管理体系文件的构成	127
专项突破 6	质量管理体系建立	128
专项突破 7	质量管理体系运行	129
专项突破 8	质量管理体系认证	129
专项突破 9	质量管理体系监督	130
专项突破 10	施工质量保证体系的内容	131
专项突破 11	施工质量保证体系的建立与运行	133

4.2 施工质量抽样检验和统计分析方法 ··· 133

专项突破 1	抽样检验	133
专项突破 2	检验批质量衡量方法	134
专项突破 3	随机抽样方法	134
专项突破 4	抽样检验分类	135
专项突破 5	施工质量检验方法	136
专项突破 6	施工质量统计分析方法的概念及用途	137
专项突破 7	相关图的观察与分析	139
专项突破 8	直方图观察分析——观察形状	140
专项突破 9	直方图观察分析——与质量标准比较	140
专项突破 10	控制图的观察分析	142

4.3 施工质量控制 ··· 143

专项突破 1	施工准备质量控制与施工过程质量控制内容	143
专项突破 2	质量控制点的设置	144
专项突破 3	工程变更控制	145
专项突破 4	施工质量验收层次	146

  专项突破 5　施工质量验收要求 …………………………………………………… 147
  专项突破 6　工程质量验收中发现质量不符合要求的处理方法 ………………… 148
  专项突破 7　施工质量验收组织 …………………………………………………… 148

4.4　施工质量事故预防与调查处理 ……………………………………………………… 149
  专项突破 1　工程质量事故的概念 ………………………………………………… 149
  专项突破 2　工程质量事故按事故责任分类 ……………………………………… 150
  专项突破 3　工程质量事故按事故产生的原因分类 ……………………………… 151
  专项突破 4　工程质量事故按事故严重程度分类 ………………………………… 152
  专项突破 5　施工质量事故的成因分析 …………………………………………… 154
  专项突破 6　施工质量事故预防措施 ……………………………………………… 156
  专项突破 7　施工质量事故处理的基本要求和处理依据 ………………………… 156
  专项突破 8　施工质量事故处理程序 ……………………………………………… 157
  专项突破 9　工程质量缺陷和质量事故处理的基本方法 ………………………… 159

第 5 章　施工成本管理 …………………………………………………………………… 161

5.1　施工成本影响因素及管理流程 ……………………………………………………… 161
  专项突破 1　施工成本分类 ………………………………………………………… 161
  专项突破 2　施工成本影响因素 …………………………………………………… 162
  专项突破 3　施工成本管理流程 …………………………………………………… 163

5.2　施工定额的作用及编制方法 ………………………………………………………… 164
  专项突破 1　施工定额的作用 ……………………………………………………… 164
  专项突破 2　施工定额的分类与编制原则 ………………………………………… 164
  专项突破 3　工人工作时间消耗的分类 …………………………………………… 165
  专项突破 4　人工定额的编制 ……………………………………………………… 167
  专项突破 5　人工定额种类 ………………………………………………………… 168
  专项突破 6　人工定额的编制方法 ………………………………………………… 168
  专项突破 7　材料消耗定额的编制 ………………………………………………… 169
  专项突破 8　周转性材料消耗定额的编制 ………………………………………… 170
  专项突破 9　机械工作时间消耗的分类 …………………………………………… 171
  专项突破 10　施工机械台班使用定额的编制内容 ……………………………… 172
  专项突破 11　施工机械台班使用定额的形式 …………………………………… 173

5.3　施工成本计划 ………………………………………………………………………… 174
  专项突破 1　施工责任成本具有的条件及构成 …………………………………… 174
  专项突破 2　施工成本计划的类型 ………………………………………………… 174
  专项突破 3　施工成本计划的编制依据和程序 …………………………………… 175
  专项突破 4　施工成本计划的编制方法 …………………………………………… 176

5.4　施工成本控制 ………………………………………………………………………… 179
  专项突破 1　施工成本控制过程 …………………………………………………… 179
  专项突破 2　施工成本过程控制方法 ……………………………………………… 180

专项突破 3	挣值法	181
专项突破 4	施工成本偏差的表达方法	184
专项突破 5	施工成本纠偏措施	186

5.5 施工成本分析与管理绩效考核 187

专项突破 1	施工成本分析的依据、内容和步骤	187
专项突破 2	施工成本分析的基本方法	189
专项突破 3	综合成本的分析方法	192
专项突破 4	成本项目的分析方法	193
专项突破 5	施工成本管理绩效考核的内容	194
专项突破 6	施工成本管理绩效考核指标	194
专项突破 7	施工成本管理绩效考核方法	195

第 6 章 施工安全管理 197

6.1 职业健康安全管理体系 197

专项突破 1	职业健康安全管理体系标准的特点	197
专项突破 2	职业健康安全管理体系标准要素	198
专项突破 3	职业健康安全管理体系标准作用	199
专项突破 4	职业健康安全管理体系标准采用的管理方法	200
专项突破 5	组织建立职业健康安全管理体系的步骤	201
专项突破 6	职业健康安全管理体系的运行	202

6.2 施工生产危险源与安全管理制度 203

专项突破 1	施工生产危险源分类	203
专项突破 2	施工生产危险源控制	204
专项突破 3	施工生产常见危险源	204
专项突破 4	危险源辨识与风险评价方法	205
专项突破 5	全员安全生产责任制	206
专项突破 6	安全生产费用提取、管理和使用制度	208
专项突破 7	安全生产教育培训制度	209
专项突破 8	安全生产许可制度	210
专项突破 9	管理人员及特种作业人员持证上岗制度	211
专项突破 10	重大危险源管理制度	213
专项突破 11	劳动保护用品使用管理制度	214
专项突破 12	安全生产检查制度	215
专项突破 13	安全生产会议制度	215
专项突破 14	施工设施、设备和劳动防护用品安全管理制度	216
专项突破 15	安全生产考核和奖惩制度	216

6.3 专项施工方案及施工安全技术管理 217

| 专项突破 1 | 专项施工方案编制对象 | 217 |
| 专项突破 2 | 专项施工方案内容 | 218 |

专项突破 3　专项施工方案编制和审查程序 ·· 219
　　专项突破 4　防高处坠落的安全技术措施 ·· 220
　　专项突破 5　防物体打击的安全技术措施 ·· 221
　　专项突破 6　防坍塌倾覆的安全技术措施 ·· 223
　　专项突破 7　防机械伤害的安全技术措施 ·· 225
　　专项突破 8　防触电技术措施 ·· 226
　　专项突破 9　防火技术措施 ·· 227
　　专项突破 10　安全防护设施技术要求 ·· 228
　　专项突破 11　安全防护用品安全技术要求 ·· 229
　　专项突破 12　施工安全技术交底 ·· 230
6.4　施工安全事故应急预案和调查处理 ··· 231
　　专项突破 1　安全风险分级管控 ·· 231
　　专项突破 2　安全事故隐患治理体系 ·· 231
　　专项突破 3　安全事故隐患治理"五落实" ·· 233
　　专项突破 4　应急预案的分类 ·· 233
　　专项突破 5　应急预案的编制 ·· 234
　　专项突破 6　安全事故应急预案 ·· 235
　　专项突破 7　施工安全事故等级 ·· 236
　　专项突破 8　施工安全事故应急救援 ·· 237
　　专项突破 9　施工安全事故报告 ·· 238
　　专项突破 10　报告施工安全事故、施工安全事故调查报告的内容 ··· 240
　　专项突破 11　施工安全事故调查、处理 ·· 240
　　专项突破 12　施工安全事故罚款处罚 ·· 241

第7章　绿色施工及环境管理 ·· 243
7.1　绿色施工管理 ·· 243
　　专项突破 1　绿色施工的基本内容、相关理念原则和方法 ················ 243
　　专项突破 2　各方主体绿色施工具体职责 ·· 244
　　专项突破 3　绿色施工管理措施 ·· 245
　　专项突破 4　绿色施工技术措施 ·· 246
7.2　施工现场环境管理 ·· 249
　　专项突破 1　环境管理体系的基本理念和核心内容 ···························· 249
　　专项突破 2　环境管理体系的建立 ·· 250
　　专项突破 3　文明施工的作用及管理理念 ·· 251
　　专项突破 4　文明施工工作具体要求 ·· 251
　　专项突破 5　文明施工管理目标及工作要求 ·· 253
　　专项突破 6　施工现场环境保护措施 ·· 253

第8章　施工文件归档管理及项目管理新发展 ···································· 256
8.1　施工文件归档管理 ·· 256

专项突破1　建筑工程施工文件归档范围 ·· 256

专项突破2　市政工程施工文件归档范围 ·· 257

专项突破3　施工文件立卷 ·· 258

专项突破4　施工文件归档 ·· 259

8.2　项目管理新发展 ·· 260

专项突破1　《建设工程项目管理规范》GB/T 50326—2017关于项目管理的主要内容 ········ 260

专项突破2　《建设工程施工项目经理岗位职业标准》T/CCIAT 0010—2019

关于项目管理的主要内容 ·· 261

专项突破3　交付价值 ·· 262

专项突破4　BIM技术在施工管理中的应用 ·· 263

全国二级建造师执业资格考试答题方法及评分说明

全国二级建造师考试设《建设工程施工管理》《建设工程法规及相关知识》两个公共必考科目和《专业工程管理与实务》六个专业选考科目（专业科目包括建筑工程、公路工程、水利水电工程、市政公用工程、矿业工程和机电工程）。

《建设工程施工管理》《建设工程法规及相关知识》两个科目的考试试题为客观题。《专业工程管理与实务》科目的考试试题包括客观题和主观题。

一、客观题答题方法及评分说明

1. 客观题答题方法

客观题题型包括单项选择题和多项选择题。对于单项选择题来说，备选项有4个，选对得分，选错不得分也不扣分，建议考生宁可错选，不可不选。对于多项选择题来说，备选项有5个，在没有把握的情况下，建议考生宁可少选，不可多选。

在答题时，可采取下列方法：

（1）直接法。这是解常规的客观题所采用的方法，就是考生选择认为一定正确的选项。

（2）排除法。如果正确选项不能直接选出，应首先排除明显不全面、不完整或不正确的选项，正确的选项几乎是直接来自于考试教材或者法律法规，其余的干扰选项要靠命题者自己去设计，考生要尽可能多排除一些干扰选项，这样就可以提高选择出正确答案的概率。

（3）比较法。直接把各备选项加以比较，并分析它们之间的不同点，集中考虑正确答案和错误答案关键所在。仔细考虑各个备选项之间的关系。不要盲目选择那些看起来、读起来很有吸引力的错误选项，要去误求正、去伪存真。

（4）推测法。利用上下文推测词义。有些试题要从句子中的结构及语法知识推测入手，配合考生自己平时积累的常识来判断其义，推测出逻辑的条件和结论，以期将正确的选项准确地选出。

2. 客观题评分说明

客观题部分采用机读评卷，必须使用2B铅笔在答题卡上作答，考生在答题时要严格按照要求，在有效区域内作答，超出区域作答无效。每个单项选择题只有1个备选项最符合题意，就是4选1。每个多项选择题有2个或2个以上符合题意，至少有1个错项，就是5选2~4，并且错选本题不得分，少选，所选的每个选项得0.5分。考生在涂卡时应注意答题卡上的选项是横排还是竖排，不要涂错位置。涂卡应清晰、厚实、完整，保持答题卡干净整洁，涂卡时应完整覆盖且不超出涂卡区域。修改答案时要先用橡皮擦将原涂卡处擦干净，再涂新答案，避免在机读评卷时产生干扰。

二、主观题答题方法及评分说明

1. 主观题答题方法

主观题题型是实务操作和案例分析。实务操作和案例分析题是通过背景资料阐述一个项目在实施过程中所开展的相应工作，根据这些具体的工作下提出若干小问题。

实务操作和案例分析题的提问方式及作答方法如下：

（1）补充内容型。一般应按照教材中对应内容将背景资料中未给出的内容都回答出来。

（2）判断改错型。首先应在背景资料中找出问题并判断是否正确，然后结合教材、相关规范进行改正。需要注意的是，考生在答题时，不能完全按照工作中的实际做法来回答问题，因为将实际做法作为答题依据得出的答案和标准答案之间存在很大差距，即使答了很多，得分也很低。

（3）判断分析型。这类型题不仅要求考生答出分析的结果，还需要通过分析背景资料来找出问题的突破口。需要注意的是，考生在答题时要针对问题作答。

（4）图表表达型。结合工程图及相关资料表回答图中构造名称、资料表中缺项内容。需要注意的是，关键词表述要准确，避免画蛇添足。

（5）分析计算型。充分利用相关公式、图表和考点的内容，计算题目要求的数据或结果。最好能写出关键的计算步骤，并注意计算结果是否有保留小数点的要求。

（6）简单问答型。这类题型主要考查考生记忆能力，一般情节简单、内容覆盖面较小。考生在回答这类题型时要直截了当，有什么答什么，不必展开论述。

（7）综合分析型。这类题型比较复杂，内容往往涉及不同的知识点，要求回答的问题较多，难度很大，也是考生容易失分的地方。要求考生具有一定的理论水平和实际经验，对教材知识点要熟练掌握。

2. 主观题评分说明

主观题部分评分是采取网上评分的方法进行，为了防止出现评卷人的评分宽严度差异对不同考生产生的影响，每个评卷人员只评一道题的分数。每份试卷的每道题均由两位评卷人员分别独立评分，如果两人的评分结果相同或很相近（这种情况比例很大）就按两人的平均分为准。如果两人的评分差异较大，超过4～5分（出现这种情况出现的概率很小），就由评分专家再独立评分一次，然后用专家所评的分数和与专家评分接近的那个分数的平均分数为准。

主观题部分评分标准一般以准确性、完整性、分析步骤、计算过程、关键问题的判别方法、概念原理的运用等为判别核心。标准一般按要点给分，只要答出要点基本含义一般就会给分，不恰当的错误语句和文字一般不扣分。

主观题部分作答时必须使用黑色墨水笔书写作答，不得使用其他颜色的钢笔、铅笔、签字笔和圆珠笔。作答时字迹要工整、版面要清晰。因此书写不能离密封线太近，密封后评卷人不容易看到；书写的字不能太粗、太密、太乱，最好买支极细笔，字体稍微书写大点、工整点，这样看起来工整、清晰，评卷人也愿意多给分。

主观题部分作答应避免答非所问，因此考生在考试时要答对得分点，答出一个得分点就给分，说的不完全一致，也会给分，多答不会给分的，只会按点给分。不明确用到什么规范的情况就用"强制性条文"或者"有关法规"代替，在回答问题时，只要有可能，就在答题的内容前加上这样一句话："根据有关法规或根据强制性条文"，通常这些是得分点之一。

主观题部分作答应言简意赅，并尽量使用背景资料中给出的专业术语。考生在考试时应相信第一感觉，往往很多考生在涂改答案过程中，"会把原来对的改成错的"这种情形很多。在确定完全答对时，就不要展开论述，也不要写多余的话，能用尽量少的文字表达出正确的意思就好，这样评卷人看得舒服，考生自己也能省时间。如果答题时发现错误，不建议使用涂改液进行修改，应用笔画个框圈起来，打个"×"即可，然后再找一块干净的地方重新书写。

第1章 施工组织与目标控制

1.1 工程项目投资管理与实施

专项突破1 项目资本金制度

例题：除国家对采用高新技术成果有特别规定外，以工业产权、非专利技术作价出资的比例不得超过投资项目资本金总额的(　　)。

A. 20%　　　　　　　　　　B. 25%
C. 30%　　　　　　　　　　D. 35%
E. 40%　　　　　　　　　　F. 50%

【答案】A

重点难点专项突破

1. 本考点还可以考核的题目有：

(1) 对于城市轨道交通项目、港口、沿海及内河航运项目，最低资本金比例为(A)。

(2) 对于铁路、公路项目，最低资本金比例为(A)。

(3) 对于机场项目，最低资本金比例为(B)。

(4) 对于保障性住房和普通商品住房项目，最低资本金比例为(A)。

(5) 对于钢铁、电解铝项目，最低资本金比例为(E)。

(6) 对于水泥项目，最低资本金比例为(D)。

(7) 对于煤炭、电石、铁合金、烧碱、焦炭、黄磷、多晶硅项目，最低资本金比例为(C)。

(8) 对于玉米深加工项目，最低资本金比例为(A)。

(9) 对于化肥（钾肥除外）项目，最低资本金比例为(B)。

(10) 通过发行金融工具等方式筹措的各类资金，按照国家统一的会计制度应当分类为权益工具的，可以认定为投资项目资本金，但不得超过资本金总额的(F)。

2. 除上述知识点，还需要掌握：

(1) 项目资本金的出资方式，可能会考核多项选择题。项目资本金可以用货币出资，也可以用实物、工业产权、非专利技术、土地使用权作价出资。

(2) 以货币方式认缴的资本金的资金来源，也可能会考核多项选择题。

专项突破 2　项目投资审批、核准或备案管理

例题： 除特殊情况外，对于采用直接投资和资本金注入方式的政府投资项目，政府投资主管部门需从投资决策角度审批（　　）。

A．项目建议书　　　　　　　　　B．可行性研究报告
C．开工报告　　　　　　　　　　D．项目申请书
E．资金申请报告

【答案】A、B

重点难点专项突破

1. 本考点还可以考核的题目有：
（1）对于有特殊影响的重大政府投资项目，应审批的文件包括（A、B、C）。
（2）对于采用投资补助、转贷和贷款贴息方式的政府投资项目，政府投资主管部门只审批（E）。【2024 年考过】
（3）企业办理投资项目核准手续时，仅需向核准机关提交（D）。
（4）企业办理投资项目核准手续时，不再经过批准（A、B、C）等程序。

2. 除掌握上述题目外，还需要掌握以下知识点：
（1）政府投资项目实行审批制，对于企业不使用政府投资建设的项目，一律不再实行审批制，区别不同情况实行核准制或登记备案制。
（2）对关系国家安全、涉及全国重大生产力布局、战略性资源开发和重大公共利益等的企业投资项目，实行核准管理。
（3）项目申请书应包括下列内容：①企业基本情况；②项目情况，包括项目名称、建设地点、建设规模、建设内容等；③项目利用资源情况分析及对生态环境的影响分析；④项目对经济和社会的影响分析。可能会考核多项选择题。

专项突破 3　工程建设实施程序

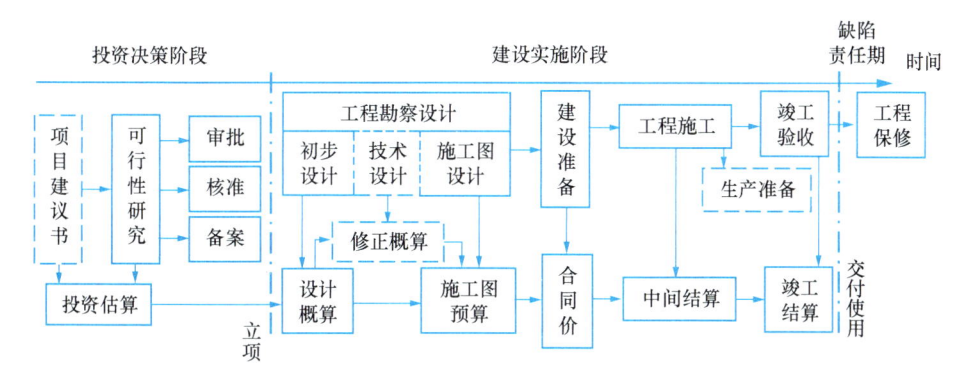

注：图中虚线框所代表的工作并非所有工程项目必经环节。

重点难点专项突破

1. 工程建设实施程序是指工程项目经审批、核准或备案后,从勘察设计、施工到竣工验收、交付使用整个过程中,各项工作必须遵循的先后次序。考试可能会考核判断正确顺序的题目。建设工程自竣工验收合格之日起进入缺陷责任期(最长不超过2年)。**【2024年考过】**

2. 本考点可能会这样命题:

(1) 工程建设实施阶段的首要环节是( )。

A. 项目建议书　　　　　　　　B. 可行性研究
C. 工程勘察设计　　　　　　　D. 建设准备

【答案】C

(2) 对于政府投资项目,初步设计提出的投资概算超过经批准的可行性研究报告提出的投资估算( )的,投资主管部门或者其他有关部门可以要求项目单位重新报送可行性研究报告。

A. 3%　　　　　　　　　　　B. 5%
C. 8%　　　　　　　　　　　D. 10%

【答案】D

(3) 在工程开工建设前,需要切实做好各项准备工作,这些工作一般需要( )完成。

A. 建设单位　　　　　　　　　B. 施工单位
C. 设计单位　　　　　　　　　D. 监理单位

【答案】A

(4) 下列工作环节,( )是工程建设实施阶段最后一个环节,是投资成果转入生产或使用的标志,也是全面考核工程建设成果、检验工程质量的重要步骤。

A. 建设准备　　　　　　　　　B. 工程保修
C. 生产准备　　　　　　　　　D. 工程竣工验收

【答案】D

专项突破 4　施工承包模式

例题:与平行承包模式相比,关于施工总承包模式的特点,下列说法正确的有( )。**【2024年考过】**

A. 施工质量责任主体少
B. 建设单位施工招标与合同管理、组织协调工作量小**【2024年考过】**
C. 有利于建设单位择优选择施工单位
D. 有利于控制工程质量
E. 有利于缩短建设工期
F. 组织管理和协调工作量大

G. 工程造价控制难度大

H. 不利于发挥那些技术水平高、综合管理能力强的总承包商综合优势

I. 建设单位合同结构简单,组织协调工作量小,而且有利于工程造价和工期控制

J. 克服一家单位力不能及的困难,不仅有利于增强竞争能力,同时有利于增强抗风险能力

K. 建设单位组织协调工作量小,但风险较大

L. 各施工单位之间有合作愿望,但又不愿意组成联合体

【答案】A、B

重点难点专项突破

1. 本考点还可以考核的题目有:

(1) 平行承包模式的特点有(C、D、E、F、G、H)。

(2) 联合体承包模式的特点有(I、J)。

(3) 合作体承包模式的特点有(K、L)。

2. 采用施工总承包模式,投标人通常以施工图设计为基础进行投标报价,在工程开工前即有较为明确的合同价。对于采用总价合同承包的工程,有利于建设单位对工程总造价的早期控制。

专项突破 5 施工总承包与施工总承包管理的比较

比较		施工总承包	施工总承包管理
不同	分包合同签订方式	与自行分包签合同	(1) 业主与分包直接签订。【2021年考过】 (2) 总承包管理单位与分包签订【2021年考过】
	取费	总造价,赚取总包与分包之间的差价	(1) 施工总承包管理单位只收取总包管理费,不赚包与分包之间的差价。【2012年10月、2015年、2016年、2017年、2019年考过】 (2) 业主对分包单位的选择具有控制权
	对分包的付款	总包直接支付	业主支付(经其认可),总包管理单位支付(便于管理)
相同		承担的施工管理任务和责任相同【2020年考过】	

重点难点专项突破

1. 该知识点一般会考核判断正确与错误说法的题目。注意对比记忆。

2. 本考点可能会这样命题:

(1) 关于施工总承包管理模式特点的说法,正确的是( )。

A. 对分包单位的质量控制主要由施工总承包管理单位进行

B. 支付给分包单位的款项由业主直接支付，不经过总承包管理单位
C. 业主对分包单位的选择没有控制权
D. 总承包管理单位除了收取管理费以外，还可赚总包与分包之间的差价
【答案】A

（2）施工总承包管理模式下，项目各参与方可能存在的合同关系包括（　　）。
A. 监理单位与施工总承包管理单位签订合同
B. 监理单位与分包单位签订合同
C. 业主与分包单位直接签订合同
D. 施工总承包管理单位与分包单位签订合同
E. 施工总承包管理单位与施工总承包单位签订合同
【答案】C、D

专项突破 6　强制实行监理的工程范围

例题：根据《建设工程监理范围和规划标准规定》，必须实行监理的工程项目有（　　）。
A. 基础设施、基础产业和支柱产业中的大型项目
B. 高科技并能带动行业技术进步的项目
C. 跨地区并对全国经济发展或者区域经济发展有重大影响的项目
D. 对社会发展有重大影响的项目
E. 项目总投资额在3000万元以上的供水、供电、供气、供热等市政工程项目
F. 项目总投资额在3000万元以上的科技、教育、文化等项目
G. 项目总投资额在3000万元以上的体育、旅游、商业等项目
H. 项目总投资额在3000万元以上的卫生、社会福利等项目
I. 建筑面积5万 m^2 以上的住宅建设工程
J. 使用世界银行、亚洲开发银行等国际组织贷款资金的项目
K. 使用国外政府及其机构贷款资金的项目
L. 使用国际组织或者国外政府援助资金的项目
M. 项目总投资额在3000万元以上的煤炭、石油、化工、天然气、电力、新能源等项目
N. 项目总投资额在3000万元以上的铁路、公路、管道、水运、民航以及其他交通运输业等项目
O. 项目总投资额在3000万元以上的邮政、电信枢纽、通信、信息网络等项目
P. 项目总投资额在3000万元以上的防洪、灌溉、排涝、发电、引（供）水、滩涂治理、水资源保护、水土保持等水利建设项目
Q. 项目总投资额在3000万元以上的道路、桥梁、地铁和轻轨交通、污水排放及处理、垃圾处理、地下管道、公共停车场等城市基础设施项目
R. 项目总投资额在3000万元以上的生态环境保护项目

S. 学校、影剧院、体育场馆项目

【答案】A、B、C、D、E、F、G、H、I、J、K、L、M、N、O、P、Q、R、S

重点难点专项突破

1. 本考点还可以考核的题目有：

（1）根据《建设工程监理范围和规划标准规定》，必须实行监理的大中型公用事业工程项目有（E、F、G、H）。

（2）根据《建设工程监理范围和规划标准规定》，利用外国政府或者国际组织贷款、援助资金的工程项目有（J、K、L）。

2. 注意选项的"3000万元以上""5万m^2以上"等关键数字。"3000万元以上""5万m^2以上"均是对项目在投资额及建筑面积上的范围限制，在考试时的考查形式如下面两道题目所示：

（1）根据《建设工程监理范围和规划标准规定》，必须实行监理的工程是（　　）。

A. 总投资额2000万元的学校项目　　B. 总投资额2000万元的供水项目
C. 总投资额2000万元的通信项目　　D. 总投资额2000万元的地下管道项目

【答案】A

（2）根据《建设工程监理范围和规模标准规定》，必须实行监理的工程是（　　）。

A. 总投资额2500万元的影剧院工程

B. 总投资额2500万元的生态环境保护工程

C. 总投资额2500万元的水资源保护工程

D. 总投资额2500万元的新能源工程

【答案】A

3. 在必须实行监理的工程项目中有两类是没有具体数额（即3000万元以上或5万m^2以上）限制的：一类是利用外国政府或者国际组织贷款、援助资金的工程；另一类是学校、影剧院、体育场馆项目。

命题时很可能会利用这一例外情形设置题目陷阱来干扰考生，例如：使用国际组织援助资金总投资额为400万美元的项目；建筑面积为2000m^2的小型剧场项目。可能有的考生只是记住了"3000万元以上或5万m^2以上"依照这个标准来判断的话，上述两个项目显现是不符合标准的，由此就会误判其不属于必须监理的工程项目范围。这一点提示考生要特别注意一下。

4. 看过选项Ⅰ后可能有的考生会问，建筑面积5万m^2以下的住宅建设工程是不是就不能实行监理了呢？

对于建筑面积5万m^2以下的住宅建设工程，是可以实行监理的，其具体范围和规模标准，由省、自治区、直辖市人民政府建设行政主管部门规定。

5. 本考点主要考核单项选择题。

专项突破 7　总监理工程师及总监理工程师代表的基本职责

例题： 根据《建设工程监理规范》GB/T 50319—2013，总监理工程师的职责主要包括（　　）。

A. 确定项目监理机构人员及其岗位职责

B. <u>组织编制监理规划</u>，审批监理实施细则【2024 年考过】

C. 根据工程进展及<u>监理工作情况调配监理人员</u>，检查监理人员工作

D. 组织召开监理例会

E. 组织审核分包单位资格

F. <u>组织审查施工组织设计、（专项）施工方案</u>

G. 审查开复工报审表，<u>签发工程开工令、暂停令和复工令</u>【2024 年考过】

H. 组织检查施工单位现场质量、安全生产管理体系的建立及运行情况

I. 组织审核施工单位的付款申请，<u>签发工程款支付证书，组织审核竣工结算</u>

J. 组织审查和处理工程变更

K. <u>调解建设单位与施工单位的合同争议，处理工程索赔</u>

L. 组织验收分部工程，组织审查单位工程质量检验资料

M. <u>审查施工单位的竣工申请，组织工程竣工预验收，组织编写工程质量评估报告，与工程竣工验收</u>【2024 年考过】

N. 参与或配合工程质量安全事故的调查和处理

O. 组织编写监理月报、监理工作总结，组织整理监理文件资料【2024 年考过】

【答案】A、B、C、D、E、F、G、H、I、J、K、L、M、N、O

重点难点专项突破

上述选项中，画线部分内容为总监理工程师不得委托给总监理工程师代表的工作，其余剩下没画线的内容为总监理工程师可以委托总监理工程师代表进行的工作【2024 年考过】，考生只要记住"不可委托的工作"即可。

专项突破 8　专业监理工程师及监理员的职责

例题： 根据《建设工程监理规范》GB/T 50319—2013，专业监理工程师应履行的职责有（　　）。

A. 参与编制监理规划，负责编制监理实施细则

B. 审查施工单位提交的涉及本专业的报审文件，并向总监理工程师报告

C. 参与审核分包单位资格

D. 指导、检查监理员工作，定期向总监理工程师报告本专业监理工作实施情况

E. 检查进场的工程材料、构配件、设备的质量

F. 验收检验批、隐蔽工程、分项工程，参与验收分部工程

G. 处置发现的质量问题和安全事故隐患

H. 进行工程计量

I. 参与工程变更的审查和处理

J. 组织编写监理日志，参与编写监理月报

K. 收集、汇总、参与整理监理文件资料

L. 参与工程竣工预验收和竣工验收

M. 检查施工单位投入工程的人力、主要设备的使用及运行状况

N. 进行见证取样

O. 复核工程计量有关数据

P. 检查工序施工结果

Q. 发现施工作业中的问题，及时指出并向专业监理工程师报告

【答案】A、B、C、D、E、F、G、H、I、J、K、L

> **重点难点专项突破**
>
> 1. 本考点还可以考核的题目有：
>
> 根据《建设工程监理规范》GB/T 50319—2013，属于监理员职责的有（M、N、O、P、Q）。
>
> 2. 总监理工程师、总监理工程师代表、专业监理工程师、监理员的职责应对比记忆。

专项突破9　施工单位与项目监理机构相关的工作

例题：根据《建设工程监理规范》GB/T 50319—2013，总监理工程师应及时签发工程暂停令的有（　　）。

A. 建设单位要求暂停施工且工程需要暂停施工的

B. 施工单位未经批准擅自施工或拒绝项目监理机构管理的

C. 施工单位未按审查通过的工程设计文件施工的

D. 施工单位未按批准的施工组织设计、（专项）施工方案施工的

E. 施工单位违反工程建设强制性标准的

F. 施工存在重大质量、安全事故隐患或发生质量、安全事故的

【答案】A、B、C、D、E、F

> **重点难点专项突破**
>
> 1. 由谁签发工程暂停令也是一个采分点，一般会采用下题的形式进行考核：
>
> 根据《建设工程监理规范》GB/T 50319—2013，施工单位未经批准擅自施工的，总监理工程师应（　　）。
>
> A. 及时签发监理通知单　　　B. 立即报告建设单位
>
> C. 及时签发工程暂停令　　　D. 立即报告政府主管部门
>
> 【答案】C

2. 本考点内容较多，需要考生重点掌握以下几点：

（1）图纸会审和设计交底会议纪要应由（项目监理机构）负责整理，（建设单位、设计单位、施工单位代表及总监理工程师）共同签认。

（2）项目监理机构对施工组织设计的审查内容。

（3）申请开工的工程应具备的条件。

（4）项目监理机构审查施工分包单位的内容。

（5）施工单位应参加由（建设单位）主持召开的第一次工地会议。

（6）项目监理机构审查施工进度计划的内容。

（7）对于施工单位报送的施工方案，项目监理机构的审查内容。

（8）对于施工单位报送的专项施工方案，项目监理机构的审查内容。

（9）项目监理机构对施工控制测量成果及保护措施的审查内容。

（10）项目监理机构对试验室的检查内容。

（11）工程的材料、构配件、设备的质量证明文件的内容。

专项突破 10　工程质量监督

例题：工程质量监督过程中，组织安排工程质量监督准备工作内容包括（　　）。

A. 审核办理工程质量监督手续

B. 成立工程质量监督组，确定质量监督负责人

C. 编制工程质量监督计划，并转发各参建单位

D. 召开首次监督会议，明确相关职责

E. 检查各方主体行为，确认具备开工条件

F. 制订年度、季度检查计划

G. 监督检查工程参建各方主体质量行为

H. 监督检查工程实体质量

I. 监督检查工程质量保证资料

J. 工程质量事故隐患及问题查处

K. 投诉举报问题受理及调查

L. 组织实施工程竣工验收质量监督

【答案】B、C、D、E

重点难点专项突破

1. 本考点还可以考核的题目有：

工程质量监督过程中，组织实施工程质量监督准备工作内容包括（F、G、H、I、J、K）。

2. 工程质量监督主要是指对工程质量责任主体行为和工程实体质量进行的监督检查。工程实体质量监督以抽查方式为主，重点检查涉及结构安全和使用功能的实体质量。

3. 工程质量监督程序如下图所示。

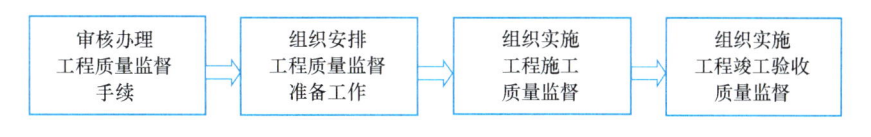

审核办理工程质量监督手续 → 组织安排工程质量监督准备工作 → 组织实施工程施工质量监督 → 组织实施工程竣工验收质量监督

1.2 施工项目管理组织与项目经理

专项突破 1 施工项目管理目标及其相互关系

例题：施工项目管理目标也即施工项目目标，包括（　　）。
A. 施工进度目标　　　　　　　　B. 施工质量目标
C. 施工成本目标　　　　　　　　D. 施工安全目标
E. 绿色施工目标
【答案】A、B、C、D、E

重点难点专项突破

1. 本考点还可以考核的题目有：

（1）施工项目管理目标中，(B) 是指有关法律法规、工程建设标准、设计文件及合同对工程安全、适用、经济、美观、绿色等特性的综合要求。

（2）施工单位应在保证工程质量、施工安全等基本要求的前提下，通过科学管理和技术进步，最大限度地节约资源和减少对环境的负面影响，实现"四节一环保"是指（E）。

2. 施工进度、施工质量、施工成本、施工安全及绿色施工五大目标相互影响、相互依存、相互制约，是一个不可分割的整体。

一般而言，五大目标中任何一个目标发生变化，都将会对其他目标产生一定影响。

施工单位必须考虑五大目标之间的最佳匹配，力求达到整体目标最优。

专项突破 2 施工项目管理任务

例题：施工单位作为工程建设的重要参与单位，其项目管理任务包括（　　）。
A. 工程合同管理　　　　　　　　B. 施工组织协调
C. 施工目标控制　　　　　　　　D. 施工安全管理

E. 施工风险管理　　　　　　F. 施工信息管理
G. 绿色施工管理

【答案】A、B、C、D、E、F、G

重点难点专项突破

1. 本考点还可以考核的题目有：

施工项目管理的核心任务是（C）。

2. 在工程施工合同履行过程中，施工单位需要处理：外部环境协调、工程参建单位之间协调、施工单位内部协调。

3. 绿色施工管理的第一责任人是施工项目经理。【2024年考过】

专项突破3　施工项目管理组织结构形式

例题：施工项目管理组织结构形式应根据施工项目规模、专业特点、地理位置及施工单位内部管理模式等因素确定。常见的施工项目管理组织结构形式包括（　　）。

A. 直线式组织结构　　　　　B. 职能式组织结构
C. 直线职能式组织结构　　　D. 矩阵式组织结构

【答案】A、B、C、D

重点难点专项突破

1. 本考点还可以考核的题目有：

（1）下列施工项目管理组织结构形式中，（A）是一种最简单的组织结构形式。

（2）下列施工项目管理组织结构形式中，（A）的主要优点是结构简单、权力集中、易于统一指挥、隶属关系明确、职责分明、决策迅速。

（3）下列施工项目管理组织结构形式中，（A）无法实现管理工作专业化，不利于提高项目管理水平。

（4）在（B）中，各级领导不直接指挥下级，而是指挥职能部门。

（5）下列施工项目管理组织结构形式中，（B）的主要优点是强调管理业务专门化，注意发挥各类专家在项目管理中的作用。

（6）在（B）中，存在多头领导，使下级执行者接受多方指令，容易造成职责不清。

（7）下列施工项目管理组织结构形式中，（C）的主要优点是集中领导、职责清楚，有利于提高管理效率。

（8）在（C）中，各职能部门之间的横向联系差，信息传递路线长，职能部门与指挥者之间容易产生矛盾。

（9）下列施工项目管理组织结构形式中，（D）的优点是能够根据工程任务的实际情况灵活组建与之相适应的项目管理机构,实现集权与分权的最优结合,有利于调动各类人员的工作积极性。

(10) 在(D)中,每一位成员同时受项目经理和职能部门经理的双重领导,如果处理不当,会造成矛盾,产生扯皮现象。

2. 各组织结构形式的图示应掌握,可能会这样命题:
某施工项目管理组织结构如下图所示,这种组织结构是( )。

3. 各组织结构形式的优缺点应对比记忆,还可能会这样命题:
(1) 直线制/职能制/直线职能制/矩阵制组织结构形式的优点有( )。
(2) 某施工项目管理组织结构如下图所示,这种组织结构的优点是( )。

4. 按照项目经理的权限不同,矩阵式组织结构又可分为三种形式:强矩阵式组织、中矩阵式组织和弱矩阵式组织。

专项突破 4　责任矩阵

项目	内容
编制程序	(1) 列出需要完成的项目管理任务。 (2) 列出参与项目管理及负责执行项目任务的个人或职能部门名称。 (3) 以项目管理任务为行,以执行任务的个人或部门为列,画出纵横交叉的责任矩阵图。 (4) 在责任矩阵图的行与列交叉窗口中,用不同字母或符号表示项目管理任务与执行者的责任关系,从而建立"人"与"事"的关联。 (5) 检查各职能部门或人员的项目管理任务分配是否均衡适当
作用	横向检查可以确保每项工作有人负责。纵向检查可以确保每个人至少负责一件"事"。基于管理活动的工作量估算,还可从横向统计每个活动的总工作量,从纵向统计每个角色投入的总工作量【2024年考过】

重点难点专项突破

1. 责任矩阵的编制程序可能会考核判断正确顺序的题目。
2. 对责任矩阵的作用应能区分横向检查与纵向检查的作用。
3. 本考点可能这样命题:
关于项目管理责任矩阵的说法,正确的是( )。【2024年考过】
A. 责任检查时,横向检查可以确保每个人员至少负责一项工作
B. 责任检查时,纵向检查可以确保每项工作有人员负责
C. 基于管理活动的工作量估算,可以横向统计每个活动的总工作量
D. 基于管理活动的工作量估算,可以纵向统计每个活动的总工作量
【答案】C

专项突破 5　施工项目经理的概念、驻场、更换及具备条件

项目	内容
概念	施工项目经理是指具备相应任职条件，由企业法定代表人授权对施工项目进行全面管理的责任人【2016年考过】
更换	承包人更换项目经理应事先征得建设单位同意，并应在更换14d前通知发包人和监理人【2020年考过】
驻场	承包人项目经理短期离开施工场地，应事先征得监理人同意，并委派代表代行其职责【2015年、2024年考过】
具备条件	(1) 具有工程建设类相应职业资格，并应取得安全生产考核合格证书。 (2) 具有良好的身体素质，恪守职业道德，诚实守信，不得有不良行为记录。 (3) 具有建设工程施工现场管理经验和项目管理业绩，并应具备下列专业知识和能力：①施工项目管理范围内的工程技术、管理、经济、法律法规及信息化知识；②施工项目实施策划和分析解决问题的能力；③施工项目目标管理及过程控制的能力；④组织、指挥、协调与沟通能力

重点难点专项突破

1. 本考点应注意以下几个采分点：
(1) 施工项目经理是由谁授权对施工项目进行全面管理的责任人。
(2) 承包人更换项目经理应事先征得谁的同意。
(3) 承包人更换项目经理应在更换前多少天前通知发包人和监理人。
(4) 承包人项目经理短期离开施工场地，应事先征得谁的同意。
(5) 施工项目经理应具备的条件包括哪些。

2. 本考点可能这样命题：
(1) 承包人更换项目经理应事先征得建设单位同意，并应在更换(　　)d前通知发包人和监理人。
A. 7　　　　　　　　　　　B. 14
C. 28　　　　　　　　　　 D. 42
【答案】B

(2) 根据《建设工程施工项目经理岗位职业标准》T/CCIAT 0010—2019，施工项目经理应具备的条件有(　　)。
A. 具有工程建设类相应职业资格，并应取得安全生产考核合格证书
B. 具有良好的身体素质，恪守职业道德，诚实守信，不得有不良行为记录
C. 具有建设工程施工现场管理经验和项目管理业绩
D. 具有施工项目实施策划和分析解决问题的能力
E. 具有工程总承包项目组织实施和控制职能
【答案】A、B、C、D

专项突破 6　施工项目经理职责和权限

例题： 根据《建设工程施工项目经理岗位职业标准》T/CCIAT 0010—2019 规定，项目经理应履行的职责包括(　　)。

A. 依据企业规定组建项目经理部，组织制定项目管理岗位职责，明确项目团队成员职责分工

B. 执行企业各项规章制度，组织制定和执行施工现场项目管理制度

C. 组织项目团队成员进行施工合同交底和项目管理目标责任分解

D. 在授权范围内组织编制和落实施工组织设计、项目管理实施规划、施工进度计划、绿色施工及环境保护措施、质量安全技术措施、施工方案和专项施工方案

E. 在授权范围内进行项目管理指标分解，优化项目资源配置，协调施工现场人力资源安排，并对工程材料、构配件、施工机具设备等资源的质量和安全使用进行全程监控

F. 组织项目团队成员进行经济活动分析，进行施工成本目标分解和成本计划编制，制定和实施施工成本控制措施

G. 建立健全协调工作机制，主持工地例会，协调解决工程施工问题

H. 依据施工合同配合企业或受企业委托选择分包单位，组织审核分包工程款支付申请

I. 组织与建设单位、分包单位、供应单位之间的结算工作，在授权范围内签署结算文件

J. 建立和完善工程档案文件管理制度，规范工程资料管理及存档程序，及时组织汇总工程结算和竣工资料，参与工程竣工验收

K. 组织进行缺陷责任期工程保修工作，组织项目管理工作总结

L. 参与项目投标及施工合同签订

M. 参与组建项目经理部，提名项目副经理、项目技术负责人，选用项目团队成员

N. 主持项目经理部工作，组织制定项目经理部管理制度

O. 决定企业授权范围内的资源投入和使用

P. 参与分包合同和供货合同签订

Q. 在授权范围内直接与项目相关方进行沟通

R. 根据企业考核评价办法组织项目团队成员绩效考核评价，按企业薪酬制度拟定项目团队成员绩效工资分配方案，提出不称职管理人员解聘建议

【答案】 A、B、C、D、E、F、G、H、I、J、K

重点难点专项突破

1. 本考点还可以考核的题目有：

根据《建设工程施工项目经理岗位职业标准》T/CCIAT 0010—2019 规定，项目经理应具有的权限包括（L、M、N、O、P、Q、R）。

2. 职责与权限在命题时会相互作为干扰选项，注意几个"参与"，在设置错误选项时，会在这上面做文章。

1.3 施工组织设计与项目目标动态控制

专项突破 1 施工项目实施策划

项目	内容
策划准备工作	(1) 成立策划领导小组，移交资料和交底。 (2) 编制施工调查提纲，组织进行施工调查【2024 年考过】
进行项目实施策划	(1) 主要策划内容。 ① 确定项目管理目标、施工任务划分、组织机构建立、施工组织总体安排等事项，提出重难点工程施工方案、大型临时设施建设方案和标准，进行施工队伍部署、主要资源配置等。 ② 对临时工程管理、施工组织方案、施工进度管理、施工安全质量及环境管理、施工成本管理、施工机械管理、工程物资管理、工程测量管理、试验检测管理、劳务队伍管理、技术开发与管理、企业文化建设等提出要求。 (2) 策划职责分工。 (3) 由工程管理部门汇总编制项目实施策划书。内容包括：工程概况；施工项目管理目标及管理要求；施工项目管理机构设置；施工任务划分及队伍部署；施工组织设计及主要施工方案建议；临时工程；主要资源调配；物资采购与供应；工程试验检测安排；工程测量管理方案；施工项目科技研发计划和工作安排【2024 年考过】

重点难点专项突破

1. 区分策划准备工作与项目实施策划的工作内容。
2. 掌握项目实施策划书的内容。
3. 本考点可能会这样命题：
建筑企业工程管理部门负责策划的内容包括(　　)。
A. 明确项目管理模式及施工任务划分
B. 提出工期控制目标及施工组织总体安排意见
C. 明确重大施工技术方案意见
D. 确定实施性施工组织设计和重大施工技术方案的分级管理内容及要求
E. 提出工程施工分包管理要求
【答案】A、B、D、E

专项突破 2 施工组织设计的分类及其内容

例题：按编制对象不同，施工组织设计可分为三个层次：施工组织总设计、单位工程施工组织设计和施工方案。施工组织总设计的基本内容包括(　　)。
A. 工程概况
B. 总体施工部署
C. 施工总进度计划
D. 总体施工准备与主要资源配置计划

E. 主要施工方法　　　　　　　F. 施工总平面布置
G. 施工部署　　　　　　　　　H. 施工进度计划
I. 施工准备与资源配置计划　　J. 主要施工方案
K. 施工现场平面布置　　　　　L. 施工安排
M. 施工方法及工艺要求

【答案】A、B、C、D、E、F

重点难点专项突破

1. 本考点还可以考核的题目有：
（1）单位工程施工组织设计的基本内容包括（A、G、H、I、J、K）。
（2）施工方案是指以分部（分项）或专项工程为主要对象编制的施工技术与组织方案，内容包括（A、H、I、L、M）。

2. 例题题干中，施工组织设计的分类会考核多项选择题，会这样命题：按编制对象不同，施工组织设计可分为(　　)。

3. 单位工程施工组织设计的内容中，施工部署是纲领性内容，包括：工程项目施工目标、进度安排及空间组织、施工重点和难度分析、工程管理组织结构形式、"四新"使用部署或要求、分包单位要求。【2024年考过】

专项突破3　单位工程施工进度计划的编制程序和方法

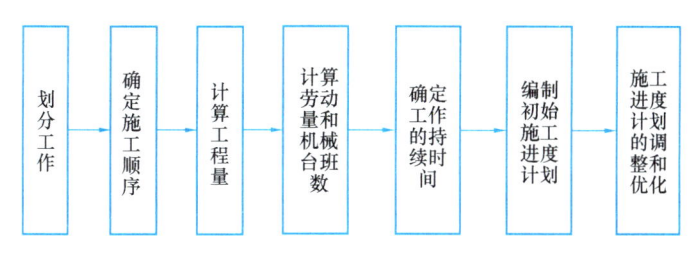

划分工作 → 确定施工顺序 → 计算工程量 → 计算劳动量和机械台班数 → 确定工作的持续时间 → 编制初始施工进度计划 → 施工进度计划的调整和优化

重点难点专项突破

1. 单位工程施工进度计划的编制程序在考核时会有三种题型：

一是考查编制单位工程施工进度计划的步骤有哪些，可以这样命题："编制单位工程施工进度计划的步骤包括(　　)。"

二是对单位工程施工进度计划编制程序顺序的考查，一般是对其中几项工作排序。

三是考查某项工作的紧前或紧后工作。可以这样命题："在编制单位工程施工进度计划过程中，计算劳动量和机械台班数前需要完成的先导工作有(　　)。"

2. 本考点还需要掌握以下采分点，会考核挖空题，还会考核正确与错误说法的综合题目。

（1）施工顺序通常受施工工艺和施工组织两方面因素制约。

19

（2）工作项目之间的组织关系是由于劳动力、施工机械、材料和构配件等资源的组织和安排需要而形成的。

（3）在确定施工顺序时，必须根据工程特点、技术组织要求及施工方案等进行研究，不能拘泥于某种固定顺序。

（4）工程量的计算应根据施工图和工程量计算规则，针对所划分的每一项目工作进行。

（5）最小工作面限定了每班施工人数的上限，而最小劳动组合限定了每班施工人数的下限。

（6）对初始施工进度计划是否满足要求的检查内容包括：①各工作项目的施工顺序和搭接关系是否合理；②总工期是否满足合同约定；③主要工种的工人是否能满足连续、均衡施工的要求；④主要施工机具、材料等的利用是否均衡和充分。首要的是前两方面检查内容。前者是解决可行与否的问题，后者则是施工进度计划优化问题。

针对上述几点内容，可能会这样命题：

（1）在施工进度计划中，工作之间由于劳动力、施工机械、材料和构配件等资源的组织和安排需要而形成的逻辑关系，称为（　　）。

A. 依次关系　　　　　　　B. 搭接关系
C. 组织关系　　　　　　　D. 工艺关系

【答案】C

（2）编制单位工程施工进度计划时，关于最小工作面和最小劳动组合对每班安排人数限制的说法，正确的是（　　）。

A. 最小工作面和最小劳动组合分别限定了每班安排人数的上限和下限
B. 最小工作面和最小劳动组合分别限定了每班安排人数的下限和上限
C. 最小工作面和最小劳动组合均限定了每班安排人数的上限
D. 最小工作面和最小劳动组合均限定了每班安排人数的下限

【答案】A

（3）施工进度计划检查内容中，用来决定是否需要进行进度计划优化的因素有（　　）。

A. 主要工种的工人是否满足连续、均衡施工要求
B. 主要施工机具的使用是否均衡和充分
C. 主要材料的利用是否均衡和充分
D. 技术间歇是否科学合理
E. 施工顺序是否科学合理

【答案】A、B、C

3. 在本考点中还会有综合时间定额和项目持续时间的计算题。具体会怎么考查，来看下面的题目：

（1）某项工作是由3个同类性质的分项工程合并而成的，各分项工程的工程量 Q_i 和时间定额分别是：$Q_1=2800m^3$，$Q_2=2500m^3$，$Q_3=3000m^3$；$H_1=0.30$ 工日/m^3，$H_2=0.25$ 工日/m^3，$H_3=0.40$ 工日/m^3。该项工作的综合时间定额为（　　）工日/m^3。

A. 0.321　　　　　　　　　　B. 0.484
C. 0.459　　　　　　　　　　D. 0.503

【答案】A

【分析】综合时间定额的计算公式为：

$$H = \frac{Q_1H_1 + Q_2H_2 + \cdots + Q_iH_i + \cdots + Q_nH_n}{Q_1 + Q_2 + \cdots + Q_i + \cdots + Q_n}$$

式中　H——综合时间定额（工日/m³，工日/m²，工日/t……）；
　　　Q_i——工作中第 i 个分项工程的工程量；
　　　H_i——工作中第 i 个分项工程的时间定额。

该项工作的综合时间定额＝(2800×0.30＋2500×0.25＋3000×0.40)/(2800＋2500＋3000)＝0.321 工日/m³。

（2）某项工作的工程量为 400m³，时间定额为 0.8 工日/m³。如果每天安排 2 个工作班次、每班 5 个人完成该项工作，则其持续时间为（　　）d。

A. 8　　　　　　　　　　　B. 20
C. 32　　　　　　　　　　　D. 40

【答案】C

【分析】工作项目的持续时间的计算公式为：

$$D = P/(R \cdot B)$$

式中　D——完成工作所需要的时间，即持续时间（d）；
　　　P——工作所需要的劳动量（工日）或机械台班数（台班）；
　　　R——每班安排的工人数或施工机械台数；
　　　B——每天工作班数。

持续时间＝400×0.8/(2×5)＝32d。

专项突破 4　施工组织设计的编制、审批及动态管理

例题：施工组织设计应由（　　）主持编制。
A. 项目负责人　　　　　　　B. 总承包单位技术负责人
C. 施工单位技术负责人　　　D. 项目技术负责人
E. 专业承包单位技术负责人

【答案】A

重点难点专项突破

1. 本考点还可以考核的题目有：
（1）施工组织总设计应由（B）审批。
（2）单位工程施工组织设计应由（C）审批。

（3）施工方案应由（D）审批。

（4）重点、难点分部（分项）工程施工方案和针对危险性较大的分部分项工程专项施工方案应由（C）批准。

（5）由专业承包单位施工的分部（分项）工程施工方案，应由（E）审批。

2. 考生要掌握不同施工组织设计的审批人员。

3. 规模较大的分部（分项）工程和专项工程的施工方案应按单位工程施工组织设计进行编制和审批。

4. 工程施工过程中应及时对施工组织设计进行修改或补充的情形可能会考查多项选择题。如果直接考查，可能会出现的干扰选项会有："对工程设计图纸的一般性修改应进行补充""对工程设计图纸的细微修改或更正，视情况进行修改或补充"。

5. 考试时也可能会通过具体事项分析是否需要修改或补充。可能会这样命题：

项目施工过程中，对施工组织设计进行修改或补充的情形有（　　）。

A. 设计单位应业主要求对楼梯部分进行局部修改
B. 某桥梁工程由于新规范的实施而需要重新调整施工工艺
C. 由于自然灾害导致施工资源的配置有重大变更
D. 施工单位发现设计图纸存在重大错误需要修改工程设计
E. 某钢结构工程施工期间，钢材价格上涨

【答案】B、C、D

专项突破 5　施工项目目标动态控制过程

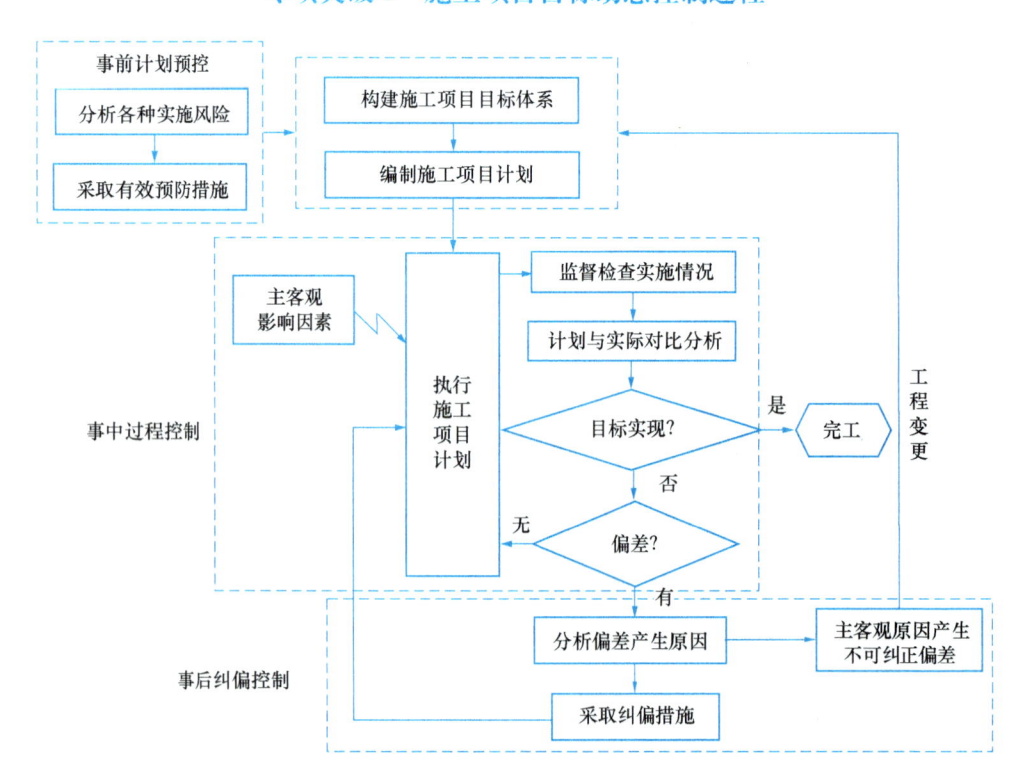

重点难点专项突破

1. 施工项目目标体系构建后，施工项目管理的关键在项目目标动态控制。关于项目目标体系构建主要掌握两个采分点：一是目标体系的作用；二是施工项目总目标分析论证的基本原则。2024年考核了一道多项选择题。

2. 熟悉项目目标动态控制过程中事前计划预控、施工过程控制的工作内容。

3. 本考点可能会这样命题：

施工项目目标动态控制过程中，事前计划预控的工作内容包括（   ）。
A. 分析各种实施风险，采取有效预防措施
B. 构建施工项目目标体系
C. 编制施工项目计划
D. 执行施工项目计划
E. 计划与实际对比分析

【答案】A、B、C

专项突破6 施工项目目标控制措施

例题：实施施工项目目标动态控制，应从组织、技术、经济、合同等多方面采取措施。下列措施属于组织措施的有（   ）。【2024年考过】
A. 建立健全组织机构和规章制度，配备相应管理人员并明确岗位职责分工
B. 完善沟通机制和工作流程，促进各参建单位、各职能部门间协同工作
C. 强化动态控制中的激励，调动和发挥员工实现项目目标的积极性和创造性
D. 建立施工项目目标控制工作考评机制，通过绩效考核实现持续改进【2024年考过】
E. 编制施工组织设计、施工方案并对其技术可行性进行审查、论证
F. 改进施工方法和施工工艺，采用更先进的施工机具【2024年考过】
G. 采用新技术、新材料、新工艺、新设备等"四新"技术并组织专家论证其可靠性和适用性
H. 采用工程网络计划技术、价值工程、挣值分析等方法和数字化、智能化技术
I. 明确施工责任成本
J. 落实加快施工进度所需资金
K. 完善施工成本节约奖励措施
L. 对工程变更方案进行技术经济分析
M. 及时办理工程价款结算和支付手续
N. 在施工投标环节需要通过市场调查系统分析施工承包风险，并将其对施工承包风险的应对体现在投标报价中
O. 结合承包模式及合同计价方式，与建设单位协商确定完善的合同条款
P. 做好施工合同交底工作，动态跟踪施工合同执行情况【2024年考过】

Q. 合理处置工程变更和利用好施工索赔【2024 年考过】

【答案】A、B、C、D

重点难点专项突破

1. 本考点还可以考核的题目有：

(1) 下列施工项目目标动态控制措施中，属于技术措施的有（E、F、G、H）。

(2) 下列施工项目目标动态控制措施中，属于经济措施的有（I、J、K、L、M）。

(3) 下列施工项目目标动态控制措施中，属于合同措施的有（N、O、P、Q）。

2. 上述题型是考试的常考题型，还可能进行逆向命题：

(1) 某工程项目施工中，针对实际进度滞后的状况，施工单位改进了施工工艺，该做法表明施工单位采取了（技术措施）进行项目目标动态控制。【2022 年 2 天考 3 科考过】

(2) 某项目因资金缺乏导致总体进度延误，项目经理部采取尽快落实资金解决此问题，该措施属于项目目标控制的（经济措施）。【2021 年第一批真题题干】

(3) 项目部针对施工进度滞后问题，提出了完善沟通机制和工作流程、改进施工方法、采用"四新"技术并组织专家论证其可靠性和适用性、明确施工责任成本等措施，其中属于组织措施的是（完善沟通机制和工作流程）。

第 2 章 施工招标投标与合同管理

2.1 施工招标投标

专项突破 1 施工招标方式

例题：采用公开招标方式的优点有(　　)。

A. 招标人可在较广范围内选择承包商

B. 投标竞争激烈，有利于招标人将工程项目交予可靠的承包商实施，并获得有竞争性的报价

C. 可在较大程度上避免招标过程中的贿标行为【2024 年考过】

D. 准备招标、对投标申请者进行资格预审和评标的工作量大

E. 招标时间长、费用高

F. 不需要发布招标公告和设置资格预审程序【2024 年考过】

G. 可节约招标费用、缩短招标时间

H. 可减少合同履行过程中承包商违约的风险【2024 年考过】

I. 对象的选择面窄、范围较小，有可能会排除某些在技术上或报价上有竞争力的潜在投标人

J. 投标竞争的激烈程度相对较差，进而会提高中标合同价

【答案】A、B、C

重点难点专项突破

本考点还可以考核的题目有：

(1) 采用公开招标方式的缺点有（D、E）。

(2) 采用邀请招标方式的优点有（F、G、H）。【2024 年考过】

(3) 采用邀请招标方式的缺点有（I、J）。

专项突破 2 施工招标程序

三个阶段	内容
施工招标准备	工作主要包括：组建招标组织、办理招标申请手续、进行招标策划、编制资格预审文件和招标文件等。进行招标策划包括划分施工标段、确定承包模式、选择合同计价方式等【2024 年考过】

续表

三个阶段		内容
施工招标过程	发布招标公告或发出投标邀请书	招标公告适用于进行资格预审的公开招标。 投标邀请书适用于进行资格后审的邀请招标
	进行资格预审	（1）发布资格预审公告。应在国务院发展改革部门依法指定的媒介发布。 （2）发售资格预审文件。资格预审文件的发售期不得少于 5 日。潜在投标人或者其他利害关系人对资格预审文件有异议的，应在提交资格预审申请文件截止时间 2 日前向招标人提出。招标人应自收到异议之日起 3 日内作出答复。作出答复前，应暂停招标投标活动。 （3）资格预审文件的澄清或修改。招标人可以对已发出的资格预审文件进行必要的澄清或者修改。澄清或者修改的内容可能影响资格预审申请文件编制的，招标人应在提交资格预审申请文件截止时间至少 3 日前，以书面形式通知所有获取资格预审文件的潜在投标人；不足 3 日的，招标人应顺延提交资格预审申请文件的截止时间。 （4）资格预审申请文件的递交。潜在投标人应严格按照资格预审文件要求的格式和内容，编制、装订、密封资格预审申请文件，并加写标记和加盖申请人单位章，按照规定的时间、地点、方式递交。未按要求密封和加写标记、逾期送达或者未送达指定地点的资格预审申请文件，招标人将不予受理。 （5）组建资格审查委员会。国有资金占控股或者主导地位的依法必须进行招标的项目，招标人应组建资格审查委员会审查资格预审申请文件。资格审查委员会应由招标人代表和有关技术、经济等方面的专家组成，成员人数为五人以上单数，其中技术、经济等方面的专家不得少于成员总数的 2/3。 （6）审查资格预审申请文件。 ① 投标人资格预审分初步审查和详细审查两个环节。初步审查标准通常包括：申请人名称是否与营业执照、资质证书及安全生产许可证一致；申请函是否有法定代表人或其委托代理人签字并加盖单位章；申请文件格式是否符合要求；联合体申请人是否提交联合体协议书并明确联合体牵头人；资格预审申请文件证明材料是否齐全有效等。详细审查标准主要包括：是否具备有效的营业执照、安全生产许可证；申请人的资质等级、财务状况、类似项目业绩、信誉、项目经理资格及联合体申请人等是否符合申请人须知中要求的条件。申请人有一项因素不符合审查标准的，不能通过资格预审。 ② 投标人资格预审方法有两种：合格制和有限数量制。合格制和有限数量制在审查标准上无本质区别，都需要进行初步审查和详细审查。两者区别就在于有限数量制需要对通过审查的资格预审申请文件进行量化打分。 （7）资格预审申请文件的澄清或说明。在资格审查过程中，资格审查委员会可以书面形式，要求申请人对所提交的资格预审申请文件中不明确的内容进行必要的澄清或说明。申请人的澄清或说明应采用书面形式，并不得改变资格预审申请文件的实质性内容。申请人的澄清和说明内容属于资格预审申请文件的组成部分。招标人和审查委员会不接受申请人主动提出的澄清或说明。 （8）提交审查报告。审查委员会按照规定的程序对资格预审申请文件完成审查后，确定通过资格预审的申请人名单，并向招标人提交书面审查报告。 （9）通知和确认。招标人应在申请人须知前附表规定的时间内以书面形式将资格预审结果通知申请人，并向通过资格预审的申请人发出投标邀请书
	发售招标文件和组织现场踏勘	招标人在组织现场踏勘时，除对工程场地和相关周边环境情况进行介绍外，不对投标人提出的有关问题作进一步说明。 投标预备会后，招标人在投标人须知前附表规定的时间内，将对投标人所提问题的澄清，以书面方式通知所有购买招标文件的投标人。【2024 年考过】 根据《中华人民共和国招标投标法实施条例》，招标人对招标文件进行澄清或者修改的内容可能影响投标文件编制的，招标人应在投标截止时间至少 15 日前，以书面形式通知所有获取招标文件的潜在投标人；不足 15 日的，招标人应顺延提交投标文件的截止时间

续表

三个阶段		内容
施工招标过程	开标与评标	(1) 投标文件的递交和接收。 (2) 组建评标委员会。 (3) 开标。 (4) 评标。 ① 初步评审。初步评审属于对投标文件的合格性审查,评审内容包括形式评审、资格评审、响应性评审、施工组织设计和项目管理机构评审标准四个方面。 ② 详细评审。评标方法通常有两种:经评审的最低投标价法和综合评估法。 (5) 评标报告。评标委员会完成评标后,应向招标人提交书面评标报告
施工决标成交		(1) 确定中标人。 (2) 合同谈判。 (3) 签订合同。 招标人和中标人应在中标通知书发出之日起 30 日内,根据招标文件和中标人的投标文件订立书面合同。 招标人最迟应在书面合同签订后 5 日内向中标人和未中标的投标人退还投标保证金及银行同期存款利息。中标人无正当理由拒签合同的,其投标保证金不予退还。 招标文件要求中标人提交履约保证金的,中标人应按照招标文件的要求提交。履约保证金不得超过中标合同金额的 10%。

重点难点专项突破

1. 本考点内容较多,考生应全面掌握。对于施工招标内容,考试时可能会就某一项内容命题。

2. 注意几个数据"3 日""5 日""15 日""30 日",会作为采分点考核单项选择题。

3. 资格预审文件、施工招标文件的内容应对比记忆,2024 年以多项选择题的形式考核了资格预审文件的内容。

4. 本考点可能会这样命题:

(1) 资格预审文件的发售期不得少于( )日。

A. 2　　　　　　　　　　　　B. 3
C. 4　　　　　　　　　　　　D. 5

【答案】D

(2) 根据《中华人民共和国招标投标法实施条例》,招标人对招标文件进行澄清或者修改的内容可能影响投标文件编制的,招标人应在投标截止时间至少( )日前,以书面形式通知所有获取招标文件的潜在投标人。

A. 3　　　　　　　　　　　　B. 5
C. 8　　　　　　　　　　　　D. 15

【答案】D

（3）招标人和中标人应在中标通知书发出之日起（　　）日内，根据招标文件和中标人的投标文件订立书面合同。

A. 15　　　　　　　　　　　　B. 21

C. 30　　　　　　　　　　　　D. 45

【答案】C

（4）关于资格预审的说法，正确的有（　　）。

A. 招标人应自收到资格预审文件异议之日起 3 日内作出答复，作出答复前，可以继续招标投标活动

B. 招标人可以对已发出的资格预审文件进行必要的澄清或者修改

C. 招标人应在提交资格预审申请文件截止时间至少 3 日前，以书面或者口头形式通知所有获取资格预审文件的潜在投标人

D. 未按要求密封和加写标记、逾期送达或者未送达指定地点的资格预审申请文件，招标人将不予受理

E. 投标人资格预审方法有合格制和有限数量制

【答案】B、D、E

（5）初步评审属于对投标文件的合格性审查，评审内容包括（　　）。

A. 形式评审　　　　　　　　B. 资格评审

C. 响应性评审　　　　　　　D. 施工组织设计和项目管理机构评审标准

E. 付款条件评审

【答案】A、B、C、D

专项突破 3　总价合同、单价合同、成本加酬金合同的适用范围

例题：固定总价合同一般适用于（　　）。

A. 招标时已有施工图设计文件，施工任务和发包范围明确，合同履行中不会出现较大设计变更

B. 工程规模较小、技术不太复杂的中小型工程或承包工作内容较为简单的工程部位【2024 年考过】

C. 工程量小、工期较短（一般为 1 年之内），合同双方可不必考虑市场价格浮动对承包价格影响的工程【2024 年考过】

D. 对于工期较长（1 年以上），施工单位在投标报价时无法合理地预见合同履行过程中市场价格变动等因素影响的工程

E. 工期长、技术复杂、实施过程中发生各种不可预见因素较多的大型工程

F. 建设单位为缩短工程建设周期，初步设计完成后就进行招标的工程

G. 边设计、边施工的紧急工程

H. 灾后修复工程

【答案】A、B、C

重点难点专项突破

1. 本考点还可以考核的题目有:
(1) 可调总价合同一般适用于 (D)。
(2) 单价合同大多用于 (E、F)。
(3) 成本加酬金合同大多适用于 (G、H)。
2. 关于适用范围的考查,还会在题干中给出工程条件,判断采用哪种合同方式。
3. 可调总价合同的调整方法包括:文件证明法、票据价格调整法、公式调价法。
4. 在单价合同中,工程量清单所列工程量为估算工程量,而非实际工程量。

专项突破 4 成本加酬金合同的形式

例题:根据酬金计取方式不同,成本加酬金合同可分为(　　)。
A. 成本加固定百分比酬金合同　　B. 成本加固定酬金合同
C. 成本加浮动酬金合同　　D. 目标成本加奖罚合同

【答案】 A、B、C、D

重点难点专项突破

1. 本考点还可以考核的题目有:
(1) 采用 (A) 形式,虽在签订时简单易行,但不能激励施工单位缩短工期和降低成本。
(2) 采用 (B) 形式,虽不能鼓励施工单位关心降低直接成本,但从尽快获得全部酬金、减少管理投入出发,施工单位会关心缩短工期。
(3) 从理论上讲,(C) 形式对双方都没有太大风险,且又能促使施工单位关心成本降低和缩短工期。
(4) 采用 (D) 形式,有利于鼓励施工单位降低成本和缩短工期,建设单位和施工单位都不会承担太大风险。
2. 四类合同形式的合同价款计算应熟悉,具体公式见下表:

形式	计算式
成本加固定百分比酬金合同	$C = C_d(1+P)$ 式中 C——合同价款; 　　　C_d——实际发生的直接费; 　　　P——合同双方约定的酬金百分比
成本加固定酬金合同	$C = C_d + F$ 式中 F——合同双方约定的酬金

续表

形式	计算式

成本加浮动酬金合同	$C = C_d + F$ ($C_d = C_0$)
	$C = C_d + F + \Delta F$ ($C_d < C_0$)
	$C = C_d + F - \Delta F$ ($C_d > C_0$)
	式中 C_0——合同双方签订合同时约定的预期成本；
	      F——合同双方约定的酬金；
	      ΔF——酬金奖罚部分，可以是百分数，也可以是绝对数，且奖罚可采用不同的计算标准

目标成本加奖罚合同	$C = C_d + P_1 C_0 + P_2(C_0 - C_d)$
	式中 C_0——目标成本；
	      P_1——基本酬金计算百分比；
	      P_2——奖罚酬金计算百分比

专项突破 5   合同计价方式比较与选择

合同类型	总价合同	单价合同	成本加酬金合同			
			固定百分比酬金	固定酬金	浮动酬金	目标成本加奖罚
应用范围	广泛	广泛	有局限性			酌情
建设单位造价控制	易	较易	最难	难	不易	有可能
施工单位风险	大	小	基本没有		不大	有

重点难点专项突破

1. 对比记忆总价合同、单价合同、成本加酬金合同的特点。

2. 建设单位通常会综合考虑以下因素来选择合同计价方式：工程复杂程度、工程设计深度、技术先进程度、工期紧迫程度。

3. 本考点可能会这样命题：

(1) 下列合同计价方式中，建设单位造价控制最容易的合同形式是（   ）。

A. 总价合同   B. 单价合同

C. 固定百分比酬金合同   D. 固定酬金合同

【答案】A

(2) 下列合同计价方式中，施工单位基本没有风险的合同形式有（   ）。

A. 总价合同   B. 单价合同

C. 成本加固定百分比酬金合同   D. 成本加固定酬金合同

E. 目标成本加奖罚

【答案】C、D

专项突破 6　招标工程量清单

例题： 其他项目清单是指在分部分项工程项目清单、措施项目清单所包含的内容以外，因招标人特殊要求而发生的与拟建工程有关的其他费用项目和相应数量的清单。其他项目清单的列项内容包括(　　)。

A. 暂列金额　　　　　　　　B. 暂估价
C. 计日工　　　　　　　　　D. 总承包服务费

【答案】A、B、C、D

重点难点专项突破

1. 本考点还可以考核的题目有：

（1）招标人在工程量清单中暂定并包括在合同价款中的一笔款项称为（A）。

（2）下列费用中，（A）用于施工合同签订时尚未确定或者不可预见的所需材料、设备、服务采购，施工中可能发生的工程变更、合同约定调整因素出现时的合同价款调整以及发生的索赔、现场签证确认等的费用。

（3）在编制招标工程量清单时，对施工中可能出现的索赔、现场签证等费用，应在(A)中予以考虑。【2024年真题题干】

（4）招标人在工程量清单中提供的用于支付必然发生但暂时不能确定价格的材料、工程设备的单价及专业工程的金额是指（B）。

（5）在施工过程中，施工单位完成建设单位提出的工程合同范围以外的零星项目或工作，按合同中约定的单价进行计价的一种方式是指（C）。

（6）总承包单位为配合协调建设单位进行的专业工程发包，对建设单位自行采购的材料、工程设备等进行保管以及施工现场管理、竣工资料汇总整理等服务所需的费用称为（D）。

2. 本考点采分点较多，考试时可能会这样命题：

命题方式	采分点
根据用途不同，工程清单可分为(　　)	招标工程量清单和已标价工程量清单
招标工程量清单应以(　　)为单位编制	单位（项）工程
招标工程量清单由(　　)组成	分部分项工程项目清单、措施项目清单、其他项目清单、规费和税金项目清单
分部分项工程量清单应载明(　　)	项目编码、项目名称、项目特征、计量单位和工程量
措施项目清单必须根据相关工程计量规范进行编制，并根据(　　)列项	拟建工程的实际情况
其他项目清单中，暂估价包括(　　)	材料暂估单价、工程设备暂估单价、专业工程暂估价

续表

命题方式	采分点
规费项目清单应按照列项内容包括( )	社会保险费、住房公积金
根据《建设工程工程量清单计价规范》GB 50500—2013 规定,税金项目清单内容包括( )	营业税、城市维护建设税、教育费附加、地方教育附加

专项突破 7 招标控制价

项目	内容
招标控制价的概念	招标控制价是指在工程招标发包过程中,由招标人根据拟定的招标文件、招标工程量清单及有关计价依据和办法编制的招标工程的最高投标限价
编制规定	(1) 国有资金投资的建设工程招标,招标人必须编制招标控制价。 (2) 招标控制价按照计价规范的规定编制,不应上调或下浮。 (3) 招标控制价由分部分项工程费、措施项目费、其他项目费、规费和税金组成。 (4) 分部分项工程和措施项目中的单价项目,应依据拟定的招标文件和招标工程量清单项目中的特征描述及有关要求确定综合单价。 (5) 措施项目中的总价项目,应根据拟定的招标文件中的措施项目清单,按照《建设工程工程量清单计价规范》GB 50500—2013 中的相关规定计算。 (6) 其他项目应按下列规定计价: ① 暂列金额应按招标工程量清单中列出的金额填写。 ② 暂估价中的材料、工程设备单价应按招标工程量清单中列出的单价计入综合单价,暂估价中的专业工程金额应按招标工程量清单中列出的金额填写。 ③ 计日工应按招标工程量清单中列出的项目,根据工程特点和有关计价依据确定综合单价计算。 ④ 总承包服务费应根据招标工程量清单列出的内容和要求估算

重点难点专项突破

1. 本考点可能会以判断正确与错误说法的题目考核。
2. 本考点可能会这样命题:
(1) 关于招标控制价及其编制,下列说法中正确的是(   )。
A. 国有资金投资的工程项目应实行工程量清单招标,招标人必须编制招标控制价
B. 招标控制价可以根据需要在开标时适当上调或者下浮
C. 措施项目中的总价项目,应依据拟定的招标文件和招标工程量清单项目中的特征描述及有关要求确定综合单价
D. 招标控制价是所有投标人的最低投标限价
【答案】A

(2) 关于其他项目计价的说法，正确的是（   ）。
A. 暂估价中的专业工程金额应按招标工程量清单中列出的单价计入综合单价
B. 暂估价中的材料、工程设备单价应按招标工程量清单中列出的金额填写
C. 暂列金额应按招标工程量清单中列出的金额填写
D. 总承包服务费应根据工程特点和有关计价依据确定综合单价计算
【答案】C

专项突破 8　投标报价的编制原则

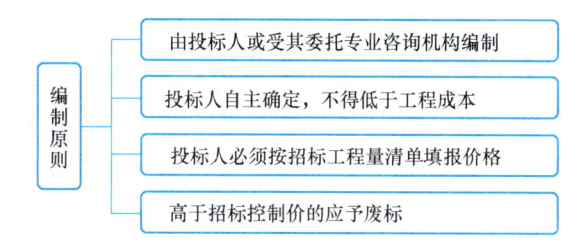

编制原则：
- 由投标人或受其委托专业咨询机构编制
- 投标人自主确定，不得低于工程成本
- 投标人必须按招标工程量清单填报价格
- 高于招标控制价的应予废标

重点难点专项突破

1. 本考点一般会考核判断正确与错误说法的综合题目。
2. 本考点可能会这样命题：
关于工程量清单计价下施工企业投标报价原则的说法，正确的是（   ）。
A. 为了鼓励竞争，投标报价可以略低于成本
B. 投标报价高于招标控制价的必须下调后采用
C. 只能由投标人编制
D. 必须按照招标工程量清单填报价格
【答案】D

专项突破 9　投标报价编制方法与注意事项

项目		内容
编制方法	综合单价确定	分部分项工程和措施项目中的单价项目，应依据招标文件及招标工程量清单中的项目特征描述确定综合单价。当招标文件描述的项目特征与设计图纸不符时，投标人应以招标文件描述的项目特征确定综合单价。 招标工程量清单中提供了暂估单价的材料和工程设备，按暂估单价计入综合单价。 投标报价中的综合单价应包括招标文件中划分的应由投标人承担的风险范围及费用。当风险内容及其范围（幅度）在招标文件规定的范围（幅度）内时，综合单价不得改变，合同价款不作调整
	总价项目金额的确定	措施项目中的总价项目金额应根据招标文件中的措施项目清单及投标时拟定的施工组织设计或施工方案自主确定。其中，安全文明施工费必须按政府有关部门的规定计算，不得作为竞争性费用

续表

项目		内容
编制方法	其他项目报价	（1）暂列金额应按招标工程量清单中列出的金额填写，不得变动。 （2）暂估价中的材料、工程设备暂估价应按招标工程量清单中列出的单价计入综合单价，专业工程暂估价应按招标工程量清单中列出的金额填写，均不得变动或更改。【2024年考过】 （3）计日工应按招标工程量清单中列出的项目和数量，自主确定综合单价并计算计日工金额。 （4）总承包服务费应依照招标人在招标文件中列出的分包专业工程内容和供应材料、设备情况，按照招标人提出的协调、配合与服务要求，以及施工现场管理需要自主确定【2024年考过】
编制注意事项		（1）招标工程量清单与计价表中列明的所有需要填写的单价和合价的项目，投标人均应填写且只允许有一个报价。 （2）未填写单价和合价的项目，视为此项费用已包含在已标价工程量清单中其他项目的单价和合价之中，竣工结算时，此项目不得重新组价予以调整。 （3）投标总价应当与分部分项工程费、措施项目费、其他项目费和规费、税金的合计金额一致

重点难点专项突破

1. 本考点采分点较多，可能会就某一句话单独命题，也可能会以判断正确与错误说法的综合题目考核。

2. 本考点可能会这样命题：

（1）当招标文件描述的项目特征与设计图纸不符时，投标人应以（　　）确定综合单价。

A. 实际施工的项目特征　　B. 招标文件描述的项目特征

C. 预算定额　　D. 设计图纸说明

【答案】B

（2）根据《建设工程工程量清单计价规范》GB 50500—2013，关于投标人其他项目费编制的说法，正确的有（　　）。

A. 专业工程暂估价必须按照招标工程量清单中列出的金额填写

B. 暂列金额应按照招标工程量清单中列出的金额填写，不得变动

C. 计日工应按照招标工程量清单列出的项目和数量自主确定各项综合单价

D. 总承包服务费应根据招标人要求提供的服务和现场管理需要自主确定

E. 材料暂估价由投标人根据市场价格变化自主测算确定

【答案】A、B、C、D

3. 在本考点中还会涉及计算题目，来看下面这道题目：

某施工单位拟投标一项工程，在招标工程量清单中已列明的其中甲、乙分项工程的工程量分别为 650m³ 和 300m³。施工单位结合招标工程量清单中的项目特征描述和自身拟定的施工方案，计算出甲、乙分项工程的工料机费用合计分别为 34500 元和

9580元。企业管理费按工料机费的15%计取,利润及风险费用合并考虑,以工料机费和企业管理费为基数按5%计算。则确定施工投标时甲、乙分项工程的综合单价分别为( )。

A. 57.99元/m³,38.56元/m³   B. 57.99元/m³,34.89元/m³
C. 64.09元/m³,38.56元/m³   D. 64.09元/m³,34.89元/m³

【答案】C
【解析】甲分项工程的综合单价:34500×(1+15%)×(1+5%)/650=64.09元/m³
乙分项工程的综合单价:9580×(1+15%)×(1+5%)/300=38.56元/m³

专项突破10 投标报价的基本策略

例题: 工程投标报价时,考虑招标项目的不同特点宜采用低价策略的情形有( )。
A. 施工条件差的工程
B. 专业要求高的技术密集型工程且施工单位在这方面有专长,声望较高
C. 总价低的小型工程以及自己不愿做、又不方便不投标的工程
D. 特殊的工程
E. 工期要求急的工程
F. 竞争对手少的工程
G. 支付条件不理想的工程
H. 施工条件好的工程
I. 工作简单、工程量大而其他施工单位都可以做的工程
J. 施工单位急于打入某一市场、某一地区
K. 施工单位在该地区面临工程结束,机械设备等无工地转移时
L. 施工单位在附近有工程,而本项目又可利用该工程的设备、劳务,或有条件短期内突击完成的工程
M. 投标对手多,竞争激烈的工程
N. 非急需工程
O. 支付条件好的工程

【答案】H、I、J、K、L、M、N、O

重点难点专项突破

1. 本考点还可以考核的题目有:
工程投标报价时,考虑招标项目的不同特点,通常情况下报价可适当高一些的工程有(A、B、C、D、E、F、G)。

2. 根据招标项目的不同特点采用高价或低价的工程在考核时,会相互作为干扰选项。

专项突破 11　常用的报价技巧

例题：工程投标报价中，投标人为了既不影响总报价，又能在结算中获得更理想的收益，运用不平衡报价法时，可以适当偏高报价的有（　　）。

A. 能早日结账收款的工程项目
B. 经核算预计今后工程量会增加较多的项目
C. 因设计图纸不明确可能导致工程量增加的项目
D. 如果工程不分标，不会另由一家承包单位施工，其中肯定要施工的项目
E. 单机与包干混合制合同中，招标人要求采用包干报价的项目
F. 后期工程项目，如设备安装、装饰工程
G. 预计工程量可能减少的后期工程项目
H. 工程内容说明不清楚的项目
I. 单机与包干混合制合同中的单价项目

【答案】A、B、C、D、E

重点难点专项突破

1. 本考点还可以考核的题目有：

工程投标报价中，投标人为了既不影响总报价，又能在结算中获得更理想的收益，运用不平衡报价法时，可以适当偏低报价的有（F、G、H、I）。

2. 常用的报价技巧有不平衡报价法、多方案报价法、保本竞标法和突然降价法等。

（1）多方案报价法的适用情况应掌握，可能会这样命题：招标文件中的工程范围不明确，条款不清楚或不公正，或技术规范要求过于苛刻的工程适宜采用（多方案报价法）。

（2）保本竞标法是对于缺乏竞争优势的施工单位，在不得已时可采用根本不考虑利润的报价方法，以获得中标机会。熟悉其采用情形。

（3）采用突然降价法，对施工单位的分析判断和决策能力要求很高，要求施工单位能全面掌握和分析信息，作出正确判断。

专项突破 12　其他报价技巧

例题：招标人在施工招标文件中规定了暂定金额的分项内容和暂定总价款时，投标人可采用的报价策略是（　　）。

A. 适当提高暂定金额分项内容的单价
B. 适当减少暂定金额中的分项工程量
C. 适当降低暂定金额分项内容的单价
D. 适当增加暂定金额中的分项工程量
E. 正常报价

【答案】A

重点难点专项突破

1. 本考点还可以考核的题目有：

招标人在施工招标文件中列出了暂定金额的项目和数量，但并未限制工程量的估算总价时，投标人一般可采用的报价策略是（E）。

> 如果投标人预计今后实际工程量肯定会增大，则可适当提高单价，以期在将来增加额外收益。

2. 选项B、C、D均为可能会出现的干扰选项。
3. 其他报价技巧中还应掌握计日工单价的报价、可供选择项目的报价、增加建议方案、采用分包商的报价、许诺优惠条件，采分点见下表：

报价技巧	采分点
计日工单价的报价	（1）如果是单纯报计日工单价，且不计入总报价中，则可报高些。 （2）如果计日工单价要计入总报价时，则需具体分析是否报高价，以免抬高总报价
可供选择项目的报价	对于将来有可能被选择使用的规格，应适当提高其报价。 对于技术难度大或因其他原因难以实现的规格，可将价格有意抬高得更多一些，以促使招标人弃用。 所谓"可供选择项目"，是招标人进行选择，并非由投标单位任意选择
增加建议方案	要注意，对原招标方案一定要报价。建议方案不要写得太具体，要保留方案的技术关键，防止招标人将此方案交由其他投标人实施。同时要强调的是，建议方案一定要比较成熟，具有较强的可操作性
采用分包商的报价	总承包单位应在投标前找几家分包商分别报价，然后选择其中一家信誉较好、实力较强和报价合理的分包商签订协议，同意该分包商作为分包工程的唯一合作者，并将该分包商列到投标文件中，同时要求该分包商提交投标保函。如果该分包商认为总承包单位确实有可能中标，也许愿意接受这一条件。这种将分包商的利益与投标人捆在一起的做法，不但可以防止分包商事后反悔和涨价，还会迫使分包商报出较合理的价格，以便共同争取中标
许诺优惠条件	在投标时主动提出提前竣工、低息贷款、赠给施工设备、免费转让新技术或某种技术专利、免费技术协作、代为培训人员等，均是吸引招标人、利于中标的辅助手段

专项突破13 施工投标文件

例题：施工投标文件通常包括技术标书、商务标书、投标函及其他有关文件三部分内容。下列属于技术标书内容的有（　　）。

A. 施工组织设计文字说明
B. 施工项目管理组织机构及主要人员简历
C. 拟投入的施工机械设备和试验检测设备
D. 新材料、新技术、新工艺、新设备的应用和推广
E. 施工总平面布置图
F. 施工总进度计划及资源安排计划
G. 主要工序工艺流程

H. 施工质量和安全保证体系

I. 施工项目拟分包情况

J. 合理化建议

K. 工程报价

L. 优惠条件

M. 对合同条款的确认

N. 投标函及投标函附录

O. 投标担保

P. 授权书

Q. 联合体协议书

R. 资格预审更新资料或资格后审资料

S. 投标人承揽的在建工程情况

T. 分包人情况

【答案】A、B、C、D、E、F、G、H、I、J

重点难点专项突破

1. 本考点还可以考核的题目有：

（1）施工投标文件通常包括技术标书、商务标书、投标函及其他有关文件三部分内容。下列属于商务标书内容的有（K、L、M）。

（2）施工投标文件通常包括技术标书、商务标书、投标函及其他有关文件三部分内容。下列属于投标函及其他有关文件内容的有（N、O、P、Q、R、S、T）。

2. 施工投标文件的编制原则可能会考核多项选择题，应遵循以下原则：

（1）突出专业性，而且要有针对性。

（2）保证可行性，而且要经济合理。

（3）注重规范性，而且要凸显重点。

3. 施工投标文件密封规定应熟悉。密封袋封口后，需要按招标文件要求加盖投标人公章，并由投标人法定代表人签名或盖章。密封的施工投标文件可在投标截止日前在招标文件载明的地点递交招标人。

2.2 合同管理

专项突破 1　施工合同文件的组成及优先解释顺序

例题： 根据《标准施工招标文件》，施工合同文件包括（　　）。

A. 合同协议书　　　　　　　　B. 中标通知书
C. 专用合同条款　　　　　　　D. 图纸
E. 已标价工程量清单　　　　　F. 投标函及投标函附录

G. 通用合同条款
H. 技术标准和要求
I. 其他合同文件

【答案】A、B、C、D、E、F、G、H、I

重点难点专项突破

1. 本考点还可以考核的题目有：

根据《标准施工招标文件》规定，除专用合同条款另有约定外，解释合同文件的优先顺序为（A—B—F—C—G—H—D—E—I）。

2. 合同文件会考核两个采分点，一是组成；二是解释顺序。题目难度不大。

专项突破 2　施工合同有关各方义务或职责

例题：根据《标准施工招标文件》，施工场地以及施工场地内地下管线和地下设施等有关资料应由（　）提供。【2014 年考过】

A. 发包人　　　　　　　　　　B. 承包人
C. 设计单位　　　　　　　　　D. 监理人

【答案】A

重点难点专项突破

1. 本考点还可以考核的题目有：

（1）根据《标准施工招标文件》，某工程因施工需要，需取得出入施工场地的临时道路的通行权应由（A）办理。【2015 年考过】

（2）根据《标准施工招标文件》，某工程因施工需要，（A）应取得为工程建设所需修建场外设施的权利，并承担有关费用。

（3）根据《标准施工招标文件》，根据合同进度计划，（A）组织设计单位进行交底。

（4）根据《标准施工招标文件》，（A）应按合同约定及时组织竣工验收。

（5）根据《标准施工招标文件》，（B）应按合同约定的工作内容和施工进度要求，编制施工组织设计和施工措施计划，并对所有施工作业和施工方法的完备性和安全可靠性负责。

（6）根据《标准施工招标文件》，针对危险性较大的分部分项工程应编制专项施工方案，经（D）审查批准后方可实施。

（7）根据《标准施工招标文件》，（B）应按合同约定的环保工作内容，编制施工环境保护措施计划。

（8）根据《标准施工招标文件》，施工环境保护措施计划应报送（D）审批。

（9）根据《标准施工招标文件》，（B）应负责修建、维修、保养和管理施工所需的临时道路，以及为开始施工所需的临时工程和必要的设施，满足开工要求。

(10) 根据《标准施工招标文件》,(B)应根据测量基准点、基准线和水准点及其书面资料,测设施工控制网。

(11) 根据《标准施工招标文件》,施工前期准备工作满足开工条件后,应向(D)提交工程开工报审表。

> 开工报审表应详细说明按合同进度计划正常施工所需的施工道路、临时设施、材料设备、施工人员等施工组织措施的落实情况及工程进度安排。

(12) 根据《标准施工招标文件》,施工场地及其周边环境与生态的保护工作应由(B)负责。

(13) 根据《标准施工招标文件》,工程接收证书颁发前,(B)应负责照管和维护工程。

(14) 根据《标准施工招标文件》,(D)应按合同约定组织工程竣工预验收。

2. 考生应能区分发包人、承包人与监理的义务或职责,可通过下表掌握:

发包人主要义务 【2023年2天考3科、2024年考过】	承包人主要义务	监理人职责
(1) 发出开工通知。 (2) 提供施工场地。 (3) 协助承包人办理证件和批件。 (4) 组织设计交底。 (5) 支付合同价款。 (6) 组织竣工验收。	(1) 查勘施工现场。 (2) 编制工程实施措施计划,包括:施工组织设计和施工进度计划;工程质量保证措施文件;施工安全管理措施计划;环境保护措施计划。 (3) 负责施工现场内交通道路和临时工程。 (4) 测设施工控制网。 (5) 提出开工申请。 (6) 完成各项承包工作。 (7) 保证工程施工和人员的安全。 (8) 负责施工场地及其周边环境与生态的保护工作。 (9) 避免施工对公众与他人的利益造成损害。 (10) 工程的维护和照管	(1) 审查承包人实施方案。 (2) 发出开工通知。 (3) 监督管理施工过程。 (4) 参与工程竣工验收。 注意:监理人发出的任何指示应视为已得到发包人的批准,但监理人无权免除或变更合同约定的发包人和承包人的权利、义务和责任

这部分内容还会这样命题:

根据《标准施工招标文件》,应由承包人承担的义务是(   )。
A. 组织设计单位向分包人进行设计交底
B. 提供施工场地内地下管线和地下设施等有关资料
C. 负责施工场地及其周边环境与生态的保护工作
D. 按合同约定及时组织竣工验收
【答案】C

专项突破 3　施工进度计划与合同进度计划

主要条款	内容
施工进度计划的审批	承包人应按专用合同条款约定的内容和期限，编制详细的施工进度计划和施工方案说明报送监理人。【2021 年第二批考过】 　　监理人应在约定的期限内批复或提出修改意见，否则该进度计划视为已得到批准。 　　经监理人批准的施工进度计划称为合同进度计划，是控制合同工程进度的依据【2024 年考过】
合同进度计划的修订	不论何种原因造成工程的实际进度与合同进度计划不符时，承包人可以在专用合同条款约定的期限内向监理人提交修订合同进度计划的申请报告，并附有关措施和相关资料，报监理人审批。【2021 年第二批考过】 　　监理人也可以直接向承包人作出修订合同进度计划的指示，承包人应按该指示修订合同进度计划，报监理人审批。监理人应在专用合同条款约定的期限内批复。监理人在批复前应获得发包人同意【2021 年第二批考过】

重点难点专项突破

1. 本考点一般会考核判断正确与错误说法的题目。
2. 本考点可能会这样命题：

根据《标准施工招标文件》，关于合同进度计划的说法，正确的是（　　）。【2021 年第二批真题】

A. 监理人应编制施工进度计划和施工方案说明并报发包人
B. 实际进度与合同进度不符时，承包人应提交修订合同进度计划申请报告等资料，报监理人审批
C. 监理人不能直接向承包人作出修订合同进度计划的指示
D. 监理人无需获得发包人的同意，可以直接在合同约定期限内批复修订的合同进度计划

【答案】B

专项突破 4　工　期　延　误

例题：在履行合同过程中，由于发包人的（　　）原因造成工期延误的，承包人有权要求发包人延长工期和（或）增加费用，并支付合理利润。

A. 增加合同工作内容
B. 改变合同中任何一项工作的质量要求或其他特性
C. 发包人迟延提供材料、工程设备或变更交货地点
D. 因发包人原因导致的暂停施工
E. 提供图纸延误

F. 未按合同约定及时支付预付款、进度款

【答案】A、B、C、D、E、F

重点难点专项突破

熟悉发包人原因、承包人原因、异常恶劣气候条件造成的工期延误。

（1）由于出现专用合同条款规定的异常恶劣气候的条件导致工期延误的，承包人有权要求发包人延长工期。

（2）由于承包人原因，未能按合同进度计划完成工作，或监理人认为承包人施工进度不能满足合同工期要求的，承包人应采取措施加快进度，并承担加快进度所增加的费用。

专项突破 5　提前竣工

提前竣工	发包人要求承包人提前竣工，或承包人提出提前竣工的建议能够给发包人带来效益的，应由监理人与承包人共同协商采取加快工程进度的措施和修订合同进度计划
	发包人应承担承包人由此增加的费用，并向承包人支付专用合同条款约定的相应奖金。奖励金额可为发包人实际效益的20%

重点难点专项突破

1. "监理人与承包人共同协商"处会设置陷阱，可能设置的干扰选项有：发包人要求合同工程提前竣工的，承包人必须采取加快工程进度的措施。

2. "20%"会作为采分点考查单项选择题，可能设置的干扰选项有："5%""10%""15%"。

专项突破 6　暂 停 施 工

项目	内容
承包人原因暂停施工	因下列原因暂停施工增加的费用和（或）工期延误由承包人承担： （1）承包人违约引起的暂停施工。 （2）由于承包人原因为工程合理施工和安全保障所必需的暂停施工。 （3）承包人擅自暂停施工。 （4）承包人其他原因引起的暂停施工
发包人原因暂停施工	由于发包人原因引起的暂停施工造成工期延误的，承包人有权要求发包人延长工期和（或）增加费用，并支付合理利润【2016年考过】

续表

项目	内容
监理人暂停施工指示	(1) 监理人认为有必要时，可向承包人作出暂停施工的指示，承包人应按监理人指示暂停施工。不论由于何种原因引起的暂停施工，暂停施工期间承包人应负责妥善保护工程并提供安全保障。【2014年、2021年第一批考过】 (2) 由于发包人的原因发生暂停施工的紧急情况，且监理人未及时下达暂停施工指示的，承包人可先暂停施工，并及时向监理人提出暂停施工的书面请求。【2014年考过】 监理人应在接到书面请求后的24h予以答复。逾期未答复的，视为同意承包人暂停施工的请求
暂停施工后的复工	(1) 暂停施工后，监理人应与发包人和承包人协商，采取有效措施积极消除暂停施工的影响。当工程具备复工条件时，监理人应立即向承包人发出复工通知。承包人收到复工通知后，应在监理人指定的期限内复工。【2021年第一批考过】 (2) 承包人无故拖延和拒绝复工的，由此增加的费用和工期延误由承包人承担；因发包人原因无法按时复工的，承包人有权要求发包人延长工期和（或）增加费用，并支付合理利润【2021年第一批考过】
持续56d以上	(1) 监理人发出暂停施工指示后56d内未向承包人发出复工通知，除了该项停工属于由于承包人暂停施工的责任的情况外，承包人可向监理人提交书面通知，要求监理人在收到书面通知后28d内准许已暂停施工的工程或其中一部分工程继续施工。【2018年考过】 (2) 由于承包人责任引起的暂停施工，如承包人在收到监理人暂停施工指示后56d内不认真采取有效的复工措施，造成工期延误，可视为承包人违约，应按承包人违约办理

重点难点专项突破

1. 本考点一般会以判断正确与错误说法的综合题目考核。
2. 本考点可能会这样命题：
(1) 下列暂停施工的情形中，不属于承包人应当承担责任的是（　　）。【2016年真题】
　A. 业主方提供设计图纸延误造成的工程施工暂停
　B. 为保障钢结构构件进场，暂停进场线路上的结构施工
　C. 未及时发放劳务工工资造成的工程施工暂停
　D. 迎接地方安全检查造成的工程施工暂停
【答案】A
(2) 根据《标准施工招标文件》，监理人向承包人作出暂停施工的指示，则暂停施工期间负责保护工程并提供安全保障的主体为（　　）。【2021年第一批真题】
　A. 监理人　　　　　　　　　　B. 承包人
　C. 发包人　　　　　　　　　　D. 项目管理公司
【答案】B
(3) 根据《标准施工招标文件》，关于暂停施工的说法，正确的有（　　）。
　A. 发包人原因引起的暂停施工造成工期延误的，承包人有权要求发包人延长工期和增加费用，但是不需要支付利润

B. 不论由于何种原因引起的暂停施工，暂停施工期间承包人应负责妥善保护工程并提供安全保障

C. 承包人无故拖延和拒绝复工的，由此增加的费用和工期延误由承包人承担

D. 因发包人原因无法按时复工的，承包人有权要求发包人延长工期和（或）增加费用，并支付合理利润

E. 承包人责任引起的暂停施工，如承包人在收到监理人暂停施工指示后56d内不认真采取有效的复工措施，造成工期延误，可视为承包人违约

【答案】B、C、D、E

（4）根据《标准施工招标文件》，关于暂停施工后复工的说法，正确的是（　　）。

A. 承包人收到复工通知后，应在发包人进行经济补偿后复工

B. 暂停施工后，监理人、发包人、承包人应协调采取有效措施消除影响

C. 具备复工条件时，监理人应立即向承包人发出复工通知

D. 承包人无故拖延的，应承担由此增加的费用和延误的工期

E. 因发包人原因无法按时复工，应承担由此增加的费用、延误的工期和合理的利润

【答案】B、C、D、E

专项突破7　施工质量管理的主要条款内容

例题： 根据《标准施工招标文件》，对于监理人未能按照约定的时间进行检验且无其他指示的工程隐蔽部位，承包人自己进行了隐蔽，此后，经剥开重新检验证明其质量是符合施工合同要求的，由此增加的费用和延误的工期应由（　　）承担。【2011年、2012年6月、2024年考过】

A. 发包人
B. 承包人
C. 监理人
D. 设计单位

【答案】A

重点难点专项突破

1. 本考点还可以考核的题目有：

（1）根据《标准施工招标文件》，承包人按照合同规定将隐蔽工程覆盖后，监理人又要求承包人对已覆盖部位揭开重新检验，经检验证明工程质量不符合合同要求，由此增加的费用和延误的工期应由（B）承担。

（2）根据《标准施工招标文件》，承包人未通知监理人到场检查，私自将工程隐蔽部位覆盖的，监理人有权指示承包人钻孔探测或揭开检查，由此增加的费用和（或）工期延误由（B）承担。【2015年考过】

(3) 根据《标准施工招标文件》，工程质量保证措施文件应报送（C）审批。

> 工程质量保证措施文件包括质量检查机构的组织和岗位责任、质检人员的组成、质量检查程序和实施细则等。【2010年考过】

(4) 根据《标准施工招标文件》，承包人使用不合格材料、工程设备，或采用不适当的施工工艺，或施工不当，造成工程不合格而增加的费用和（或）工期延误由（B）承担。

(5) 根据《标准施工招标文件》，由于发包人提供的材料或工程设备不合格造成的工程不合格，需要承包人采取措施补救的，由此增加的费用和（或）工期延误由（A）承担。

(6) 根据《标准施工招标文件》，（B）按合同约定进行材料、工程设备和工程的试验和检验。

(7) 根据《标准施工招标文件》，按合同约定应由监理人与承包人共同进行材料、工程设备试验和检验的，由（B）负责提供必要的试验资料和原始记录。

(8) 根据《标准施工招标文件》，监理人对承包人的试验和检验结果有疑问，要求承包人重新试验和检验的，如果重新试验和检验的结果证明该项材料、工程设备或工程的质量不符合合同要求的，由此增加的费用和（或）工期延误由（B）承担。

(9) 根据《标准施工招标文件》，监理人对承包人的试验和检验结果有疑问，要求承包人重新试验和检验的，重新试验和检验结果证明该项材料、工程设备和工程符合合同要求，由（A）承担由此增加的费用和（或）工期延误，并支付合理利润。

2. 本考点可能会这样命题：

(1) 在建筑工程施工过程中，隐蔽工程在隐蔽前应通知（　　）进行验收，并形成验收文件。【2022年2天考3科真题】

A. 施工单位质检部门　　　　B. 设计单位
C. 政府质量监督站　　　　　D. 监理单位

【答案】D

(2) 根据《标准施工招标文件》，承包人自检确认的工程隐蔽部位具备覆盖条件后，监理人未按与承包人约定的时间进行检查且没有其他指示，承包人正确的做法是（　　）。【2022年2天考3科真题】

A. 自行完成覆盖工作，并将相应记录报送监理人签字确认
B. 自行完成覆盖工作，并拒绝监理人重新检查的要求
C. 自行完成覆盖工作，并向监理人进行索赔
D. 报告政府质量监督机构后自行完成覆盖工作

【答案】A

(3) 根据《标准施工招标文件》，承包人自检确认并经监理验收后覆盖隐蔽的项目，总监理工程师要求重新检验，经检验证明工程质量符合要求，则由此增加的费用和工期延误的承担方式是（　　）。

A. 增加的费用和工期延误由监理人承担
B. 增加的费用和工期延误由承包人承担
C. 增加的费用由承包人承担，工期延误由发包人承担
D. 增加的费用和工期延误由发包人承担
【答案】D

专项突破8 工程计量

例题： 已标价工程量清单中的单价子目工程量为（　　）。
A. 估算工程量　　　　　　　　B. 结算工程量
C. 已完工程量　　　　　　　　D. 拟完工程量
【答案】A

重点难点专项突破

1. 本考点还可以考核的题目有：
承包人实际完成的，并按合同约定的计量方法进行计量的工程量为（B）。
2. 本考点还应掌握以下采分点：
（1）监理人对承包人实际完成工程量的数量有异议的，可要求承包人按合同约定进行共同复核和抽样复测。承包人未按监理人要求参加复核，监理人复核或修正的工程量视为承包人实际完成的工程量。监理人应在收到承包人提交的工程量报表后的7d内进行复核，监理人未在约定时间内复核的，承包人提交的工程量报表中的工程量视为承包人实际完成的工程量，据此计算工程价款。
（2）除合同约定的变更外，总价子目的工程量是承包人用于结算的最终工程量。

专项突破9 预付款

项目	内容
支付比例	包工包料工程的预付款支付比例不得低于签约合同价（扣除暂列金额）的10%，不宜高于签约合同价（扣除暂列金额）的30%
支付时间	发包人应在收到支付申请的7d内进行核实后向承包人发出预付款支付证书，并在签发支付证书后的7d内向承包人支付预付款
逾期支付的处理	发包人没有按合同约定按时支付预付款的，承包人可催告发包人支付；发包人在预付款期满后的7d内仍未支付的，承包人可在付款期满后的第8天起暂停施工。发包人应承担由此增加的费用和（或）延误的工期，并向承包人支付合理利润
预付款保函	除专用合同条款另有约定外，承包人应在收到预付款的同时向发包人提交预付款保函，预付款保函的担保金额应与预付款金额相同。 保函的担保金额可根据预付款扣回的金额相应递减

续表

项目	内容
预付款的扣回与还清	预付款应从每一个支付期应支付给承包人的工程进度款中扣回,直到扣回的金额达到合同约定的预付款金额为止。 发包人应在预付款扣完后的14d内将预付款保函退还给承包人

重点难点专项突破

1. "10%""30%""7d""14d"这几个数据要掌握,会考核单项选择题。

2. 对于支付比例可能会这样命题:"包工包料的工程原则上预付款比例下限为( )。"或"包工包料的工程原则上预付款比例上限为( )。"

> 注意是要扣除暂列金额的。

3. 本考点可能会这样命题:

(1) 发包人在收到支付申请到向承包人支付预付款的时间为( )d。

A. 7 B. 14
C. 28 D. 42

【答案】A

(2) 关于预付款及其支付说法,正确的有( )。

A. 发包人没有按合同约定按时支付预付款的,承包人可催告发包人支付
B. 预付款保函的担保金额可根据预付款扣回的金额相应递减
C. 发包人没有按合同约定按时支付预付款的,承包人应立即停止施工
D. 预付款应从每一个支付期应支付给承包人的工程进度款中扣回,直到扣回的金额达到合同约定的预付款金额为止
E. 发包人应在预付款扣完后的7d内将预付款保函退还给承包人

【答案】A、B、D

专项突破10 安全文明施工费的支付

例题: 关于安全文明施工费的支付与使用,下列说法正确的有( )。

A. 发包人应在工程开工后的28d内预付不低于当年施工进度计划的安全文明施工费总额的60%
B. 发包人没有按时支付安全文明施工费的,承包人可催告发包人支付
C. 发包人在付款期满后的7d内仍未支付的,若发生安全事故,发包人应承担连带责任
D. 承包人对安全文明施工费应专款专用
E. 承包人对安全文明施工费在财务账目中单独列项备查,不得挪作他用

【答案】A、B、C、D、E

重点难点专项突破

1. 选项 A 中的两个数据应掌握，主要有以下三种命题形式：

（1）根据《建设工程工程量清单计价规范》GB 50500—2013，发包人应当开始支付不低于当年施工进度计划的安全文明施工费总额 60% 的期限是工程开工后的（　　）d 内。

A. 7　　　　　　　　　　　　B. 14
C. 21　　　　　　　　　　　　D. 28

【答案】D

（2）根据《建设工程工程量清单计价规范》GB 50500—2013，发包人应在工程开工后的 28d 内预付不低于当年施工进度计划的安全文明施工费总额的（　　）。

A. 30%　　　　　　　　　　　B. 40%
C. 60%　　　　　　　　　　　D. 80%

【答案】C

（3）根据《建设工程工程量清单计价规范》GB 50500—2013，发包人进行安全文明施工费预付的时间和金额分别为（　　）。

A. 预付时间为工程开工后 42d 内，金额不低于当年施工进度计划的安全文明施工费总额的 60%
B. 预付时间为工程开工后 42d 内，金额不低于当年施工进度计划的安全文明施工费总额的 50%
C. 预付时间为工程开工后 28d 内，金额不低于当年施工进度计划的安全文明施工费总额的 60%
D. 预付时间为工程开工后 14d 内，金额不低于当年施工进度计划的安全文明施工费总额的 80%

【答案】C

2. 选项 A 也可能会作为判断正确与错误说法题目中一个备选项。

3. 选项 B、C、D、E 如果考查的话一般会作为判断正确与错误说法的题目考核。

选项 B 如果这样说"发包人没有按时支付安全文明施工费的，承包人可以直接停工"，就是错误的。

选项 C 如果这样说"发包人在付款期满后 7d 内仍未支付安全文明施工费的，若发生安全事故，发包人承担全部责任"，就是错误的。

专项突破 11　工程进度付款

例题：某工程合同价 6000 万元。合同约定：工期 6 个月；预付款 120 万元，每月进度款按实际完成工程价款的 80% 支付；每月再单独支付安全文明施工费 50 万元；质量保证金按进度款的 3% 逐月扣留；预付款在最后两个月等额扣回。承包人每月实际完成工价款金额见下表,则第 2 个月发包人实际应支付的工程款金额为( )万元。

月份	1	2	3	4	5	6
实际完成工程价款金额(万元)	800	1000	1000	1200	1200	800

A. 776.0　　　　　　　　　　B. 824.5
C. 826.0　　　　　　　　　　D. 850.0
【答案】C

重点难点专项突破

1. 上述例题的计算过程为:第 2 个月发生的费用包括:进度款、每年单独支付的安全文明施工费、质量保证金。所以第 2 个月发包人实际应支付的工程款金额=(1000×80%+50)-1000×80%×3%=826.0 万元。

2. 该考点的其他采分点可能会这样命题:

命题形式	采分点
发包人应在监理人收到进度付款申请单后的( )d 内,将进度应付款支付给承包人	28
根据《建设工程工程量清单计价规范》GB 50500—2013,工程进度款的支付应按期中结算价款总额计,应( )	不低于 60%,不高于 90%
对于发包人未按照规范支付进度款的,承包人可( )	催告发包人支付,并有权获得延迟支付的利息
根据《财政部 住房和城乡建设部关于完善建设工程价款结算有关办法的通知》(财建〔2022〕183 号)规定,政府机关、事业单位、国有企业建设工程进度款支付应不低于已完成工程价款的( )	80%
根据《财政部 住房和城乡建设部关于完善建设工程价款结算有关办法的通知》(财建〔2022〕183 号)规定,在结算过程中,若发生进度款支付超出实际已完成工程价款的情况,承包单位应按规定在结算后( )日内向发包单位返还多收到的工程进度款	30

3. 注意的是,监理人出具进度付款证书,不应视为监理人已同意、批准或接受了承包人完成的该部分工作。

专项突破 12　竣工结算与最终结清

例题:发包人应在监理人出具竣工付款证书后的( )d 内,将应支付款支付给承包人。

A. 7 B. 14
C. 28 D. 56

【答案】B

重点难点专项突破

1. 本考点还可以考核的题目有：

（1）监理人在收到承包人提交的竣工付款申请单后的（B）d 内完成核查，提出发包人到期应支付给承包人的价款送发包人审核并抄送承包人。

（2）发包人应在收到监理人提出到期应支付给承包人的价款后（B）d 内审核完毕，由监理人向承包人出具经发包人签认的竣工付款证书。

> 监理人未在约定时间内核查，又未提出具体意见的，视为承包人提交的竣工付款申请单已经监理人核查同意；发包人未在约定时间内审核又未提出具体意见的，监理人提出发包人到期应支付给承包人的价款视为已经发包人同意。

（3）监理人在收到承包人提交的最终结清申请单后的（B）d 内，提出发包人应支付给承包人的价款送发包人审核并抄送承包人。

（4）发包人应在收到监理人提出应支付给承包人的价款后（B）d 内审核完毕，由监理人向承包人出具经发包人签认的最终结清证书。

（5）发包人应在监理人出具最终结清证书后的（B）d 内，将应支付款支付给承包人。

2. 竣工付款申请单的内容会考核多项选择题，应包括下列内容：竣工结算合同总价、发包人已支付承包人的工程价款、应扣留的质量保证金、应支付的竣工付款金额。

专项突破 13　变更的范围和内容

根据《标准施工招标文件》中的通用合同条款的规定，除专用合同条款另有约定外，在履行合同中发生以下情形之一，应按照本条规定进行变更：

（1）取消合同中任何一项工作，但被取消的工作不能转由发包人或其他人实施。【2014 年、2016 年、2022 年 2 天考 3 科、2023 年 1 天考 3 科考过】

（2）改变合同中任何一项工作的质量或其他特性。【2014 年、2016 年、2019 年、2021 年第一批、2022 年 2 天考 3 科、2023 年 1 天考 3 科考过】

（3）改变合同工程的基线、标高、位置或尺寸。【2014 年、2016 年、2019 年、2021 年第一批、2022 年 2 天考 3 科、2023 年 1 天考 3 科考过】

（4）改变合同中任何一项工作的施工时间或改变已批准的施工工艺或顺序。【2016 年、2019 年、2021 年第一批、2023 年 1 天考 3 科考过】

（5）为完成工程需要追加的额外工作。【2014 年、2016 年、2019 年、2022 年 2 天考 3 科、2023 年 1 天考 3 科考过】

重点难点专项突破

1. 关于变更的范围和内容可以这样记：
一取消——取消一项工作，但被他人实施。
一追加——追加额外工作。
三改变——改变质量、特性，改变基线、标高、位置、尺寸，改变时间、工艺顺序。
2. 本考点有两种考核题型：
(1) 以多项选择题形式考核。
(2) 逆向命题，如：施工承包合同订立后发生了下列情况，其中不会导致合同变更的是(　　)。
3. 本考点可能会这样命题：
施工承包合同订立后发生了下列情况，其中不会导致合同变更的是(　　)。
A. 施工单位技术负责人发生变化　　B. 改变部分工作的计价方式
C. 增加一项合同范围以外的工作　　D. 要求将工程竣工时间提前
【答案】A

专项突破 14　变更权和变更程序

项目	内容
变更权	在履行合同过程中，经发包人同意，监理人可按合同约定的变更程序向承包人作出变更指示，承包人应遵照执行【2022年2天考3科考过】。没有监理人的变更指示，承包人不得擅自变更【2009年、2010年、2013年考过】
变更程序	(1) 在合同履行过程中，可能出现变更范围和内容约定情形的，监理人可向承包人发出变更意向书。【2017年、2019年考过】 (2) 发包人同意承包人根据变更意向书要求提交的变更实施方案的，由监理人发出变更指示。【2015年考过】 (3) 承包人收到监理人按合同约定发出的图纸和文件，经检查认为其中存在约定情形的，可向监理人提出书面变更建议。【2013年、2017年、2019年、2022年2天考3科考过】 监理人收到承包人书面建议后，应与发包人共同研究，确认存在变更的，应在收到承包人书面建议后的14d内作出变更指示。经研究后不同意作为变更的，应由监理人书面答复承包人。【2017年、2019年、2021年第一批考过】 (4) 承包人收到变更指示后，应按变更指示进行变更工作。【2022年2天考3科考过】 (5) 若承包人收到监理人的变更意向书后认为难以实施此项变更，应立即通知监理人，说明原因并附详细依据

重点难点专项突破

1. 在本考点中，还应掌握几项内容：
变更意向书——应说明变更的具体内容和发包人对变更的时间要求，并附必要的图纸和相关资料。

变更建议——应阐明要求变更的依据,并附必要的图纸和说明。

变更指示——应说明变更的目的、范围、变更内容以及变更的工程量及其进度和技术要求,并附有关图纸和文件。【2015年考过】

2. 本考点可能会这样命题:

(1) 根据《标准施工招标文件》,监理人在收到承包人提出的书面变更建议后,确认存在变更的,应在(　　)d内作出变更指示。【2021年第一批真题】

　A. 14　　　　　　　　　　　　　B. 5
　C. 7　　　　　　　　　　　　　　D. 28

【答案】A

(2) 根据《标准施工招标文件》,发包人同意承包人根据变更意向书要求提交的变更实施方案的,由(　　)发出变更指令。

　A. 监理人　　　　　　　　　　　B. 业主
　C. 设计人　　　　　　　　　　　D. 变更提出方

【答案】A

(3) 根据《标准施工招标文件》,监理人发出的变更指示应包括的内容有(　　)。

　A. 变更目的　　　　　　　　　　B. 变更范围
　C. 变更程序　　　　　　　　　　D. 变更内容
　E. 变更的工程量

【答案】A、B、D、E

专项突破15　变　更　估　价

例题:因变更引起的价格调整中,已标价工程量清单中没有适用于变更工作的子目,但有类似子目的,此时变更工作的单价应(　　)。【2024年真题题干】

　A. 在合理范围内参照类似子目的单价确定
　B. 按照成本加利润的原则,由监理人和合同当事人商定或确定变更单价
　C. 按照合理成本加利润的原则,由承包人确定变更工作的单价
　D. 按照合理成本加适当利润的原则,由监理人确定新的变更单价

【答案】A

重点难点专项突破

1. 本考点还可以考核的题目有:

根据《标准施工招标文件》,当合同履行期间出现工程变更时,该变更在已标价的工程量清单中无适用或类似子目单价的,其变更估价正确的方式是(B)。

2. 选项C、D为可能会出现的干扰选项。

3. 如果已标价工程量清单中有适用于变更工作的子目,采用该子目的单价。《建

设工程工程量清单计价规范》GB 50500—2013 还规定，当工程变更导致清单项目的工程量偏差超过 15%，可调整综合单价，调整的原则为：当工程量增加 15%以上时，增加部分的工程量的综合单价应予调低；当工程量减少 15%以上时，减少后剩余部分的工程量综合单价应予调高。

对这部分内容可能会这样命题：

根据《建设工程工程量清单计价规范》GB 50500—2013，当实际增加的工程量超过清单工程量 15%以上，对综合单价的调整说法正确的是（　　）。

A. 综合单价调高　　　　　　　　B. 综合单价不予调整
C. 综合单价调低　　　　　　　　D. 由监理人和发包人商定是否调整

【答案】C

4. 针对已标价的工程量清单中无适用或类似子目单价的情形，《建设工程工程量清单计价规范》GB 50500—2013 还规定，有承包人提出变更工程项目的单价，报发包人确认后调整。承包人报价浮动率可按下列公式计算：

招标工程：承包人报价浮动率 $L=(1-中标价/招标控制价)\times 100\%$

非招标工程：承包人报价浮动率 $L=(1-报价值/施工图预算)\times 100\%$

对这部分内容可能会考核承包人报价浮动率的计算，比如：

某工程采用工程量清单招标，招标人公布的招标控制价为 1 亿元。中标人的投标报价为 8900 万元，经调整计算错误后的中标价为 9100 万元。所有合格投标人的报价平均为 9200 万元，则该中标人的报价浮动率为（　　）。

A. 8.0%　　　　　　　　　　　　B. 8.5%
C. 9.0%　　　　　　　　　　　　D. 11.0%

【答案】C

5. 根据《建设工程工程量清单计价规范》GB 50500—2013 规定，如果已标价工程量清单中没有适用也没有类似于变更工程项目，且工程造价管理机构发布的信息价格缺价的，由承包人提出变更工程项目的单价，报发包人确认后调整。

专项突破 16　计日工

项目	内容
概念	发包人认为有必要时，由监理人通知承包人以计日工方式实施变更的零星工作
计算	价款按列入已标价工程量清单中的计日工计价子目及其单价进行计算【2011 年、2014 年考过】
支付	采用计日工计价的任何一项变更工作，应从暂列金额中支付，承包人应在该项变更的实施过程中，每天提交以下报表和有关凭证报送监理人审批【2014 年考过】： (1) 工作名称、内容和数量；【2022 年 2 天考 3 科、2023 年 1 天考 3 科考过】 (2) 投入该工作所有人员的姓名、工种、级别和耗用工时；【2022 年 2 天考 3 科、2023 年 1 天考 3 科考过】 (3) 投入该工作的材料类别和数量；【2022 年 2 天考 3 科、2023 年 1 天考 3 科考过】

续表

项目	内容
支付	(4) 投入该工作的施工设备型号、台数和耗用台时；**2022年2天考3科、2023年1天考3科考过** (5) 监理人要求提交的其他资料和凭证。 计日工由承包人汇总后，按合同约定列入进度付款申请单，由监理人复核并经发包人同意后列入进度付款

重点难点专项突破

1. 计日工的价款的计算会考核单项选择，也会作为备选项考核判断正确与错误说法的题目。比如：

根据《建设工程工程量清单计价规范》GB 50500—2013，施工过程中发生的计日工，应按照（　　）计价。

A. 已标价工程量清单中的计日工单价

B. 计日工发生时承包人提出的综合单价

C. 计日工发生当月市场人工工资单价

D. 计日工发生当月造价管理部门发布的人工指导价

【答案】A

2. 承包人每天提交以下报表和有关凭证会考核多项选择题，比如：

根据《建设工程工程量清单计价规范》GB 50500—2013，采用计日工计价的任何一项变更工作，承包人应按合同约定提交发包人复核的资料有（　　）。**【2023年1天考3科真题】**

A. 投入该工作施工设备型号、台数和耗用台时

B. 工作名称、内容和数量

C. 不同工种计日工单价的调整方法和理由

D. 投入该工作的所有人员的姓名、专业、工种、级别和耗用工时

E. 投入该工作的材料类别和数量

【答案】A、B、D、E

专项突破17　暂列金额与暂估价

例题：根据《标准施工招标文件》，除专用合同条款另有约定外，发包人在工程量清单中给定暂估价的专业工程不属于依法必须招标的范围或未达到规定的规模标准的，由（　　）进行估价。

A. 发包人　　　　　　　　　　B. 承包人

C. 监理人　　　　　　　　　　D. 设计人

【答案】C

重点难点专项突破

本考点还可以考核的题目有:
(1) 暂列金额只能按照（C）的指示使用，并对合同价格进行相应调整。
(2) 暂列金额有剩余的，应归（A）所有。
(3) 工程量清单中给定暂估价的材料、工程设备和专业工程属于依法必须招标的范围并达到规定的规模标准的，由（A、B）以招标的方式选择供应商或分包人。
(4) 在工程量清单中给定暂估价的材料和工程设备不属于依法必须招标的范围或未达到规定的规模标准的，应由（B）按合同约定提供。

专项突破 18　竣工验收

例题： 监理人审查竣工验收申请后认为尚不具备竣工验收条件的，应在收到竣工验收申请报告后的（　　）d 内通知承包人，指出在颁发接收证书前承包人还需进行的工作内容。

A. 14　　　　　　　　　　　　B. 28
C. 42　　　　　　　　　　　　D. 56

【答案】B

重点难点专项突破

1. 本考点还可以考核的题目有:
(1) 监理人审查竣工验收申请后认为已具备竣工验收条件的，应在收到竣工验收申请报告后的（B）d 内提请发包人进行工程验收。
(2) 发包人经过验收后同意接受工程的，应在监理人收到竣工验收申请报告后的（D）d 内，由监理人向承包人出具经发包人签认的工程接收证书。
(3) 发包人在收到承包人竣工验收申请报告（D）d 后未进行验收的，视为验收合格。
(4) 工程接收证书颁发后的（D）d 内，除了经监理人同意需在缺陷责任期内继续工作和使用的人员、施工设备和临时工程外，其余的人员、施工设备和临时工程均应撤离施工场地或拆除。

2. 承包人向监理人报送竣工验收申请报告时应具备的条件在 2011 年、2021 年第二批考试中分别考核了一道多项选择题。是这样命题的：

根据《标准施工招标文件》，承包人向监理人报送竣工验收申请报告时，工程应具备的条件有（　　）。【2021 年第二批真题】

A. 已按合同约定的内容和份数备齐符合要求的竣工资料
B. 已经完成合同内的全部单位工程及有关工作，并符合合同要求

C. 已按监理人要求编制了缺陷责任期内完成的甩项工程及缺陷修补工作
D. 已按监理人要求编制了缺陷责任期内的修补工作清单及施工计划
E. 工程项目的试运行完成并形成完整的资料清单

【答案】A、B、C、D

3. 对实际竣工日期的考核有两种形式：

(1) 根据《标准施工招标文件》，工程实际竣工日期应以(　　)日期为准。【2023年2天考3科真题】

A. 工程接收证书颁发　　　　B. 组织工程竣工验收
C. 工程验收证书签发　　　　D. 竣工验收申请报告提交

【答案】D

(2) 某工程承包人于2023年5月15日向监理人提交了竣工验收申请报告，6月10日竣工验收合格，6月18日发包人签发了工程接收证书。根据《建设工程施工合同（示范文本）》GF—2017—0201通用条款，该工程的实际竣工日期为(　　)。

A. 5月15日　　　　　　　　B. 6月10日
C. 6月15日　　　　　　　　D. 6月18日

【答案】A

4. 对于单位工程验收，通过下面题目学习：

根据《标准施工招标文件》，关于单位工程竣工验收的说法，正确的有(　　)。

A. 发包人在全部工程竣工前需使用已竣工的单位工程时，可进行验收
B. 单位工程竣工验收成果和结论作为全部工程竣工验收申请报告的附件
C. 单位工程验收合格后，发包人向承包人出具经总监认可的单位工程验收证书
D. 在全部工程竣工前，已经签发单位工程接收证书的工程由承包人进行照管
E. 承包人完成不合格工程的补救工作后，应重新提交验收申请报告

【答案】A、B、E

5. 除合同另有约定外，工程接收证书颁发后，承包人应按要求对施工场地进行清理，直至监理人检验合格为止。竣工清场费用由承包人承担。

专项突破19　不可抗力后果的承担

例题：根据《标准施工招标文件》，因不可抗力事件导致的损失及增加的费用中，应由承包人承担的是(　　)。

A. 永久工程、已运至施工现场的材料和工程设备的损坏
B. 因工程损坏造成的第三者人员伤亡和财产损失
C. 承包人施工设备的损坏
D. 承包人人员伤亡
E. 发包人人员伤亡
F. 停工期间的工程照管费
G. 工程清理费

H. 修复工程费

【答案】C、D

重点难点专项突破

1. 本考点还可以考核的题目有：

根据《标准施工招标文件》，因不可抗力事件导致的损失及增加的费用中，应由发包人承担的是（A、B、E、F、G、H）。

2. 本考点还可能会考核判断正误的表述题。2020年考过这类型题目。

3. 还有一种命题形式是将各方面的损失金额一一列出，让我们来计算发包人应补偿承包人的全额。只要我们准确确定哪些是由发包人承担的，就不难计算。给大家准备一道题目来练习：

某工程在施工过程中因不可抗力造成如下损失：永久工程损坏修复费用20万元，承包人受伤人员医药费4万元，施工机具损害损失5万元，应发包人要求赶工发生费用3万元，停工期间应发包人要求承包人清理现场费用4万元。承包人及时向项目监理机构提出索赔申请，并附有相关证明材料。根据《标准施工招标文件》，项目监理机构应批准的索赔金额为（　　）万元。

A. 20
B. 23
C. 27
D. 31

【答案】C

【解析】永久工程损坏修复费用由发包人承担；承包人受伤人员医药费由承包人承担；施工机具损害损失由承包人承担；应发包人要求赶工发生费用由发包人承担；停工期间应发包人要求承包人清理现场费用由发包人承担。则项目监理机构应批准的索赔金额＝20＋3＋4＝27万元。

专项突破20　承包人索赔程序

例题：根据《标准施工招标文件》中的通用合同条款，承包人应在知道或应当知道索赔事件发生后28d内，向监理人递交（　　）。

A. 索赔意向通知书
B. 索赔通知书
C. 延续索赔通知
D. 最终索赔通知书

【答案】A

重点难点专项突破

1. 本考点还可以考核的题目有：

（1）根据《标准施工招标文件》中的通用合同条款，承包人应在发出索赔意向通知书后28d内，向监理人正式递交（B）。

（2）根据《标准施工招标文件》中的通用合同条款，索赔事件具有连续影响的，承包人应按合理时间间隔继续递交（C）。

（3）根据《标准施工招标文件》中的通用合同条款，在索赔事件影响结束后的28d内，承包人应向监理人递交（D）。

2.2014年、2020年都是以判断正确与错误说法的题目考核的，是这样命题：

根据《标准施工招标文件》，关于承包人索赔程序的说法，正确的有（　　）。

【2020年真题】

A. 应在索赔事件发生后28d内，向监理人递交索赔意向通知书

B. 应在发出索赔意向通知书28d内，向监理人正式递交索赔通知书

C. 索赔事件具有连续影响的，应按合理时间间隔继续递交延续索赔通知

D. 有连续影响的，应在递交延续索赔通知书28d内与发包人谈判确定当期索赔的额度

E. 有连续影响的，应在索赔事件影响结束后的28d内，向监理人递交最终索赔通知书

【答案】A、B、C、E

专项突破21　承包人索赔处理程序

例题：根据《标准施工招标文件》中的通用合同条款，监理人应与合同当事人商定或确定追加的付款和（或）延长的工期，并在收到索赔通知书或有关索赔的进一步证明材料后的（　　）d内，将索赔处理结果答复承包人。

A. 14　　　　　　　　　　　　B. 28
C. 42　　　　　　　　　　　　D. 56

【答案】C

重点难点专项突破

1. 本考点还可以考核的题目有：

根据《标准施工招标文件》中的通用合同条款，承包人接受索赔处理结果的，发包人应在作出索赔处理结果答复后（B）d内完成赔付。

2. 本考点在2016年是通过判断正确与错误说法的题目考核的，是这样命题的：

关于对承包人索赔文件审核的说法，正确的是（　　）。

A. 监理人收到承包人提交的索赔通知书后，应及时转交发包人，监理人无权要求承包人提交原始记录

B. 监理人根据发包人的授权，在收到索赔通知书的60d内，将索赔处理结果答复承包人

C. 承包人不接受索赔处理结果的，应直接向法院起诉索赔

D. 承包人接受索赔处理结果的，发包人应在索赔处理结果答复后 28d 内完成赔付

【答案】D

专项突破 22　承包人提出索赔的期限

例题：根据《标准施工招标文件》，承包人在提交的最终结清申请单中，可提出索赔的是(　　)。**【2023 年 2 天考 3 科真题】**

A. 工程接收证书颁发后发生的索赔　　B. 开工通知发出后发生的索赔
C. 竣工验收申请前发生的索赔　　D. 竣工付款证书颁发前发生的索赔
E. 接受竣工付款证书之日

【答案】A

重点难点专项突破

1. 本考点还可以考核的题目有：

（1）根据《标准施工招标文件》，承包人按合同约定接受了竣工付款证书后，应被认为已无权再提出在（D）所发生的任何索赔。

（2）根据《标准施工招标文件》，合同工程接收证书颁发前发生的索赔事件，承包人有权提出索赔的最迟时间节点是（E）。

2. 选项 B、C 均为干扰选项。

3. 本考点内容虽少，但在历年考试中频次很高【**2010 年、2016 年、2017 年、2019 年、2022 年 2 天考 3 科、2023 年 1 天考 3 科、2023 年 2 天考 3 科考过**】。除了上述命题形式外，还会以判断正确与错误说法的题目考核，比如：

根据《标准施工招标文件》，关于承包人提出索赔期限的说法，正确的是(　　)。**【2022 年 2 天考 3 科真题】**

A. 按照合同约定接受竣工付款证书后，仍有权提出工程接收证书颁发前发生的索赔
B. 按照合同约定接受竣工验收证书后，无权提出工程接收证书颁发后发生的索赔
C. 按照合同约定提交的最终结清申请书中，只限于提出工程接收证书颁发前发生的索赔
D. 按照合同约定提交的最终结清申请书中，只限于提出工程接收证书颁发后发生的索赔

【答案】D

专项突破 23　《标准施工招标文件》中合同条款规定的可以合理补偿承包人索赔的条款

例题： 根据《标准施工招标文件》，下列引起承包人索赔的事件中，只能获得工期补偿的是（　　）。

A. 发包人提供图纸延误【2023 年 2 天考 3 科考过】

B. 发包人延迟提供施工场地

C. 发包人提供材料和工程设备不符合合同要求

D. 发包人原因发生交货日期及交货地点变更

E. 发包人提供的测量基准点、基准线和水准点及其他基准资料错误

F. 发包人增加合同工作内容

G. 发包人原因改变合同中任一项工作的质量要求或其他特性

H. 发包人原因引起的暂停施工

I. 发包人未按合同约定及时支付预付款、进度款

J. 发包人造成工期延误的其他原因

K. 发包人原因引起的暂停施工造成工期延误

L. 发包人原因引起造成暂停施工后无法按时复工

M. 发包人原因造成工程质量达不到合同约定验收标准的

N. 监理人对已覆盖的部位进行钻孔探测或重新检验，经检验证明工程质量符合合同要求的

O. 因发包人提供的材料、工程设备造成工程不合格，需要承包人采取措施补救

P. 承包人应监理人要求对材料、工程设备和工程重新检验且检验结果合格【2023 年 2 天考 3 科考过】

Q. 发包人在全部工程竣工前，使用已接收的单位工程导致承包人费用增加的

R. 因发包人违约导致承包人暂停施工

S. 施工场地发现文物、古迹以及其他遗迹、化石、钱币或物品

T. 监理人未按合同约定发出指示、指示延误或指示错误

U. 承包人遇到不利物质条件，监理人未发出指示【2020 年、2023 年 2 天考 3 科考过】

V. 发包人提供的材料或工程设备不符合合同要求

W. 由于发包人的原因导致运行失败，且承包人采取措施保证试运行合格

X. 因发包人原因造成的缺陷和损失

Y. 因发包人原因进行进一步试验和试运行

Z. 由于出现专用合同条款规定的异常恶劣气候的条件导致工期延误

A1. 发包人要求向承包人提前交付货

B1. 采取合同未约定的安全作业环境及安全施工措施

C1. 因发包人原因造成承包人人员工伤事故

D1. 因物价波动引起的价格调整

E1. 基准日后法律变化引起的价格调整

F1. 因不可抗力导致永久工程以及因工程损害造成的第三者人员伤亡和财产损失

G1. 不可抗力期间承包人应监理要求照管工程和清理、修复工程

【答案】Z

重点难点专项突破

1. 在考试中，只可索赔工期、只可索赔费用、只可索赔工期和费用、只可索赔费用和利润、可索赔工期、可索赔费用、可索赔利润的索赔事件互相作为干扰选项。还可能会作为考题的题目：

（1）根据《标准施工招标文件》通用合同条款，承包人最有可能同时获得工期、费用和利润补偿的索赔事件有（A、B、C、D、E、F、G、H、I、J、K、L、M、N、O、P、Q、R）。

（2）根据《标准施工招标文件》的合同通用条件，承包人通常只能获得费用补偿，但不能得到利润补偿和工期顺延的事件有（Y、A1、B1、C1、D1、E1、F1、G1）。

（3）根据《标准施工招标文件》通用合同条款，承包人可能同时获得工期和费用补偿，但不能获得利润补偿的索赔事件有（S、T、U、V）。

（4）根据《标准施工招标文件》，下列情形中，承包人可以得到费用和利润补偿而不能得到工期补偿的事件有（W、X）。

（5）下列事件的发生，已经或将造成工期延误，则按照《标准施工招标文件》中相关合同条件，可以获得工期补偿的有（A、B、C、D、E、F、G、H、I、J、K、L、M、N、O、P、Q、R、Z）。

（6）根据《标准施工招标文件》中的合同条款，下列引起承包人索赔的事件中，可以获得费用补偿的有（A、B、C、D、E、F、G、H、I、J、K、L、M、N、O、P、Q、R、S、T、U、V、W、X、Y、A1、B1、C1、D1、E1、F1、G1）。

（7）根据《标准施工招标文件》，下列索赔事件引起的费用索赔中，可以获得利润补偿的有（A、B、C、D、E、F、G、H、I、J、K、L、M、N、O、P、Q、R、W、X）。

2. 合理补偿承包人索赔条款的考核还有如下题型：

（1）根据《标准施工招标文件》中的合同条款，关于合理补偿承包人索赔的说法，正确的有（　　）。

A. 承包人遇到不利物质条件可进行工期和费用索赔
B. 基准日后因法律变化引起的价格调整只能进行费用索赔
C. 异常恶劣天气导致工期延误只能进行工期索赔
D. 发包人原因引起的暂停施工可以进行工期、费用和利润索赔
E. 发包人提供资料错误只可以进行工期、费用

【答案】A、B、C、D

（2）某施工项目6月份因异常恶劣的气候条件停工3d，停工费用8万元；之后因停工待图损失3万元，因施工质量不合格，返工费用4万元。根据《标准施工招标文件》，施工承包商可索赔的费用为（　　）万元。

A. 15　　　　　　　　　　　　B. 11
C. 7　　　　　　　　　　　　 D. 3

【答案】D

【解析】异常恶劣的气候条件停工3d，停工费用8万元，只可索赔工期3d。因施工质量不合格，返工费用4万元属于承包人的原因，不可索赔费用。因停工待图损失3万元，属于发包人的责任，可索赔费用3万元。

专项突破24　施工合同纠纷审理相关规定

例题：根据《最高人民法院关于审理建设工程施工合同纠纷案件适用法律问题的解释（一）》（法释〔2020〕25号），当事人对建设工程实际竣工日期有争议，如果建设工程经竣工验收合格的，应以（　　）为竣工日期。

A. 竣工验收合格之日　　　　　　B. 承包人提交验收报告之日
C. 以转移占有建设工程之日　　　D. 交付之日
E. 提交竣工结算文件之日　　　　F. 当事人起诉之日

【答案】A

重点难点专项突破

1. 本考点还可以考核的题目有：

（1）根据《最高人民法院关于审理建设工程施工合同纠纷案件适用法律问题的解释（一）》（法释〔2020〕25号），当事人对建设工程实际竣工日期有争议，承包人已经提交竣工验收报告，发包人拖延验收的，以（B）为竣工日期。

（2）根据《最高人民法院关于审理建设工程施工合同纠纷案件适用法律问题的解释（一）》（法释〔2020〕25号），当事人对建设工程实际竣工日期有争议，建设工程未经竣工验收，发包人擅自使用的，以（C）为竣工日期。

（3）根据《最高人民法院关于审理建设工程施工合同纠纷案件适用法律问题的解释（一）》（法释〔2020〕25号），当事人对工程价款利息有争议，付款时间没有约定或者约定不明。如果建设工程已实际交付的，付款时间为（D）。

（4）根据《最高人民法院关于审理建设工程施工合同纠纷案件适用法律问题的解释（一）》（法释〔2020〕25号），当事人对工程价款利息有争议，付款时间没有约定或者约定不明。如果建设工程没有交付的，付款时间为（E）。

（5）根据《最高人民法院关于审理建设工程施工合同纠纷案件适用法律问题的解释（一）》（法释〔2020〕25号），当事人对工程价款利息有争议，付款时间没有约定或者约定不明。如果建设工程未交付，工程价款也未结算的，付款时间为（F）。

2. 本考点还需要掌握以下采分点：

命题形式	采分点
根据《最高人民法院关于审理建设工程施工合同纠纷案件适用法律问题的解释（一）》（法释〔2020〕25号），对开工日期有争议的，开工通知发出后，尚不具备开工条件的，以（　　）为开工日期	开工条件具备的时间
根据《最高人民法院关于审理建设工程施工合同纠纷案件适用法律问题的解释（一）》（法释〔2020〕25号），对开工日期有争议的，承包人经发包人同意已经实际进场施工的，以（　　）为开工日期	实际进场施工时间
根据《最高人民法院关于审理建设工程施工合同纠纷案件适用法律问题的解释（一）》（法释〔2020〕25号），对顺延工期有争议的，当事人约定顺延工期应当经发包人或者监理人签证等方式确认，承包人虽未取得工期顺延的确认，但能够证明在合同约定的期限内向发包人或者监理人申请过工期顺延且顺延事由符合合同约定，承包人以此为由主张工期顺延的，人民法院（　　）	应予支持
建设工程竣工前，当事人对工程质量发生争议，工程质量经鉴定合格的，鉴定期间为（　　）	顺延工期期间
当事人约定按照固定价结算工程价款，一方当事人请求对建设工程造价进行鉴定的，人民法院（　　）	不予支持
有下列（　　）情形之一，承包人请求发包人返还工程质量保证金的，人民法院应予支持	（1）当事人约定的工程质量保证金返还期限届满。 （2）当事人未约定工程质量保证金返还期限的，自建设工程通过竣工验收之日起满2年。 （3）因发包人原因建设工程未按约定期限进行竣工验收的，自承包人提交工程竣工验收报告90日后当事人约定的工程质量保证金返还期限届满；当事人未约定工程质量保证金返还期限的，自承包人提交工程竣工验收报告90日后起满2年
当事人就同一建设工程订立的数份建设工程施工合同均无效，但建设工程质量合格，一方当事人请求参照实际履行的合同关于工程价款的约定折价补偿承包人的，人民法院（　　）	应予支持
实际履行的合同难以确定，当事人请求参照最后签订的合同关于工程价款的约定折价补偿承包人的，人民法院（　　）	应予支持

专项突破 25　专业分包合同规定的承包人的权利和义务

项目	内容
承包人的义务	（1）承包人应提供总包合同（有关承包工程的价格内容除外）供分包人查阅。【2023年2天考3科考过】 （2）向分包人提供根据总包合同由发包人办理的与分包工程相关的各种证件、批件、各种相关资料，向分包人提供具备施工条件的施工场地。【2022年2天考3科、2023年2天考3科考过】 （3）组织分包人参加发包人组织的图纸会审，向分包人进行设计图纸交底。【2014年、2022年2天考3科、2023年2天考3科考过】 （4）提供合同专用条款中约定的设备和设施，并承担因此发生的费用。 （5）随时为分包人提供确保分包工程的施工所要求的施工场地和通道等，满足施工运输的需要，保证施工期间的畅通。【2014年考过】 （6）负责整个施工场地的管理工作，协调分包人与同一施工场地的其他分包人之间的交叉配合，确保分包人按照经批准的施工组织设计进行施工。【2014年考过】 （7）为运至施工场地内用于分包工程的材料和待安装设备办理保险。发包人已经办理的保险视为承包人办理的保险
承包人的权利	就分包工程范围内的有关工作，承包人随时可以向分包人发出指令，分包人应执行承包人根据分包合同所发出的所有指令【2010年、2011年、2013年、2023年1天考3科考过】

重点难点专项突破

1. 本考点内容不多，掌握上述内容即可。
2. 本考点可能会这样命题：

（1）根据《建设工程施工专业分包合同（示范文本）》GF—2003—0213，承包人应提供总包合同供分包人查阅，但可以不包括其中有关(　　)。

A. 承包工程的进度要求　　　　B. 项目业主的情况
C. 违约责任的条款　　　　　　D. 承包工程的价格内容

【答案】D

（2）根据《建设工程施工专业分包合同（示范文本）》GF—2003—0213，工程承包人的主要责任和义务包括(　　)。

A. 组织分包人参加发包人组织的图纸会审，向分包人进行设计图纸交底
B. 负责整个施工场地的管理工作，协调分包人与同一施工场地的其他分包人之间的交叉配合
C. 负责提供专业分包合同专用条款中约定的保修与试车，并承担由此发生的费用
D. 随时为分包人提供确保分包工程施工所要求的施工场地和通道，满足施工运输需要
E. 负责整个施工场地的管理工作，协调分包人与同一施工场地的其他分包人之间的交叉配合

【答案】A、B、D、E

专项突破 26　专业分包合同规定的分包人的责任和义务

分包人
- 履行并承担与分包工程有关的承包人的所有义务与责任【2011年、2015年考过】
- 执行经承包人确认和转发的发包人或监理人发出的所有指令和决定【2010年、2011年、2013年、2018年、2019年考过】
- 1. 按约定对分包工程设计、施工、竣工和保修。【2009年、2012年10月、2013年、2021年第二批考过】
  2. 按约定完成规定设计内容，承包人承担费用。【2011年、2013年考过】
  3. 向承包人提交施工组织设计。【2009年、2012年10月、2013年、2021年第二批、2023年1天考3科考过】
  4. 按规定办理有关手续，承包人承担费用。【2012年10月、2017年考过】
  5. 应允许承包人、发包人、工程师及其三方中任何一方授权的人员在工作时间内，合理进入分包工程施工场地或材料存放地点，以及施工场地以外与分包合同有关的分包人的任何工作或准备地点。【2017年考过】
  6. 负责已完分包工程的成品保护工作。【2009年、2011年、2013年、2021年第二批考过】
  7. 必须为从事危险作业的职工办理意外伤害保险，并为施工场地内自有人员生产财产和施工机械设备办理保险，支付保险费用

重点难点专项突破

1. 本考点在考试中考核以判断正误的表述题为主。这部分内容是经常会考核的采分点，而且会重复考核，应多加关注。

2. 本考点可能会这样命题：

根据《建设工程施工专业分包合同（示范文本）》GF—2003—0213，关于分包人主要责任和义务的说法，正确的是（　　）。【2023年1天考3科真题】

A. 根据分包工作的需要，分包人可与发包人或监理人发生直接工作联系

B. 就分包工程范围内的有关工作，承包人不得向分包人发出指令

C. 分包人编制分包工程的施工组织设计，并报承包人批准

D. 按环境保护和安全文明生产等管理规定，分包人办理相关手续并承担由此发生的费用

【答案】C

专项突破 27　分包人与发包人的关系

（1）分包人须服从承包人转发的发包人或监理人与分包工程有关的指令。【2017年、2018年、2019年考过】

(2) 未经承包人允许，分包人不得以任何理由与发包人或监理人发生直接工作联系，如分包人与发包人或监理人发生直接工作联系，将被视为违约，并承担违约责任，赔偿因其违约给承包人造成的经济损失。【2011年、2017年、2023年1天考3科考过】

(3) 分包人不得直接致函发包人或监理人【2010年、2013年、2015年、2017年、2018年、2019年、2021年第二批考过】，也不得直接接受发包人或监理人的指令。【2015年、2018年、2019年考过】

重点难点专项突破

1. 本考点内容虽少，但考核频次很高，主要题型就是判断正确与错误说法的题目。不仅会直接考核本考点，还会结合承包人的权利和义务、分包人的责任和义务一起考核。

2. 本考点可能会这样命题：

(1) 根据《建设工程施工专业分包合同（示范文本）》GF—2003—0213，关于分包人与发包人关系的说法，正确的是（　　）。

A. 分包人可根据需要与发包人直接工作关系
B. 分包人可就工程管理中的事件直接致函发包人
C. 分包人可直接接受发包人或监理人的工作指令
D. 分包人须服从承包人转发的发包人与分包工程有关的指令

【答案】D

(2) 根据《建设工程施工专业分包合同（示范文本）》GF—2003—0213，关于专业工程分包人责任和义务的说法，正确的是（　　）。

A. 分包人应允许发包人授权的人员在工作时间内合理进入分包工程施工场地
B. 分包人必须服从发包人直接发出的指令
C. 遵守政府有关主管部门的管理规定但不用办理有关手续
D. 分包人可以直接与发包人或工程师发生直接工作联系

【答案】A

专项突破28　专业分包合同管理

例题： 根据《建设工程施工专业分包合同（示范文本）》GF—2003—0213，分包人应按照合同协议书约定的开工日期开工。不能按时开工的，应在不迟于合同协议书约定的开工日期前（　　）d，以书面形式向承包人提出延期开工的理由。

A. 3　　　　　　　　　　B. 5
C. 7　　　　　　　　　　D. 8
E. 10　　　　　　　　　 F. 14
G. 24　　　　　　　　　 H. 28
I. 48

【答案】B

重点难点专项突破

1. 本考点还可以考核的题目有：

(1) 根据《建设工程施工专业分包合同（示范文本）》GF—2003—0213，承包人应在接到延期开工申请后的（I）h 内以书面形式答复分包人。

(2) 根据《建设工程施工专业分包合同（示范文本）》GF—2003—0213，承包人未按分包合同专用条款的约定提供图纸、开工条件、设备设施、施工场地造成分包工程工期延误，分包人应在该情况发生后（F）d 内，就延误的工期以书面形式向承包人提出报告。

因下列原因之一造成分包工程工期延误，经项目经理确认，工期相应顺延：

(1) 承包人根据总包合同从工程师处获得与分包合同相关的竣工时间延长；

(2) 承包人未按分包合同专用条款的约定提供图纸、开工条件、设备设施、施工场地；

(3) 承包人未按约定日期支付工程预付款、进度款，致使分包工程施工不能正常进行；

(4) 项目经理未按分包合同约定提供所需的指令、批准或所发出的指令错误，致使分包工程施工不能正常进行；

(5) 非分包人原因的分包工程范围内的工程变更及工程量增加；

(6) 不可抗力的原因；

(7) 分包工程专用合同条款中约定的或项目经理同意工期顺延的其他情况。

(3) 根据《建设工程施工专业分包合同（示范文本）》GF—2003—0213，发包人或监理人认为确有必要暂停施工时，应以书面形式通过承包人向分包人发出暂停施工指令，并在提出要求后（I）h 内提出书面处理意见。

(4) 根据《建设工程施工专业分包合同（示范文本）》GF—2003—0213，可调整合同价款的因素之一是一周内非分包人原因停水、停电、停气造成停工累计超过（D）h。

(5) 根据《建设工程施工专业分包合同（示范文本）》GF—2003—0213，如因法律、行政法规和国家有关政策变化影响合同价款，分包人应此情况发生后（E）d 内，将调整原因、金额以书面形式通知承包人，承包人确认调整金额后作为追加合同价款，与工程价款同期支付。

(6) 根据《建设工程施工专业分包合同（示范文本）》GF—2003—0213，基准日后，因法律变化导致分包人在合同履行中所需要的费用发生约定外的增加时，分包人应在该情况发生后（E）d，将调整原因、金额以书面形式通知承包人。

67

（7）根据《建设工程施工专业分包合同（示范文本）》GF—2003—0213，分包人应按分包工程专用合同条款约定的时间向承包人提交已完工程量报告，承包人接到报告后（C）d内自行按设计图纸计量或报经监理人计量。

（8）根据《建设工程施工专业分包合同（示范文本）》GF—2003—0213，承包人在自行计量或由监理人计量前（G）h应通知分包人，分包人为计量提供便利条件并派人参加。

（9）根据《建设工程施工专业分包合同（示范文本）》GF—2003—0213，在确认计量结果后（E）d内，承包人向分包人支付工程款（进度款）。

（10）根据《建设工程施工专业分包合同（示范文本）》GF—2003—0213，承包人应在收到分包人提供的竣工验收报告之日起（A）日内通知发包人进行验收，分包人应配合承包人进行验收。

（11）根据《建设工程施工专业分包合同（示范文本）》GF—2003—0213，分包工程竣工验收报告经承包人认可后（F）d内，分包人向承包人递交分包工程竣工结算报告及完整的结算资料，双方按照约定进行工程竣工结算。

（12）根据《建设工程施工专业分包合同（示范文本）》GF—2003—0213，承包人收到分包人递交的分包工程竣工结算报告及结算资料后（H）d内进行核实，给予确认或者提出明确的修改意见。

（13）根据《建设工程施工专业分包合同（示范文本）》GF—2003—0213，承包人确认竣工结算报告后（C）d内向分包人支付分包工程竣工结算价款。

（14）根据《建设工程施工专业分包合同（示范文本）》GF—2003—0213，分包人收到竣工结算价款之日起（C）d内，将竣工工程交付承包人。

2. 本考点中还应掌握的一些采分点：

（1）分包合同价款与总包合同相应部分价款无任何连带关系。

（2）分包工程合同价款应与总包合同约定的方式一致，通常有三种方式：固定价格、可调价格、成本加酬金。

（3）分包人收到通知后不参加计量，计量结果有效，作为工程价款支付的依据；承包人不按约定时间通知分包人，致使分包人未能参加计量，计量结果无效。

（4）对分包人自行超出设计图纸范围和因分包人原因造成返工的工程量，承包人也不予计量。

（5）在施工场地涉及危险地区或需要安全防护措施施工时，分包人应提出安全防护措施，经承包人批准后实施，发生的相应费用由承包人承担。

（6）分包工程竣工日期为分包人提供竣工验收报告之日。

（7）除应由承包人承担的风险外，分包人应保障承包人免于承受在分包工程施工过程中及修补缺陷引起的下列损失、索赔及与此有关的索赔、诉讼、损害赔偿：①人员的伤亡；②分包工程以外的任何财产的损失或损害。

专项突破 29　专业分包违约

例题： 根据《建设工程施工专业分包合同（示范文本）》GF—2003—0213，发生下列（　　）情形的，视为分包人违约。

A. 分包人与发包人或监理人发生直接工作联系

B. 分包人将其承包的分包工程转包或再分包

C. 因分包人原因不能按照分包合同协议书约定的竣工日期或承包人同意顺延的工期竣工

D. 因分包人原因工程质量达不到约定的质量标准

E. 承包人不按分包合同的约定支付工程预付款、工程进度款，导致施工无法进行

F. 承包人不按分包合同的约定支付工程竣工结算价款

【答案】A、B、C、D

重点难点专项突破

本考点还可以考核的题目有：

根据《建设工程施工专业分包合同（示范文本）》GF—2003—0213，发生下列情形的，视为承包人违约。

专项突破 30　劳务分包合同有关各方义务

例题： 根据《建设工程施工劳务分包合同（示范文本）》GF—2003—0214，工程承包人的义务包括（　　）。

A. 组织实施施工管理的各项工作，对工程的工期和质量向发包人负责

B. 负责与发包人、监理、设计及有关部门联系，协调现场工作关系

C. 向劳务分包人交付具备本合同项下劳务作业开工条件的施工场地【2010 年考过】

D. 满足劳务作业所需的能源供应、通信及施工道路畅通

E. 向劳务分包人提供相应的工程地质和地下管网线路资料【2010 年考过】

F. 向劳务分包人提供相应的水准点与坐标控制点位置

G. 向劳务分包人提供生产、生活临时设施【2010 年、2012 年 6 月考过】

H. 负责编制施工组织设计【2013 年考过】

I. 组织编制年、季、月施工计划、物资需用量计划表【2012 年 6 月考过】

J. 负责工程测量定位、沉降观测、技术交底，组织图纸会审【2012 年 6 月考过】

K. 按时提供图纸

L. 交付材料、设备，所提供的施工机械设备、周转材料、安全设施保证施工需要

M. 向劳务分包人支付劳动报酬

【答案】A、B、C、D、E、F、G、H、I、J、K、L、M

重点难点专项突破

1. 本考点还可以考核的题目有：

根据《建设工程施工劳务分包合同（示范文本）》GF—2003—0214，在劳务分包人施工前，工程承包人应完成的工作有（C、D、E、F、G）。【2010年真题题干】

2. 选项 M 中提到的劳动报酬应在什么时间进行最终支付？

> 全部工作完成，经工程承包人认可后 14d 内，劳务分包人向工程承包人递交完整的结算资料，双方按照本合同约定的计价方式，进行劳务报酬的最终支付。
> 【2012年6月考过】

3. 关于劳务分包人的主要义务通过下面这道题目来说明。

某建设工程项目中，甲公司作为工程发包人与乙公司签订了工程承包合同，乙公司又与劳务分包人丙公司签订了该工程的劳务分包合同。则在劳务分包合同中，关于丙公司应承担义务的说法，错误的是（　　）。

A. 丙公司须服从乙公司转发的发包人及工程师的指令
B. 丙公司应做好施工场地周围建筑物、构筑物和地下管线保护工作
C. 丙公司未经乙公司授权或允许，不得擅自与甲公司及有关部门建立工作联系
D. 丙公司负责组织实施施工管理的各项工作，对工期和质量向发包人负责

【答案】D

【解析】劳务分包人对劳务分包范围内的工程质量向工程承包人负责，组织具有相应资格证书的熟练工人投入工作；未经工程承包人授权或允许，不得擅自与发包人及有关部门建立工作联系；自觉遵守法律法规及有关规章制度。劳务分包人应严格按照设计图纸、施工验收规范、有关技术要求及施工组织设计精心组织施工，确保工程质量达到约定的标准。做好施工场地周围建筑物、构筑物和地下管线和已完工程部分的成品保护工作。劳务分包人须服从承包人转发的发包人及工程师（监理人）的指令。除非合同另有约定，劳务分包人应对其作业内容的实施、完工负责，劳务分包人应承担并履行总（分）包合同约定的、与劳务作业有关的所有义务及工作程序。

专项突破 31　劳务分包合同有关保险的办理

例题：根据《建设工程施工劳务分包合同（示范文本）》GF—2003—0214，必须由劳务分包人办理并支付保险费用的有（　　）。【2019年真题题干】

A. 施工场地内的自有人员及第三人人员生命财产办理的保险【2012年10月、2017年、2018年、2021年第一批、2024年考过】
B. 运至施工场地用于劳务施工的材料办理保险【2012年10月、2017年、2018年、2021年第一批、2024年考过】
C. 运至施工场地用于劳务施工的待安装设备办理保险【2012年10月考过】
D. 租赁施工机械设备办理保险【2011年、2012年6月、2012年10月、2015年、

2017年、2021年第一批、2024年考过】

E. 从事危险作业的职工办理意外伤害保险【2012年6月、2017年、2018年、2019年、2021年第一批考过】

F. 施工场地内自有人员生命财产和施工机械设备办理保险【2012年10月、2024年考过】

【答案】E、F

> **重点难点专项突破**
>
> 1. 本考点还可以考核的题目有：
> （1）根据《建设工程施工劳务分包合同（示范文本）》GF—2003—0214，劳务分包人施工开始前，工程承包人应获得发包人办理，且不需劳务分包人支付保险费用的是（A）。
> （2）根据《建设工程施工劳务分包合同（示范文本）》GF—2003—0214，由工程承包人办理或获得保险，且不需劳务分包人支付保险费用的有（B、C）。
> （3）根据《建设工程施工劳务分包合同（示范文本）》GF—2003—0214，必须由工程承包人办理保险，并支付保险费用的有（D）。
> 2. 本考点还可能会考核判断正确与错误说法的综合题目。

专项突破32 不可抗力事件损失的分担原则

例题：根据《建设工程施工劳务分包合同（示范文本）》GF—2003—0214，因不可抗力事件导致的损失及增加的费用中，应由工程承包人承担的有（　　）。

A. 工程本身的损害

B. 因工程损坏造成的第三者人员伤亡和财产损失

C. 运至施工场地用于劳务作业的材料和待安装的设备的损害

D. 工程承包人的人员伤亡

E. 劳务分包人自有施工设备损坏及停工损失

F. 劳务分包人的人员伤亡

G. 工程承包人提供给劳务分包人使用的机械设备损坏造成的停工损失

H. 工程承包人提供给劳务分包人使用的机械设备损坏

I. 停工期间应工程承包人项目经理要求留在施工场地的必要的管理人员及保卫人员的费用

J. 工程清理费

K. 修复工程费

【答案】A、B、C、D、H、I、J、K

> **重点难点专项突破**
>
> 本考点还可以考核的题目有：

根据《建设工程施工劳务分包合同（示范文本）》GF—2003—0214，因不可抗力事件导致的损失及增加的费用中，应由劳务分包人承担的有（E、F、G）。

专项突破33　材料采购合同中合同价格与支付的规定

例题： 除专用合同条款另有约定外，供货周期不超过（　　）个月的签约合同价为固定价格。

A. 10
B. 12
C. 5
D. 28

【答案】B

重点难点专项突破

1. 本考点还可以考核的题目有：

（1）供货周期超过（B）个月且合同材料交付时材料价格变化超过专用合同条款约定的幅度的，双方应按照专用合同条款中约定的调整方法对合同价格进行调整。

（2）材料采购合同生效后，买方在收到卖方开具的注明应付预付款金额的财务收据正本一份并经审核无误后（D）日内，应向卖方支付签约合同价的<u>10%</u>作为预付款。

（3）材料采购合同的卖方按照合同约定的进度交付合同材料并提供相关服务后，买方应在收到卖方提交的相关单据并经审核无误后（D）日内，应向卖方支付进度款，进度款支付至该批次合同材料的合同价格的<u>95%</u>。

> 注意：上题中划线的"提交的相关单据"包括：卖方出具的交货清单正本一份；买方签署的收货清单正本一份；制造商出具的出厂质量合格证正本一份；合同材料验收证书或进度款支付函正本一份；合同价格100%金额的增值税发票正本一份。

（4）全部合同材料质量保证期届满后，买方应在收到卖方提交的由买方签署的质量保证期届满证书并经审核无误后（D）日内，向卖方支付合同价格<u>5%</u>的结清款。

> 注意：第（2）~（4）题中画线的数据也可能会采用单项选择题考核。

2. 除了上述题目涉及的采分点外，本考点还能考查的内容有：

（1）合同协议书中载明的签约合同价包括卖方为完成合同全部义务应承担的一切成本、费用和支出以及卖方的合理利润。

（2）当卖方应向买方支付合同项下的违约金或赔偿金时，买方有权从预付款、进度款及结清款中的任何一笔应付款中予以直接扣除和（或）兑付履约保证金。

（3）除专用合同条款另有约定外，买方应通过预付款、进度款、结清款向卖方支付合同价款。

专项突破 34　材料采购合同中检验和验收的规定

例题：下列关于材料采购合同检验和验收相关事项的说法，正确的有（　　）。

A. 合同材料交付前，卖方应对其进行全面检验

B. 合同材料交付后，买方应在专用合同条款约定的期限内安排对合同材料的规格、质量等进行检验

C. 买方应在检验日期 3 日前将检验的时间和地点通知卖方，卖方应自负费用派遣代表参加检验

D. 卖方未按买方通知到场参加检验的，检验可正常进行，卖方应接受对合同材料的检验结果

E. 可以约定由拥有资质的第三方检验机构对合同材料进行检验

F. 合同材料经检验合格，买卖双方应签署合同材料验收证书

【答案】A、B、C、D、E、F

重点难点专项突破

1. 本考点内容不多，主要掌握上述备选项内容即可。

2. 看过选项 E 后，请考生思考一个问题：检验方式还有哪些？检验按照专用合同条款约定的下列一种方式进行：

（1）由买方对合同材料进行检验；

（2）由专用合同条款约定的拥有资质的第三方检验机构对合同材料进行检验；

（3）专用合同条款约定的其他方式。

专项突破 35　设备采购合同中合同价格与支付的规定

例题：设备采购合同生效后，买方在收到卖方开具的注明应付预付款金额的财务收据正本一份并经审核无误后 28 日内，应向卖方支付签约合同价的（　　）作为预付款。

A. 5%　　　　　　　　　　　B. 10%
C. 25%　　　　　　　　　　 D. 60%

【答案】B

重点难点专项突破

1. 本考点还可以考核的题目有：

（1）卖方按合同约定交付全部合同设备后，买方应在收到卖方提交的相关单据并经审核无误后 28 日内，向卖方支付合同价格的（D）作为交货款。

（2）买方在收到卖方提交的买卖双方签署的合同设备验收证书或已生效的验收款支付函正本一份并经审核无误后 28 日内，应向卖方支付合同价格的（C）作为验收款。

(3) 买方在收到卖方提交的买方签署的质量保证期届满证书或已生效的结清款支付函正本一份并经审核无误后 28 日内，应向卖方支付合同价格的（A）作为结清款。

(4) 除专用合同条款另有约定外，在买方向卖方支付验收款的同时或其后的任何时间内卖方可在向买方提交买方可接受的金额为合同价格（A）的合同结清款保函的前提下，要求买方支付合同结清款，买方不得拒绝。

2. 上述（1）中的"相关单据"包括：（1）卖方出具的交货清单正本一份；（2）买方签署的收货清单正本一份；（3）制造商出具的出厂质量合格证正本一份；（4）合同价格 100% 金额的增值税发票正本一份。

专项突破 36 设备采购合同中监造和交货前检验的规定

例题： 专用合同条款约定买方参与交货前检验的，合同设备交货前，卖方应会同买方代表根据合同约定对合同设备进行交货前检验并出具交货前检验记录。下列关于交货前检验相关事项的说法，正确的有（　　）。

A. 交货前检验的有关费用由卖方承担

B. 买方参与交货前检验的，卖方应免费为其代表提供工作条件及便利

C. 除另有约定外，买方代表的交通、食宿费用由买方承担

D. 买方代表参与交货前检验及签署交货前检验记录的行为，不视为对合同设备质量的确认

E. 买方代表参与交货前检验及签署交货前检验记录的行为，不影响卖方交货后买方依照合同约定对合同设备提出质量异议和（或）退货的权利

F. 买方代表参与交货前检验及签署交货前检验记录的行为，不免除卖方依照合同约定对合同设备所应承担的任何义务或责任

【答案】A、B、C、D、E、F

重点难点专项突破

1. 如果将选项 A 设置为错误选项的话，可能会把其中的"卖方承担"改错为"买方承担"。

2. 选项 B 中买方参与交货前检验的，卖方应免费为其代表提供工作条件及便利包括但不限于：必要的办公场所、技术资料、检测工具及出入许可等。

3. 重点关注选项 D、E、F 中的"不视为""不影响""不免除"几个关键词。

4. 关于合同设备的监造，主要掌握以下采分点：

买方监造人员对合同设备的监造，不视为对合同设备质量的确认，不影响卖方交货后买方依照合同约定对合同设备提出质量异议和（或）退货的权利，也不免除卖方依照合同约定对合同设备所应承担的任何义务或责任。

专项突破 37　设备采购合同中开箱检验的规定

例题：合同设备交付后应进行开箱检验，开箱检验可在（　　）进行。
A. 合同设备交付时
B. 合同设备交付后的一定期限内
C. 设备安装完成后
D. 设备调试完成后

【答案】A、B

重点难点专项突破

1. 选项 C、D 为干扰项。
2. 开箱检验的检验结果不能对抗在合同设备的安装、调试、考核、验收中及质量保证期内发现的合同设备质量问题，也不能免除或影响卖方依照合同约定对买方负有的包括合同设备质量在内的任何义务或责任。

专项突破 38　设备采购合同中验收、技术服务和质量保证期的规定

例题：由于买方原因，合同设备在三次考核中均未能达到技术性能考核指标的，买卖双方应在考核结束后（　　）日内或专用合同条款另行约定的时间内签署验收款支付函。
A. 6
B. 7
C. 12
D. 24

【答案】B

重点难点专项突破

1. 本考点还可以考核的题目有：
（1）合同设备在考核中达到或视为达到技术性能考核指标的，买卖双方应在考核完成后（B）日内或专用合同条款另行约定的时间内签署合同设备验收证书一式二份，双方各持一份。
（2）除专用合同条款和（或）供货要求等合同文件另有约定外，合同设备整体质量保证期为验收之日起（C）个月。
（3）质量保证期届满后，买方应在（B）日内或专用合同条款另行约定的时间内向卖方出具合同设备的质量保证期届满证书。
2. 选项 A、D 为干扰项。

2.3　施工承包风险管理及担保保险

专项突破 1　施工承包常见风险

例题：施工承包风险可从施工项目本身和外部环境两方面考虑。施工项目本身的风险

主要有( )。

A. 施工组织管理风险　　　　　B. 施工进度延误风险
C. 施工质量安全风险　　　　　D. 工程分包风险
E. 工程款支付及结算风险　　　F. 市场风险
G. 政策风险　　　　　　　　　H. 社会风险
I. 自然环境风险

【答案】A、B、C、D、E

重点难点专项突破

1. 本考点还可以考核的题目有：

(1) 施工项目外部环境风险主要有（F、G、H、I）。

(2) 建设单位未能按合同约定提供施工场地、施工图纸，未能按合同约定的时间支付预付款、工程进度款，致使工程不能正常进行，这种风险属于（B）。

(3) 项目监理机构未能按合同约定提供所需指令、批准等，致使施工不能正常进行；因设计变更和工程量增加，致使工程施工时间延长，这种风险属于（B）。

(4) 因施工质量不合格造成返工，这种风险属于（B）。

(5) 采购的材料设备未能及时到货导致施工进度延误，这种风险属于（B）。

(6) 因分包单位未能按计划完成分包工作导致工程整体进度延误，这种风险属于（B）。

(7) 施工单位职业健康和安全管理体系和制度不完善，施工质量安全管理责任制落实不到位，这种风险属于（C）。

(8) 施工人员培训不到位，质量安全意识不强，特种作业人员无证上岗操作，这种风险属于（C）。

(9) 施工方案或专项施工方案执行不到位，这种风险属于（C）。

(10) 缺少专门的质量检测人员或专职安全生产管理人员不到位，这种风险属于（C）。

(11) 使用不合格的材料、采用不恰当的施工工艺及"四新"技术，这种风险属于（C）。

(12) 由于市场条件的快速变化，导致施工所耗用的人工、主要原材料和施工机具等资源要素的供应条件和价格发生较大幅度变化，从而给承包人带来的风险属于（F）。

(13) 由于对施工项目的社会影响估计不足，或者因施工项目所处的社会环境发生变化，给施工带来困难和损失的可能性，属于（H）。

2. 工程分包的主要风险有：①分包单位主体资格不合法。②分包工程内容不合法。③允许他人借用本企业营业执照及资质证书承揽工程。④分包合同条款不完备。

3. 工程款支付及结算风险主要来源于发包人延期支付工程款或者拖欠工程款，或者不按合同约定时间和程序进行工程结算。

专项突破 2　施工风险管理计划编制依据与内容

例题：根据《建设工程项目管理规范》GB/T 50326—2017，施工风险管理计划编制依据应包括(　　)。

A. 施工项目范围说明　　　　　　　B. 施工招标投标文件与施工合同
C. 施工项目工作分解结构　　　　　D. 施工项目管理策划结果
E. 施工承包单位风险管理制度　　　F. 其他相关信息和历史资料
G. 风险管理目标　　　　　　　　　H. 风险管理范围
I. 必需的资源和费用预算　　　　　J. 风险跟踪要求
K. 风险管理责任和权限
L. 可使用的风险管理方法、措施、工具和数据

【答案】A、B、C、D、E、F

重点难点专项突破

1. 本考点还可以考核的题目有：

根据《建设工程项目管理规范》GB/T 50326—2017，施工风险管理计划的内容包括（G、H、I、J、K、L）。

2. 施工风险管理计划应在工程开工前编制完成，可在施工过程中根据风险变化进行调整，并经施工承包单位授权人批准后实施。

专项突破 3　施工承包风险管理程序

例题：根据《建设工程项目管理规范》GB/T 50326—2017，施工承包风险管理包括风险识别、风险评估、风险应对和风险监控。下列属于风险评估工作内容的有(D、E、F)。

A. 风险源的类型、数量
B. 风险发生的可能性
C. 风险可能发生的部位及风险的相关特征
D. 风险因素发生的概率【2009年、2011年、2013年考过】
E. 风险损失量【2009年、2011年、2013年考过】
F. 风险等级【2012年10月考过】
G. 针对承包风险采取相应对策
H. 预测可能发生的风险，对其进行监控并提出预警【2011年考过】

【答案】D、E、F

重点难点专项突破

1. 本考点还可以考核的题目有：

(1) 项目风险识别报告的内容包括（A、B、C）。
(2) 施工承包风险管理的工作程序中，风险应对的工作是（G）。
(3) 施工承包风险管理的工作程序中，风险监控的工作是（H）。

2. 上述例题的题干部分也是一个很好的采分点，可能会有以下三种命题方式：
(1) 施工承包风险管理的工作程序中，风险评估的下一步工作是(　　)。
(2) 施工承包风险管理包括风险识别、风险评估、风险应对和(　　)。
(3) 根据《建设工程项目管理规范》GB/T 50326—2017，施工承包风险管理正确的程序是(　　)。

3. 施工风险识别方法可能会考核多项选择题，包括专家调查法、财务报表法、初始清单法、流程图法、统计资料法等方法。

4. 风险因素发生的概率估计采用主观推断法、专家估计法或会议评审法进行认定。这也是一个多项选择题采分点。

5. 风险损失量估计方法包括专家预测、趋势外推法预测、敏感性分析和盈亏平衡分析及决策树等。

注意：第3~5点中的各方法在考核时可能会相互作为干扰选项。

专项突破 4　风险等级评估

将风险因素发生的概率（P）和风险损失量（O）分别划分为大（H）、中（M）、小（L）三个区间，即可形成如下图所示的 9 个不同区域。

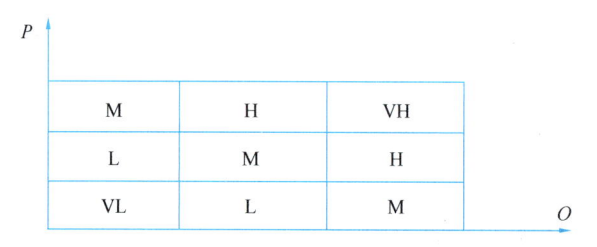

M	H	VH
L	M	H
VL	L	M

在这 9 个不同区域中，有些区域的风险量是大致相等的。因此，可按风险量大小将风险分为 5 个等级：①很小（VL）；②小（L）；③中等（M）；④大（H）；⑤很大（VH）。

重点难点专项突破

1. 风险等级为大、很大的风险因素属于不可接受的风险，需要给予重点关注；风险等级为中等的风险因素是不希望有的风险；风险等级为小的风险因素是可接受风险；风险等级为很小的风险因素是可忽略风险。

2. 本考点可能会这样命题：
在风险等级图中，风险量很小的区域是(　　)。

A. VL   B. L
C. M   D. VH

【答案】A

专项突破 5　风险应对策略

例题： 针对施工承包负面风险，可以采取风险规避、风险减轻、风险转移和风险自留对策。下列风险应对策略中，属于风险转移对策的有（　　）。

A. 彻底改变原方案
B. 降低技术方案复杂性
C. 以联合体形式承包工程【2024年考过】
D. 增加坑出现风险的施工方案的安全冗余度
E. 向保险公司投保
F. 将施工项目中风险较大的部分工作内容分包给其他施工单位
G. 采用总价合同形式
H. 第三方担保
I. 建立应急储备资金

【答案】E、F、G、H

重点难点专项突破

1. 本考点还可以考核的题目有：
(1) 下列风险应对策略中，属于风险规避对策的有（A）。
(2) 下列风险应对策略中，属于风险减轻对策的有（B、C、D）。
(3) 下列风险应对策略中，属于风险自留对策的有（I）。
(4) 风险转移方式可细分为保险转移方式和非保险转移方式两种。下列风险应对策略中，属于非保险转移方式的是（F、G、H）。

2. 关于风险对策，还可能考核两种题型：
(1) 题干中给出具体的策略，要求判断属于哪种风险对策。
(2) 以判断正确与错误说法的形式考核综合题目。比如：
关于施工承包风险对策的说法，正确的有（　　）。
A. 建立应急储备属于风险减轻对策
B. 降低技术方案复杂性的措施属于风险减轻对策
C. 彻底改变原方案的做法属于风险规避对策
D. 风险转移把风险管理责任推给他人，是一种转移风险的措施
E. 对存在价格上涨风险的材料设备采用总价合同形式属于风险转移对策

【答案】B、C、D、E

专项突破 6　工程担保

例题：投标担保的主要目的是（　　）。

A. 保证投标人在递交投标文件后不得撤销投标文件，中标后不得无正当理由不与招标人订立合同，在签订合同时不得向招标人提出附加条件或者不按照招标文件要求提交履约担保

B. 发包人为防止施工承包单位不履行合同或违约，用来弥补给发包人造成的经济损失

C. 保证承包人能够按合同规定进行施工，偿还发包人已支付的全部预付金额

D. 为防止发包人随意拖欠工程款、保护承包人利益

E. 为保证承包人履行施工合同而进行的一种担保

【答案】A

重点难点专项突破

1. 本考点还可以考核的题目有：
   （1）履约担保的主要目的是（B）。
   （2）预付款担保的主要作用在于（C）。
   （3）工程款支付担保的作用是（D）。
   （4）工程质量保证金是（E）。

2. 本考点中其他采分点会怎么考呢？通过下表学习：

考试怎么考	采分点
根据《中华人民共和国招标投标法实施条例》，投标保证金的数额不得超过招标项目估算价的（　　）【2021年第二批真题题干】	2%
投标保证金有效期应（　　）	与投标有效期一致
招标人已收取投标保证金的，应自收到投标人书面撤回通知之日起（　　）日内退还	5
招标人最迟应在书面合同签订后（　　）日内向中标人和未中标的投标人退还投标保证金及银行同期存款利息	5
履约担保形式有（　　）	银行履约保函、履约担保书、履约保证金
履约保证金不得超过中标合同金额的（　　）	10%
某公共设施项目依法通过公开招标方式选择施工承包单位，中标合同价为800万元，根据相关法规，发包人要求中标人提交的履约保证金不应超过（　　）万元【2022年2天考3科真题题干】	80
发包人应在工程接收证书颁发后（　　）d内将履约担保退还给承包人	28
支付担保可以采用（　　）形式	银行保函或担保公司担保
根据《建设工程质量保证金管理办法》，工程质量保证金总预留比例不得高于工程价款结算总额的（　　）	3%

专项突破 7　工程保险种类

例题： 根据《标准施工招标文件》通用条款规定，承包人应以发包人和承包人的共同名义向双方同意的保险人投保(　　)。

A. 建筑工程一切险　　　　　　　　B. 安装工程一切险
C. 第三者责任险　　　　　　　　　D. 施工人员工伤保险
E. 意外伤害保险

【答案】A、B、C

重点难点专项突破

1. 本考点还可以考核的题目有：

当被保险人在保险期限内遭受意外伤害造成死亡、残疾、支出医疗费或暂时丧失劳动能力时，保险人依照合同规定给付保险金的人身保险为（E）。

2. 建筑工程一切险和安装工程一切险的保险期限应掌握，可能会考核单项选择题。二者的保险期限都是从投保工程动工之日起直至工程验收之日止。

3. 建筑工程一切险保单中的除外责任可能会考核多项选择题。通常包括：

（1）设计错误引起的损失和费用。

（2）自然磨损、内在或潜在缺陷、物质本身变化、自燃、自热、氧化、锈蚀、渗漏、鼠咬、虫蛀、大气（气候或气温）变化、正常水位变化或其他渐变原因造成的保险财产自身的损失和费用。

（3）因原材料缺陷或工艺不善引起的保险财产本身的损失以及为换置，修理或矫正这些缺点错误所支付的费用。

（4）非外力引起的机械或电气装置损坏，或施工用机具、设备、机械装置失灵造成的本身损失。

（5）维修保养或正常检修的费用。

（6）档案、文件、账簿、票据、现金、各种有价证券、图表资料及包装物料的损失。

（7）货物盘点时发现的盘亏损失。

（8）领有公共运输行驶执照的，或已由其他保险予以保障的车辆、船舶和飞机的损失。

（9）在保险单保险期限终止前，被保险财产中已由工程所有人签发完工验收证书或验收合格或实际占有或使用或接收的部分。

第3章 施工进度管理

3.1 施工进度影响因素与进度计划系统

专项突破1 施工进度影响因素

例题：下列建设工程进度影响因素中，属于建设单位因素的有(　　)。

A. 建设单位使用要求改变而进行设计变更

B. 不能及时提供施工场地条件

C. 所提供的场地不能满足工程正常需要

D. 不能及时向施工单位支付工程款

E. 地质资料错误或遗漏

F. 设计内容不完善，规范应用不恰当

G. 设计方案的可施工性差或设计考虑不周

H. 施工图纸供应不及时、不配套，或出现重大差错

I. 监理指令延迟发布或有误

J. 施工进度协调工作不利

K. 进场材料、设备质量检查或已完工程质量检查验收不及时

L. 材料、设备品种、规格、质量、数量、时间不能满足工程的需要

M. 其他单位临近工程施工干扰

N. 节假日交通、市容整顿的限制

O. 临时停水、停电、断路

P. 国外的法律及制度变化、经济制裁、战争、骚乱、罢工、企业倒闭、汇率浮动和通货膨胀

Q. 复杂的工程地质条件

R. 不明的水文气象条件

S. 地下埋藏文物的保护、处理

T. 洪水、地震、台风等不可抗力

U. 施工方案、施工工艺或施工安全措施不当

V. 特殊材料及新材料的不合理使用

W. 施工设备不配套，选型失当或有故障

X. 不成熟的技术应用

Y. 向有关部门提出各种申请审批手续的延误

Z. 合同签订时遗漏条款、表达失当

A1. 计划安排不周密，组织协调不力，导致停工待料、相关作业脱节
B1. 指挥不当，使各专业、各施工过程之间交接配合不顺畅
【答案】A、B、C、D

重点难点专项突破

1. 本考点还可以考核的题目有：
（1）下列建设工程进度影响因素中，属于勘察设计单位因素的有（E、F、G、H）。
（2）下列建设工程进度影响因素中，属于工程监理单位因素的有（I、J、K）。
（3）下列建设工程进度影响因素中，属于工程材料、设备供应单位因素的有（L）。
（4）下列建设工程进度影响因素中，属于社会环境因素的有（M、N、O、P）。
（5）下列建设工程进度影响因素中，属于自然条件影响的有（Q、R、S、T）。
（6）下列建设工程进度影响因素中，属于施工单位技术影响的有（U、V、W、X）。
（7）下列建设工程进度影响因素中，属于施工单位组织管理影响的有（Y、Z、A1、B1）。
2. 建设单位因素、施工单位施工技术与组织管理因素要重点记忆。

专项突破 2　施工进度计划系统

例题： 按项目组成编制的施工进度计划包括（　　）。
A. 施工总进度计划　　　　　　　　B. 单位工程施工进度计划
C. 分部分项工程进度计划　　　　　D. 年度施工计划
E. 季度施工计划　　　　　　　　　F. 月（旬）作业计划
【答案】A、B、C

重点难点专项突破

本考点还可以考核的题目有：
（1）按进展时间编制的施工进度计划包括（D、E、F）。
（2）下列进度计划系统中，（A）的目的在于确定各单位工程及全工地性工程的施工期限及开竣工日期，进而确定施工现场劳动力、材料、成品、半成品、施工机械的需求数量和调配情况，以及现场临时设施的数量、水电供应量和能源、交通需求量。

专项突破 3　施工进度计划表达形式

例题： 采用横道图表示施工进度计划的特点有（　　）。
A. 编制简单、使用方便
B. 不能明确反映各项工作之间的相互联系、相互制约关系
C. 不能反映工作所具有的机动时间（时差）

D. 不能反映影响工期的关键工作和关键线路
E. 不能反映工程费用与工期之间的关系
F. 能够明确表达各项工作之间的先后顺序关系（即逻辑关系）
G. 能够找出影响工期的关键工作和关键线路
H. 确定各项工作的机动时间（即时差）
I. 能够利用项目管理软件进行计算、优化和调整，实现对施工进度的动态控制

【答案】A、B、C、D、E

> **重点难点专项突破**
>
> 本考点还可以考核的题目有：
> (1) 采用横道图表示施工进度计划的不足有（B、C、D、E）。
> (2) 采用网络图表示施工进度计划的特点有（F、G、H、I）。

3.2 流水施工进度计划

专项突破 1　工程施工组织方式

例题：建设工程组织流水施工的特点包括（　　）。
A. 没有充分地利用工作面进行施工，工期较长
B. 各专业队不能连续作业，有时间间歇
C. 劳动力及施工机具等资源无法均衡使用
D. 不能实现专业化施工，不利于提高劳动生产率
E. 资源量较少，有利于资源供应的组织
F. 施工现场的组织管理比较简单
G. 充分地利用工作面进行施工，工期短
H. 资源量成倍地增加，不利于资源供应的组织
I. 施工现场的组织管理比较复杂
J. 尽可能地利用工作面进行施工，工期较短
K. 各工作队实现了专业化施工
L. 专业工作队能够连续施工，同时能使相邻专业队的开工时间最大限度地搭接
M. 单位时间内投入的劳动力、施工机具、材料等资源量较为均衡
N. 为施工现场的文明施工和科学管理创造了有利条件

【答案】J、K、L、M、N

> **重点难点专项突破**
>
> 1. 本考点还可以考核的题目有：
> (1) 建设工程组织依次施工的特点包括（A、B、C、D、E、F）。

(2) 建设工程采用平行施工组织方式的特点有（B、C、D、G、H、I）。

2. 为了方便记忆，将三种组织方式特点总结于下表：

施工方式	工作面利用	工期长短	能否连续施工	能否实现专业化	单位时间投入的资源量	现场组织管理
依次	没有充分	较长	否	否	较少	比较简单
平行	充分	短	各个施工段同时施工，而非由专业队在各施工段间连续施工	否	成倍增加	比较复杂
流水	尽可能	较短	能	能	较均衡	有利于可持续管理、文明施工

专项突破 2　流水施工表达方式

例题： 流水施工通常用横道图和垂直图表示。采用横道图表达流水施工的优点包括（　　）。

A. 绘图简单　　　　　　　　　　B. 施工过程及其先后顺序表达清楚
C. 时间和空间状况形象直观　　　D. 使用方便
E. 应用广泛　　　　　　　　　　F. 直观反映各施工过程的进展速度

【答案】A、B、C、D、E

> **重点难点专项突破**
>
> 本考点还可以考核的题目有：
> 采用垂直图表达流水施工的优点有（B、C、F）。

专项突破 3　流水施工参数

例题： 流水施工参数包括<u>工艺参数</u>、<u>空间参数</u>和时间参数。下列流水施工参数中，用以表达流水施工在施工工艺方面进展状态的参数有（　　）。

A. 施工过程　　　　　　　　　　B. 流水强度
C. 工作面　　　　　　　　　　　D. 施工段（流水段）
E. 流水节拍　　　　　　　　　　F. 流水步距
G. 流水施工工期

【答案】A、B

> **重点难点专项突破**
>
> 1. 本考点还可以考核的题目有：
> (1) 下列流水施工参数中，表达流水施工在空间布置上开展状态的参数有（C、D）。

（2）下列流水施工参数中，用以表达流水施工在时间安排上所处状态的参数有（E、F、G）。

（3）流水施工中某施工过程（或专业工作队）在单位时间内所完成的工程量称为（B）。

> 注意：流水强度的概念还会这样命题："流水强度是指某专业工作队在（　　）。"这也是关于流水施工参数概念的另外一种命题形式。

（4）流水施工参数中，供某专业工种的工人或某种施工机械进行施工的活动空间称为（C）。

（5）流水施工参数中，将施工对象在平面或空间上划分成若干个劳动量大致相等的施工区段称为（D）。

（6）在组织流水施工时，某个专业工作队在一个施工段上的施工时间称为（E）。

（7）组织流水施工时，相邻两个专业工作队相继开始施工的小间隔时间称为（F）。

（8）流水施工参数中，从第一个专业工作队投入流水施工开始，到最后一个专业工作队完成流水施工为止的整个持续时间称为（G）。

2. 题干中画线部分会作为采分点考核多项选择题。

3. 本考点采分点较多，考试时不局限对概念及归类的考查，还会涉及各个参数的具体内容的考查，下面将可能会考查到的题目做个总结。

考试怎么考	采分点
划分施工段的目的是（　　）	为了组织流水施工
在编制流水施工进度计划时，划分施工段应遵循的原则有（　　）【2024年真题题干】	（1）各个施工段上的劳动量应大致相等。 （2）每个施工段内要有足够的工作面。 （3）施工段的界限应尽可能与结构界限相吻合，或设在对建筑结构整体性影响小的部位。 （4）施工段的数目要满足合理组织流水施工的要求。 （5）确保相应专业队在施工段与施工层之间，组织连续、均衡、有节奏地流水施工
同一施工过程中流水节拍的决定因素有（　　）	所采用的施工方法、施工机械以及在工作面允许的前提下投入施工的工人数、机械台数和采用的工作班次
流水步距的数目取决于（　　）	参加流水的施工过程数
流水步距的大小取决于（　　）	相邻两个施工过程（或专业工作队）在各个施工段上的流水节拍及流水施工的组织方式
确定流水步距时，一般应满足的要求有（　　）	（1）各施工过程按各自流水速度施工，始终保持工艺先后顺序。 （2）各施工过程的专业工作队投入施工后尽可能保持连续作业。 （3）相邻两个专业工作队在满足连续施工的条件下，能最大限度地实现合理搭接

专项突破 4 全等节拍、加快的成倍节拍与非节奏流水施工的特点

例题：建设工程组织全等节拍流水施工的特点有（   ）。

A. 所有施工过程在各个施工段上的流水节拍均相等
B. 相邻施工过程的流水步距相等，且等于流水节拍
C. 专业工作队数等于施工过程数
D. 各个专业工作队在各施工段上能够连续作业
E. 施工段之间没有空闲时间
F. 同一施工过程在其各个施工段上的流水节拍均相等
G. 不同施工过程的流水节拍为倍数关系
H. 相邻专业工作队的流水步距相等，且等于流水节拍的最大公约数
I. 专业工作队数大于施工过程数
J. 各施工过程在各施工段的流水节拍不全相等
K. 相邻施工过程的流水步距不尽相等
L. 施工段之间可能有空闲时间

【答案】A、B、C、D、E

重点难点专项突破

1. 本考点还可以考核的题目有：
(1) 加快的成倍节拍流水施工的特点有（D、E、F、G、H、I）。
(2) 建设工程组织非节奏流水施工的特点有（C、D、J、K、L）。【2024 年考过】
(3) 全等节拍流水施工与加快的成倍节拍流水施工相比较，共同的特点有（D、E）。
(4) 全等节拍流水施工与非节奏流水施工相比较，共同的特点有（C、D）。
(5) 加快的成倍节拍流水施工与非节奏流水施工相比较，共同的特点是（D）。

2. 等节奏流水施工也称为固定节拍流水施工或全等节拍流水施工；等步距异节奏流水施工也称为加快的成倍节拍流水施工。

3. 本考点考查主要考核多项选择题，为了方便记忆，对全等节拍、加快的成倍节拍与非节奏流水施工的特点进行了总结。

	同一施工过程各个施工段上的流水节拍	不同施工过程之间的流水节拍	相邻施工过程的流水步距	专业工作队数	连续作业	空闲时间
全等节拍流水施工	均相等		相等，等于流水节拍	等于施工过程数	能够	没有
加快的成倍节拍流水施工	均相等	倍数关系	相等，等于流水节拍最大公约数	大于施工过程数	能够	没有
非节奏流水施工	不全相等		不尽相等	等于施工过程数	能够	可能有

专项突破 5　固定节拍流水施工工期的计算

例题： 某工程有 4 个施工过程，分 5 个施工段组织全等节拍流水施工，流水节拍为 3d。其中，第 2 个施工过程与第 3 个施工过程之间有 2d 的技术间歇，则该工程流水施工工期为（　　）d。

　　A. 24　　　　　　　　　　　　　　　B. 26
　　C. 27　　　　　　　　　　　　　　　D. 29

【答案】B

重点难点专项突破

1. 全等节拍流水施工工期的计算公式见下表。

类型	计算公式
流水施工工期	$T=(m+n-1)K$ 式中　n——施工过程数目； 　　　m——施工段数目； 　　　T——流水节拍； 　　　K——流水步距
有技术间歇时间和 提前插入时间的 流水施工工期	$T=(m+n-1)K+\sum Z-\sum C$ 式中　$\sum Z$——技术间歇时间之和； 　　　$\sum C$——提前插入时间之和

例题中，有间歇时间的固定节拍流水施工工期 $T=(4+5-1)\times 3+2-0=26$d。

2. 有提前插入时间的固定节拍流水施工工期会怎么考核呢，看下面这道题目：

某分部工程由 4 个施工过程（Ⅰ、Ⅱ、Ⅲ、Ⅳ）组成，分为 6 个施工段，流水节拍均为 3d，无技术间歇时间，但施工过程Ⅳ需提前 1d 插入施工，该分部工程的工期为（　　）d。

　　A. 21　　　　　　　　　　　　　　　B. 24
　　C. 26　　　　　　　　　　　　　　　D. 27

【答案】C

【解析】分部工程的工期 $=(6+4-1)\times 3+0-1=26$d。

3. 全等节拍流水施工工期的计算比较简单，只需要根据题干条件代入公式中即可。

4. 除了会考核施工工期的计算，还会这样命题：

某工程有 3 个施工过程，组织全等节拍流水施工，流水节拍均为 2 周，如果要求流水施工工期是 12 周，则应划分的施工段个数是（　　）段。【2024 年真题】

　　A. 4　　　　　　　　　　　　　　　B. 3
　　C. 5　　　　　　　　　　　　　　　D. 6

【答案】A

【解析】将题目已知数据代入公式，得出：$12=(m+3-1)\times 2$，所以 $m=4$。

专项突破 6 加快的成倍节拍流水施工工期的计算

例题： 某分部工程有 3 个施工过程，分为 4 个施工段组织加快的成倍节拍流水施工，流水节拍分别为 6d、2d 和 4d。该分部工程流水施工工期为（   ）d。

A. 18 B. 20 C. 22 D. 24

【答案】A

重点难点专项突破

1. 本考点应掌握以下 3 点内容。

(1) 加快的成倍节拍流水施工工期 T 的计算公式为：
$$T = (m+N-1)K + \Sigma Z - \Sigma C$$
式中 K——流水步距，取各施工过程流水节拍的最大公约数。
N——参加流水作业的专业工作队数。

(2) 每个施工过程的专业工作队数目计算公式为：
$$b_j = t_j / K$$
式中 b_j——第 j 个施工过程的专业工作队数目；
t_j——第 j 个施工过程的流水节拍；
K——流水步距。

(3) 流水步距等于流水节拍的最大公约数。

2. 上述例题的计算过程：

流水步距等于流水节拍的最大公约数 $K = \min[6, 4, 2] = 2d$。

流水施工工期 $= (4+6-1) \times 2 = 18d$。

3. 本考点还可能会这样命题：

(1) 某分项工程有 4 个施工过程，分为 3 个施工段组织加快的成倍节拍流水施工，各施工过程的流水节拍分别为 4d、8d、2d 和 4d，则应组织（   ）个专业工作队。

A. 4 B. 6 C. 9 D. 12

【答案】C

【解析】流水步距 $= \min[4, 8, 2, 4] = 2d$；专业工作队 $= 4/2 + 8/2 + 2/2 + 4/2 = 9$ 个。

(2) 某建设工程划分为 4 个施工过程、3 个施工段组织加快的成倍节拍流水施工，流水节拍分别为 4d、6d、4d 和 2d，则流水步距为（   ）d。

A. 2 B. 3 C. 4 D. 6

【答案】A

【解析】流水步距 $K = \min[4, 6, 4, 2] = 2d$。

4. 上述题目是对其中某一项计算的命题，还会有下面这种命题形式。

(1) 某分部工程有 3 个施工过程，各分为 5 个流水节拍相等的施工段组织加快的成倍节拍流水施工，已知 3 个施工过程的流水节拍分别为 4d、6d、4d，则流水步距和专业施工队数分别为（   ）。

A. 6d 和 3 个　　　B. 4d 和 4 个　　　C. 4d 和 3 个　　　D. 2d 和 7 个

【答案】D

【解析】流水步距 $K=\min[6,4,4]=2d$。专业工作队数目 $=4/2+6/2+4/2=7$ 个。

（2）某分部工程有 3 个施工过程，各分为 4 个流水节拍相等的施工段，各施工过程的流水节拍分别为 6、4、4d。如果组织加快的成倍节拍流水施工，则专业工作队数和流水施工工期分别为（　　）。

A. 3 个和 20d　　　　　　　　　B. 4 个和 25d

C. 5 个和 24d　　　　　　　　　D. 7 个和 20d

【答案】D

【解析】流水步距 $K=\min[6,4,4]=2d$；各施工过程的专业工作队数分别为：$b_1=6/2=3$ 个，$b_2=4/2=2$ 个，$b_3=4/2=2$ 个，专业工作队总和 $=7$ 个；则流水施工工期 $T=20d$。

专项突破 7　非节奏流水施工工期的计算

例题： 某工程有 3 个施工过程，分 3 个施工段组织分别流水施工，流水参数见下表，该工程流水施工工期是（　　）d。【2024 年真题】

单位：d

施工过程	施工段		
	Ⅰ	Ⅱ	Ⅲ
A	4	4	4
B	1	1	1
C	2	2	2

A. 17　　　　B. 7　　　　C. 11　　　　D. 21

【答案】A

重点难点专项突破

1. 在非节奏流水施工中，流水施工工期的计算公式为：

$$T=\sum K+\sum t_n+\sum Z-\sum C$$

式中　$\sum K$——各施工过程（或专业工作队）之间流水步距之和；

　　　$\sum t_n$——最后一个施工过程（或专业工作队）在各施工段流水节拍之和。

计算流水施工工期，首先要计算流水步距。在非节奏流水施工中，计算流水步距通常采用累加数列错位相减取大差法。累加数列错位相减取大差法的基本步骤如下：

（1）依次累加每一个施工过程在各施工段上的流水节拍，求得各施工过程流水节拍的累加数列；

(2) 将相邻施工过程流水节拍累加数列中的后者错后一位，相减后求得一个差数列；

(3) 在差数列中取最大值，即为这两个相邻施工过程的流水步距。

2. 上述例题的计算过程如下：

第一步：采用"累加数列错位相减取大差法"确定流水步距。

施工过程 A 与 B：

$$
\begin{array}{r}
4,\ 8,\ 12 \\
-\quad 1,\ 2,\ 3 \\
\hline
4,\ 7,\ 10,\ -3
\end{array}
$$

$K_{A,B} = \max\ [4,\ 7,\ 10,\ -3] = 10$。

施工过程 B 与 C：

$$
\begin{array}{r}
1,\ 2,\ 3 \\
-\quad 2,\ 4,\ 6 \\
\hline
1,\ 0,\ -1,\ -6
\end{array}
$$

$K_{B,C} = \max\ [1,\ 0,\ -1,\ -6] = 1$。

第二步：计算流水施工工期＝步距之和＋最后一个专业工作队在各施工段上持续时间之和＋间歇时间－搭接时间＝10＋1＋2＋2＋2＝17d。

3. 流水步距的计算也会单独考核计算，比如：

某分部工程有两个施工过程，分为 3 个施工段组织非节奏流水施工，各施工过程的流水节拍分别为 3d、5d、5d 和 4d、4d、5d，则两个施工过程之间的流水步距是（　　）d。

A. 2　　　　　　　　　　　　B. 3
C. 4　　　　　　　　　　　　D. 5

【答案】D

【解析】本题的计算过程如下：

(1) 各施工过程流水节拍的累加数列：

施工过程 1：3，8，13

施工过程 2：4，8，13

(2) 错位相减求得差数列：

$$
\begin{array}{r}
3,\ 8,\ 13 \\
-)\quad 4,\ 8,\ 13 \\
\hline
3,\ 4,\ 5,\ -13
\end{array}
$$

(3) 在差数列中取最大值求得流水步距：两个施工过程之间的流水步距 $K_{1,2} = \max\ [3,\ 4,\ 5,\ -13] = 5$。

3.3 工程网络计划技术

专项突破 1　工程网络计划编制程序

例题：工程网络计划的编制程序中，属于计划准备阶段应完成的工作有(　　)。

A. 调查研究　　　　　　　　　　B. 确定网络计划目标
C. 工程项目分解　　　　　　　　D. 确定逻辑关系
E. 绘制网络图　　　　　　　　　F. 计算网络计划时间参数
G. 确定关键线路和关键工作　　　H. 优化网络计划
I. 编制正式网络计划

【答案】A、B

重点难点专项突破

1. 本考点还可以考核的题目有：

（1）工程网络计划的编制程序中，绘制网络图阶段前应完成的工作有（A、B）。

> 这是例题题目的另外一种命题形式。

（2）工程网络计划的编制程序中，属于绘制网络图阶段应完成的工作有（C、D、E）。

（3）工程网络计划的编制程序中，计算时间参数及确定关键线路阶段前应完成的工作有（A、B、C、D、E）。

（4）工程网络计划的编制程序中，网络计划优化阶段前应完成的工作有（A、B、C、D、E、F、G）。

（5）编制工程网络计划时的前提是（C）。

2. 本考点另外一种考核题型是判断编制建设工程进度计划各工作的顺序。比如：

编制工程网络计划的主要工作如下：①确定逻辑关系；②优化网络计划；③确定网络计划目标；④确定关键线路和关键工作；⑤计算网络计划时间参数；⑥工程项目分解；⑦绘制网络图。其编制程序正确的是(　　)。

A. ③—⑥—⑤—①—②—④—⑦　　B. ⑥—①—③—⑤—④—②—⑦
C. ③—①—⑥—④—⑤—⑦—②　　D. ③—⑥—①—⑦—⑤—④—②

【答案】D

专项突破 2　双代号网络计划的绘图规则

类型	错误画法	图例
是否存在多个起点节点？	如果存在两个或两个以上的节点只有外向箭线、而无内向箭线，就说明存在多个起点节点。图中节点①和②就是两个起点节点	
是否存在多个终点节点？	如果存在两个或两个以上的节点只有内向箭线、而无外向箭线，就说明存在多个终点节点。图中节点⑧、⑨就是两个终点节点	

续表

类型	错误画法	图例
是否存在节点编号错误？	如果箭尾节点的编号大于箭头节点的编号，就说明存在节点编号错误	⑦→⑤
	如果节点的编号出现重复，就说明存在节点编号错误	①—A→②—C→③，①—B→②—C→④，E连接
是否存在工作代号重复？	如果某一工作代号出现两次或两次以上，就说明工作代号重复。图中的工作C出现了两次	
是否存在多余虚工作？	如果某一虚工作的紧前工作只有虚工作，那么该虚工作是多余的。图中虚工作⑤→⑥是多余的	①—A→②—C→④—E→⑦，①—B→③—D→⑥—F→⑦，⑤与⑥之间虚工作
	如果某两个节点之间既有虚工作，又有实工作，那么该虚工作也是多余的。图中虚工作②→④是多余的	①—A→②—C→④，①—B→③—D→⑤，②与④之间虚工作
是否存在循环回路？	如果从某一节点出发沿着箭线的方向又回到了该节点，这就说明存在循环回路	①→②→③→①
是否存在逻辑关系错误？	根据题中所给定的逻辑关系逐一在网络图中核对，只要有一处与给定的条件不相符，就说明逻辑关系错误。图中，工作H的紧前工作是C、D和E，可以确定逻辑关系错误	工作名称：A B C D E G H I；紧前工作：— — A A A、B C D E

工作名称	A	B	C	D	E	G	H	I
紧前工作	—	—	A	A	A、B	C	D	E

重点难点专项突破

1. 在《建设工程施工管理》科目中命题者会给出一定的绘图条件和绘制的双代号网络计划，让考生判断作图错误之处有哪些；在《专业工程管理与实务》科目中有可能需要考生亲自绘制双代号网络计划，再根据网络计划解决其他问题。这一考点可以作为考题的题型大致有以下三类：

(1) 用文字叙述双代号网络图的绘制方法,判断是否正确。
(2) 题干中给出各工作的逻辑关系,判断选项中哪个是正确的网络图。
(3) 题目给出一个错误的双代号网络图,判断该图中存在哪些错误。

2. 接下来给大家准备些题目来练习:

(1) 某工程双代号网络计划如下图所示,存在的绘图错误有( )。【2024年真题】

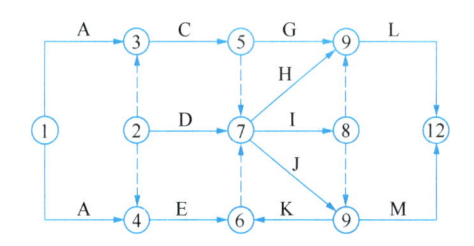

A. 有多个起点节点　　　　　　　B. 有多个终点节点
C. 节点编号有误　　　　　　　　D. 有多余虚工作
E. 存在循环回路

【答案】A、C、E

【解析】本题考核的是双代号网络图的绘图规则。图中存在两个编号为⑨的节点,⑥→⑦→⑨→⑥构成循环回路,工作代号重复,存在两个工作A。

(2) 某工程网络计划如下图所示,存在的绘图错误是( )。【2023年1天考3科真题】

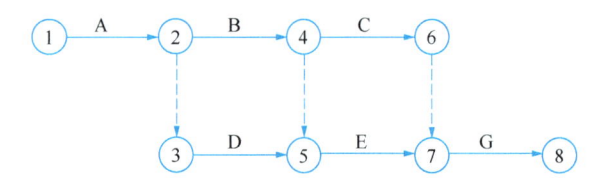

A. 工作的节点编号不规范　　　　B. 存在多余的虚工作
C. 存在多个终点节点　　　　　　D. 存在未标注名称的工作

【答案】B

【解析】⑥—⑦节点之间是多余的虚工作。

(3) 某双代号网络计划如下图所示(时间单位:d),存在的绘图错误是( )。
【2021年第二批真题】

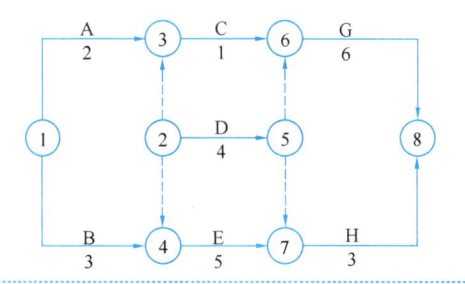

A. 有多个起点节点　　　　　　　B. 工作标识不一致
C. 节点编号不连续　　　　　　　D. 时间参数有多余

【答案】A

【解析】存在①、②两个起点节点。

(4) 根据下表逻辑关系绘制的双代号网络图如下,存在的绘图错误是(　　)。【2017年真题】

工作名称	A	B	C	D	E	G	H
紧前工作	—	—	A	A	A、B	C	E

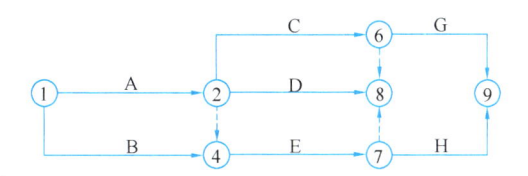

A. 节点编号不对　　　　　　　B. 逻辑关系不对
C. 有多个起点节点　　　　　　D. 有多个终点节点

【答案】D

【解析】双代号网络图必须正确表达已定的逻辑关系。本题中的逻辑关系均正确。双代号网络图中应只有一个起点节点和一个终点节点。本题中存在⑧、⑨两个终点节点。

(5) 某工程有A、B、C、D、E五项工作,其逻辑关系为A、B、C完成后D开始,C完成后E才能开始,则据此绘制的双代号网络图是(　　)。【2016年真题】

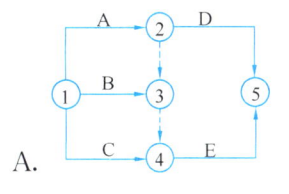

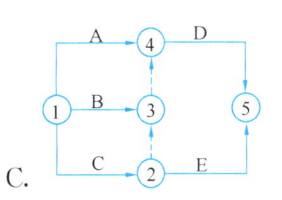

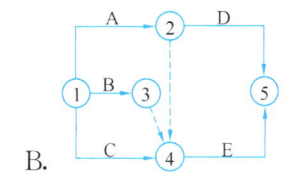

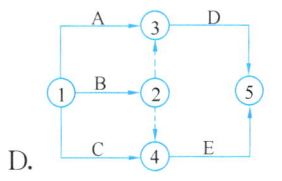

【答案】C

【解析】A、B、C都是D的紧前工作,C是E的紧前工作,D、E之间没有逻辑搭接关系。

(6) 下列双代号网络图中,存在的绘图错误有(　　)。

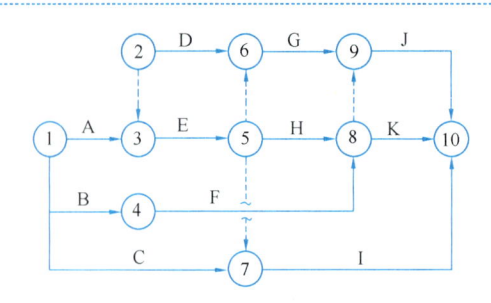

A. 存在多个起点节点 B. 箭线交叉的方式错误
C. 存在相同节点编号的工作 D. 存在没有箭尾节点的箭线
E. 存在多余的虚工作

【答案】A、E

【解析】选项 A 错误，有①、②两个起点节点。选项 E 错误，存在多余虚工作。

（7）关于网络图绘图规则的说法，正确的有（   ）。

A. 双代号网络图只能有一个起点节点，单代号网络图可以有多个
B. 双代号网络图箭线不宜交叉，单代号网络图箭线适宜交叉
C. 网络图中均严禁出现循环回路
D. 双代号网络图中，母线法可用于任意节点
E. 网络图中节点编号可不连续

【答案】C、E

专项突破 3　网络计划时间参数的概念

例题： 根据网络计划时间参数计算得到的工期称之为（   ）。

A. 计算工期 B. 要求工期
C. 计划工期 D. 合理工期
E. 合同工期

【答案】A

重点难点专项突破

1. 本考点还可以考核的题目有：
（1）任务委托人所提出的指令性工期称为（B）。
（2）根据要求工期和计算工期所确定的作为实施目标的工期称为（C）。

2. 选项 D、E 为考试可能设置的干扰选项。

3. 网络计划时间参数涉及工作持续时间、工期、最早开始时间、最早完成时间、最迟完成时间、最迟开始时间、总时差和自由时差、节点最早时间和最迟时间、相邻两项工作之间的时间间隔。对这几个概念考生需要理解，下面将这部分的采分点做下总结，见下表。

网络计划中工作的时间参数		
时间参数	概念	符号表示
最早开始时间	在其所有紧前工作全部完成后，本工作有可能开始的最早时刻	双代号网络计划中，用 ES_{i-j} 表示。单代号网络计划中，用 ES_i 表示
最早完成时间	在其所有紧前工作全部完成后，本工作有可能完成的最早时刻【2024年考过】	双代号网络计划中，用 EF_{i-j} 表示。单代号网络计划中，用 EF_i 表示
最迟完成时间	在不影响整个任务按期完成的前提下，本工作必须完成的最迟时刻【2024年考过】	双代号网络计划中，用 LF_{i-j} 表示。单代号网络计划中，用 LFi 表示
最迟开始时间	在不影响整个任务按期完成的前提下，本工作必须开始的最迟时刻	双代号网络计划中，用 LS_{i-j} 表示。单代号网络计划中，用 LS_i 表示
总时差	在不影响总工期的前提下，本工作可以利用的机动时间【2024年考过】	双代号网络计划中，用 TF_{i-j} 表示。单代号网络计划中，用 TF_i 表示
自由时差	在不影响其紧后工作最早开始时间的前提下，本工作可以利用的机动时间。当工作的总时差为零时，其自由时差必然为零	双代号网络计划中，用 FF_{i-j} 表示。单代号网络计划中，用 FF_i 表示
节点最早时间	双代号网络计划中，以该节点为开始节点的各项工作的最早开始时间	用 ET_i 表示
节点最迟时间	在双代号网络计划中，以该节点为完成节点的各项工作的最迟完成时间	用 LT_j 表示
相邻两项工作之间的时间间隔	本工作的最早完成时间与其紧后工作最早开始时间之间可能存在的差值【2024年考过】	用 $LAG_{i,j}$ 表示

专项突破 4　双代号网络计划时间参数的计算

例题： 某工程双代号网络计划如下图所示（时间单位：周），图中工作 F 的最早完成时间和最迟完成时间分别是第(　　)周。

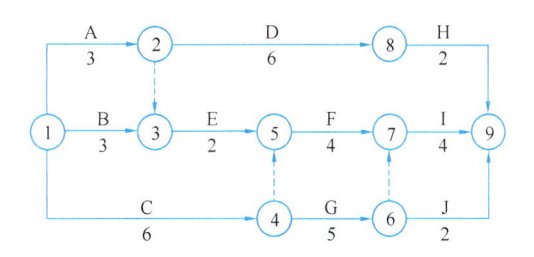

A. 10 和 11　　　　　　　　　　　　B. 9 和 11
C. 10 和 13　　　　　　　　　　　　D. 9 和 13

【答案】A

重点难点专项突破

1. 这部分内容是本章最重要的考点,考生必须完全掌握其知识点。鉴于其重要性,首先将可能会考核到的采分点给大家做下总结。

时间参数	计 算
最早开始时间、最早完成时间	(1) 工作的最早完成时间:$EF_{i-j}=ES_{i-j}+D_{i-j}$。 (2) 其他工作的最早开始时间应等于其紧前工作最早完成时间的最大值,即 $ES_{i-j}=\max \{EF_{h-i}\}=\max \{ES_{h-i}+D_{h-i}\}$【2011 年、2016 年、2021 年第一批、2023 年 1 天考 3 科考过】
计算工期	网络计划的计算工期应等于以网络计划终点节点为箭头节点的工作的最早完成时间的最大值,即 $T_c=\max \{EF_{i-n}\}=\max \{ES_{i-n}+D_{i-n}\}$【2011 年、2012 年 6 月、2014 年、2019 年、2021 年第二批考过】
最迟完成时间、最迟开始时间	(1) 以网络计划终点节点为完成节点的工作,其最迟完成时间等于网络计划的计划工期,即 $LF_{i-n}=T_p$。 (2) 工作的最迟开始时间:$LS_{i-j}=LF_{i-j}-D_{i-j}$。【2012 年 6 月、2018 年、2020 年考过】 (3) 其他工作的最迟完成时间应等于其紧后工作最迟开始时间的最小值,即 $LF_{i-j}=\min \{LS_{j-k}\}=\min \{LF_{j-k}-D_{j-k}\}$【2016 年、2021 年第一批、2022 年 2 天考 3 科考过】
总时差	工作的总时差等于该工作最迟完成时间与最早完成时间之差,或该工作最迟开始时间与最早开始时间之差,即 $TF_{i-j}=LF_{i-j}-EF_{i-j}=LS_{i-j}-ES_{i-j}$【2012 年 10 月考过】
自由时差	(1) 对于有紧后工作的工作,其自由时差等于本工作之紧后工作最早开始时间减本工作最早完成时间所得之差的最小值,即 $FF_{i-j}=\min \{ES_{j-k}-EF_{i-j}\}=\min \{ES_{j-k}-ES_{i-j}-D_{i-j}\}$。【2018 年、2020 年、2021 年第二批、2022 年 2 天考 3 科、2023 年 2 天考 3 科考过】 (2) 对于无紧后工作的工作,也就是以网络计划终点节点为完成节点的工作,其自由时差等于计划工期与本工作最早完成时间之差,即 $FF_{i-n}=T_p-EF_{i-n}=T_p-ES_{i-n}-D_{i-n}$【2013 年、2017 年、2018 年考过】

学习过上面知识,例题就好解答了。工作 F 的最早开始时间=max{(3+2),(3+2),6}=6,则其最早完成时间=6+4=10,即第 10 周。以网络计划终点节点为完成节点的工作,其最迟完成时间等于网络计划的计划工期;其他工作的最迟完成时间应等于其紧后工作最迟开始时间的最小值。本题中关键线路为 C→G→I,工期为 6+5+4=15 周,工作 I 的最迟开始时间=15-4=11,工作 F 的最迟完成时间即为第 11 周。

2. 本考点大致有三种题型。

第一种就是已知某工作和其紧后工作的部分时间参数来求该工作的其他时间是参数,下面我们来看一下这类型题目会怎么考。

(1) 若工作 A 持续 4d,最早第 2 天开始,有两个紧后工作:工作 B 持续 1d,最迟第 10 天开始,总时差 2d;工作 C 持续 2d,最早第 9 天完成。则工作 A 的自由时差是(   )d。【2022 年 2 天考 3 科真题】

A. 0 B. 1
C. 2 D. 3

【答案】 B

【解析】 工作的自由时差为不影响紧后工作最早开始时间的最小值,则工作 A 自由时差为 min{8－4－2;7－4－2}＝1d。

(2) 网络计划中,某项工作的最早开始时间是第 4 天,持续 2d,两项紧后工作的最迟开始时间是第 9 天和第 11 天。该项工作的最迟开始时间是第( )天。**【2020年真题】**

A. 6 B. 8
C. 7 D. 9

【答案】 C

【解析】 工作最迟时间参数受到紧后工作的约束,故其计算顺序应从终点节点起,逆着箭线方向依次逐项计算。本工作的最迟完成时间＝紧后工作的最迟开始时间的最小值＝min {9、11} ＝9,本工作最迟开始时间＝本工作最迟完成时间－本工作持续时间＝9－2＝7。

(3) 某网络计划中,工作 Q 有两项紧前工作 M、N,M、N 工作的持续时间分别为 4d 和 5d,M、N 工作的最早开始时间分别是第 9 天和第 11 天,则工作 Q 的最早开始时间为第( )天。**【2016年真题】**

A. 9 B. 13
C. 15 D. 16

【答案】 D

【解析】 M、N 工作的持续时间分别为 4d、5d,M、N 的最早开始时间分别为第 9 天、第 11 天,那么 M、N 工作的最早完成时间分别为第 13 天、第 16 天。所以工作 Q 的最早开始时间是第 16 天。

(4) 某网络计划中,工作 A 有两项紧后工作 C 和 D,C、D 工作的持续时间分别为 12d、7d,C、D 工作的最迟完成时间分别为第 18 天、第 10 天,则工作 A 的最迟完成的时间是第( )天。**【2016年真题】**

A. 3 B. 5
C. 6 D. 8

【答案】 A

【解析】 C、D 工作的最迟开始时间分别为第 6 天和第 3 天,所以工作 A 的最迟完成时间是第 3 天。

(5) 某网络计划中,工作 N 的持续时间为 6d,最迟完成时间为第 25 天;该工作三项紧前工作的最早完成时间分别为第 10 天、第 12 天和第 13 天,则工作 N 的总时差是( )d。

A. 4 B. 6
C. 8 D. 12

【答案】 B

【解析】首先判断工作 N 的最早开始时间：其 3 项紧前工作的最早完成时间的最大值，即第 13 天。最迟完成时间为第 25 天，持续时间为 6d，则工作 N 的最迟开始时间，为 19d。总时差等于其最迟开始时间减去最早开始时间，或等于最迟完成时间减去最早完成时间。工作的总时差＝最迟开始时间－最早开始时间＝25－19＝6d。

> 通过上面这些题目，我们来总结下如何快速判断双代号网络计划中各工作的总时差。
> （1）如果某工作在双代号网络计划中只有唯一一条线路通过，那么该工作的总时差等于该条线路的总时差。
> （2）如果某工作在双代号网络计划中有不止一条线路通过，那么该工作的总时差就等于所通过的各条线路总时差的最小值。
> （3）网络计划中各条线路的总时差等于计算工期减去该条线路的持续时间。
> （4）用一句话来概括，双代号网络计划中的某工作的总时差就等于该双代号网络计划的计算工期减去经过该工作的所有线路的持续时间之和的最大值。

（6）某工作有两个紧前工作，最早完成时间分别是第 2 天和第 4 天，该工作持续时间是 5d，则其最早完成时间是第（　　）天。

A. 7　　　　　　　　　　　　B. 11
C. 6　　　　　　　　　　　　D. 9

【答案】D

【解析】最早开始时间＝max{2，4}＝4，最早完成时间＝4＋5＝9。

第二种题型就是已知双代号网络计划来求某工作的时间参数，来看一下这类型题目会怎么考。

（1）某双代号网络计划如下图所示（时间单位：d），工作 D 的最早完成时间是（　　）。【2023 年 1 天考 3 科真题】

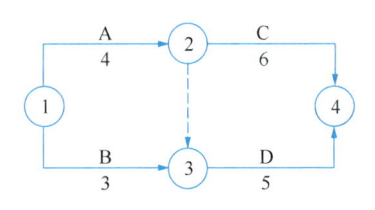

A. 7　　　　　　　　　　　　B. 8
C. 9　　　　　　　　　　　　D. 10

【答案】C

【解析】最早完成时间等于最早开始时间加上其持续时间，最早开始时间等于各紧前工作的最早完成时间的最大值，则工作 D 的最早完成时间＝max{3＋5，4＋5}＝9。

（2）某项目网络计划如下图所示（时间单位：d），关于 D 工作的说法，正确的是（　　）。【2022 年 2 天考 3 科真题】

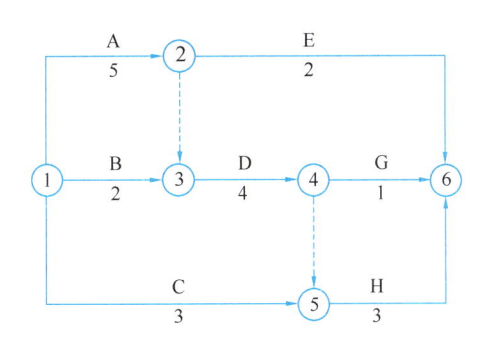

A. 工作D只能出现在关键线路上　　B. 工作D只能出现在非关键线路上
C. 工作D可以出现在非关键线路上　　D. 工作D总时差不为零

【答案】C

【解析】D工作经过的线路有A→D→G、A→D→H、B→D→G、B→D→H，其中A→D→H为关键线路，其余3条为非关键线路。故选项A、B错误，选项C正确。D工作是属于关键工作，总时差为0，故选项D错误。

(3) 某双代号网络计划如下图所示（时间单位：d），计算工期是（　　）d。

【2021年第二批真题】

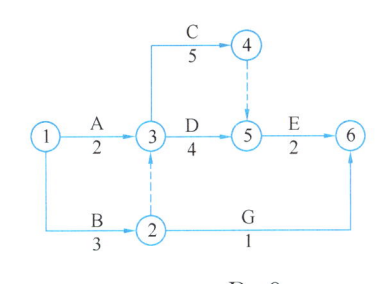

A. 10　　B. 8
C. 9　　D. 11

【答案】A

【解析】本题可以采用找平行线路上持续时间最长的工作相加，则计算工期=3+5+2=10d。

(4) 下列网络计划中，工作E的最迟开始时间是（　　）。【2012年6月真题】

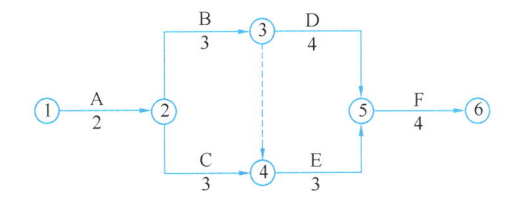

A. 4　　B. 5
C. 6　　D. 7

【答案】C

【解析】工作最迟时间参数受到紧后工作的约束，故其计算顺序应从终点节点起，逆着箭线方向依次逐项计算。工作F为终点节点，故其最迟完成时间为13，其最迟开始时间为13－4＝9，工作E的紧后工作为工作F，因此工作E的最迟完成时间为9，其最迟开始时间为9－3＝6。

（5）某双代号网络计划如下图所示（单位：d），则工作E的自由时差为（　　）d。

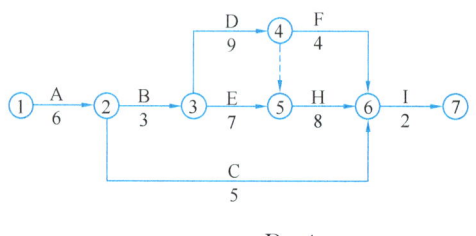

A. 0 B. 4
C. 2 D. 15

【答案】C

【解析】本题的关键线路为：A→B→D→H→I（或①→②→③→④→⑤→⑥→⑦）。H的最早开始时间为6＋3＋9＝18。E工作的最早完成时间等于6＋3＋7＝16。工作E的自由时差＝18－16＝2d。

（6）某工程网络计划如下图所示（时间单位：d），图中工作D的自由时差和总时差分别是（　　）d。

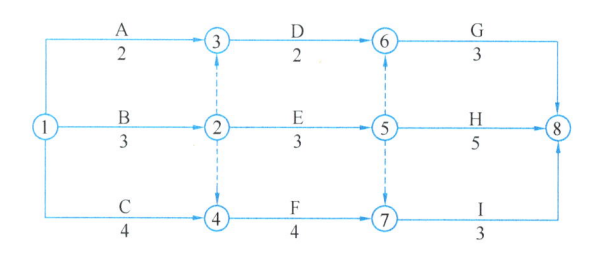

A. 0和3 B. 1和0
C. 1和1 D. 1和3

【答案】D

【解析】工作D的自由时差＝［（3＋3）－（3＋2）］＝1d。工作D的总时差＝(11－3－2－3)＝3d。

第三种题型就是对时间参数计算的表述题，来看一下这类型题目会怎么考。

（1）关于工程网络计划中工作最迟完成时间计算的说法，正确的有（　　）。

【2022年2天考3科真题】

A. 等于其所有紧后工作最迟完成时间的最小值
B. 等于其所有紧后工作间隔时间的最小值

C. 等于其所有紧后工作最迟开始时间的最小值

D. 等于其完成节点的最迟时间

E. 等于其最早完成时间与总时差的和

【答案】C、D、E

【解析】如果是最后一项工作，本工作的最迟完成时间等于计划工期。当计算工期等于计划工期时，工作最迟完成时间等于其完成节点的最迟时间，等于所有紧后工作最迟开始时间的最小值，故选项C、D正确，选项A错误。总时差等于最迟开始时间减去最早开始时间，或等于最迟完成时间减去最早完成时间，所以本工作最迟完成时间＝最早完成时间＋总时差，故选项E正确。选项B是自由时差的计算。

(2) 用工作计算法计算双代号网络计划的时间参数时，自由时差宜按(   )计算。【2018年真题】

A. 工作完成节点的最迟时间减去开始节点的最早时间再减去工作的持续时间

B. 所有紧后工作的最迟开始时间的最小值减去本工作的最早完成时间

C. 本工作与所有紧后工作之间时间间隔的最小值

D. 所有紧后工作的最早开始时间的最小值减去本工作的最早开始时间和持续时间

【答案】D

(3) 关于双代号网络计划的工作最迟开始时间的说法，正确的是(   )。【2018年真题】

A. 最迟开始时间等于各紧后工作最迟开始时间的最大值

B. 最迟开始时间等于各紧后工作最迟开始时间的最小值

C. 最迟开始时间等于各紧后工作最迟开始时间的最大值减去持续时间

D. 最迟开始时间等于各紧后工作最迟开始时间的最小值减去持续时间

【答案】D

(4) 在计算双代号网络计划的时间参数时，工作的最早开始时间应为其所有紧前工作(   )。【2011年真题】

A. 最早完成时间的最小值　　　B. 最早完成时间的最大值

C. 最迟完成时间的最小值　　　D. 最迟完成时间的最大值

【答案】B

3. 最后再补充一个知识点——二时标注法计算双代号网络计划时间参数。

时间参数	计 算
节点最早时间	(1) 网络计划起点节点，如未规定最早时间时，其值等于零。 (2) 其他节点的最早时间的计算：$ET_j = \max\{ET_i + D_{i-j}\}$。 (3) 网络计划的计算工期等于网络计划终点节点的最早时间，即 $T_c = ET_n$
计划工期	(1) 当已规定了要求工期时，计划工期不应超过要求工期，即 $T_p \leqslant T_c$。 (2) 当未规定要求工期时，可令计划工期等于计算工期，即 $T_p = T_c$
节点最迟时间	(1) 网络计划终点节点的最迟时间等于网络计划的计划工期，即 $LT_n = T_p$。 (2) 其他节点的最迟时间的计算：$LT_i = \min\{LT_j - D_{i-j}\}$。

续表

时间参数	计　　算
最早开始时间	工作的最早开始时间等于该工作开始节点的最早时间，即 $ES_{i-j}=ET_i$
最早完成时间	工作的最早完成时间等于该工作开始节点的最早时间与其持续时间之和，即 $EF_{i-j}=ET_i+D_{i-j}$
最迟完成时间	工作的最迟完成时间等于该工作完成节点的最迟时间，即 $LF_{i-j}=LT_j$
最迟开始时间	工作的最迟开始时间等于该工作完成节点的最迟时间与其持续时间之差，即 $LS_{i-j}=LT_j-D_{i-j}$
总时差	工作的总时差等于该工作完成节点的最迟时间减去该工作开始节点的最早时间所得差值再减其持续时间，即 $TF_{i-j}=LF_{i-j}-EF_{i-j}=LT_j-(ET_i+D_{i-j})=LT_j-ET_i-D_{i-j}$
自由时差	自由时差等于本工作的紧后工作最早开始时间减本工作最早完成时间所得之差的最小值，即 $FF_{i-j}=\min\{ES_{j-k}-ES_{i-j}-D_{i-j}\}=\min\{ES_{j-k}\}-ES_{i-j}-D_{i-j}=\min\{ET_j\}-ET_i-D_{i-j}$ 特别需要注意的是，如果本工作与其各紧后工作之间存在虚工作时，其中的 ET_j 应为本工作紧后工作开始节点的最早时间，而不是本工作完成节点的最早时间

对这部分内容可能会这样考核：

（1）某工程网络计划如下图所示，工作 D 的最迟开始时间是第（　　）天。

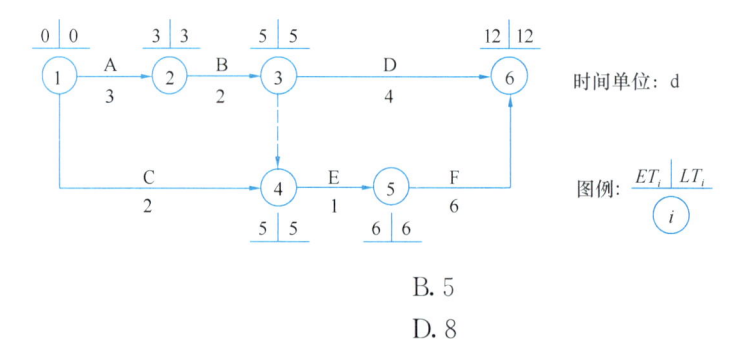

A. 3　　　　　　　　　　　　B. 5
C. 6　　　　　　　　　　　　D. 8

【答案】D

（2）某工程双代号网络计划如下图所示，图中箭线上方为工作的最早开始时间和最迟开始时间，箭线下方为工作持续时间。该计划表明的正确信息有（　　）。

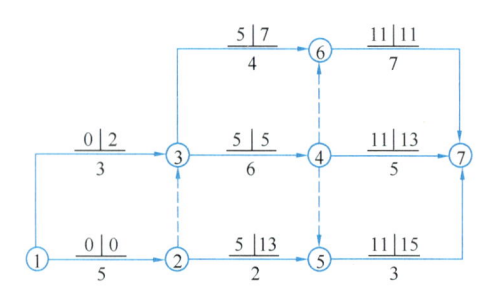

104

A. 工作②→⑤的总时差为8　　B. 工作①→③的自由时差为零
C. 工作③→④为关键工作　　D. 工作④→⑦的总时差为4
E. 工作③→⑥的自由时差为2

【答案】A、C、E

【解析】关键线路为：①→②→③→④→⑥→⑦，工作③→④为关键工作，故选项C正确。②→⑤的总时差为13－2－5＝8，故选项A正确。工作①→③的自由时差为5－3＝2，故选项B错误。工作④→⑦的总时差18－5－11＝2，故选项D错误。工作③→⑥的自由时差11－4－5＝2，故选项E正确。

专项突破5　单代号网络图的绘图规则

例题：某单代号网络图如下图所示，其逻辑关系表述正确的是(　　)。【2022年2天考3科真题】

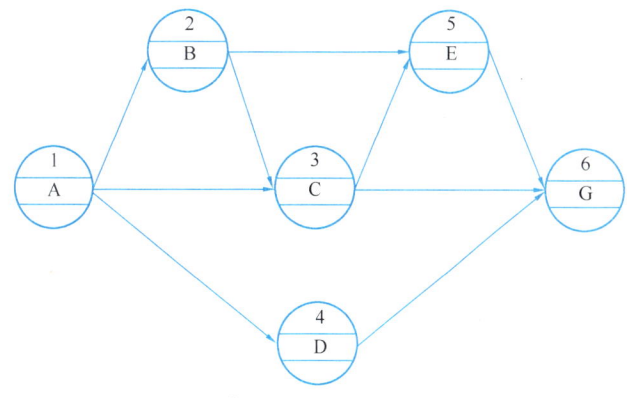

A. 工作B完成后，即可进行工作E
B. 工作C完成后，即可进行工作G
C. 工作E、D均完成后，才能进行工作G
D. 工作B、C均完成后，才能进行工作E

【答案】D

重点难点专项突破

1. 单代号网络图的绘图规则与双代号网络图的绘图规则基本相同，主要区别在于：当网络图中有多项开始工作时，应增设一项虚工作，作为该网络图的起点节点；当网络图中有多项结束工作时，应增设一项虚工作，作为该网络图的终点节点。**【2024年考过】**

上述例题中，工作E的紧前工作有工作B和C，所以工作B和C均完成后，才能进行工作E。

2. 单代号网络图的绘图规则会有两种考查形式：
(1) 表述型题目。比如：

关于单代号网络计划绘图规则的说法，正确的是(　　)。
A. 不允许出现虚工作
B. 箭线不能交叉
C. 只能有一个起点节点，但可以有多个终点节点
D. 不能出现双向箭头的连线

【答案】D

(2) 题目给出一个错误的单代号网络图，让我们判断该图中存在哪些错误。比如：
某单代号网络图如下图所示，存在的错误有(　　)。

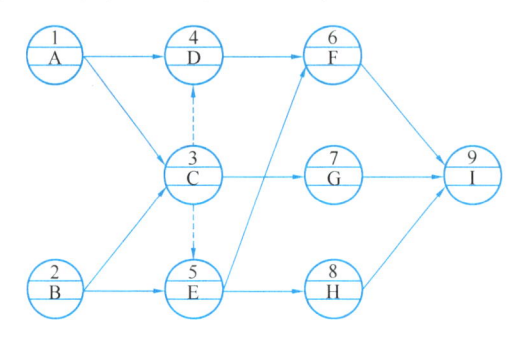

A. 多个起点节点　　　　　　　　B. 没有终点节点
C. 有多余虚箭线　　　　　　　　D. 出现交叉箭线
E. 出现循环回路

【答案】A、C、D

专项突破6　单代号网络计划时间参数的计算

例题： 某单代号网络计划中，相邻两项工作的部分时间参数如下图所示（时间单位：d），此两项工作的间隔时间（$LAG_{i,j}$）是(　　)d。【2021年第二批真题】

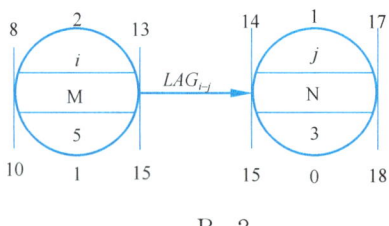

A. 0　　　　　　　　　　　　　B. 2
C. 3　　　　　　　　　　　　　D. 1

【答案】D

重点难点专项突破

1. 这部分内容是本章的重要考点，考生必须完全掌握其知识点。鉴于其重要性，

首先将可能会考核到的采分点给大家做下总结。

时间参数	计 算
计算最早开始时间和最早完成时间	工作最早完成时间等于该工作最早开始时间加上其持续时间，$EF_i=ES_i+D_i$。 工作最早开始时间等于该工作的各个紧前工作的最早完成时间的最大值，如工作 j 的紧前工作的代号为 i，则 $ES_j=\max\{EF_i\}=\max\{ES_i+D_i\}$。【2019年考过】
网络计划的计算工期 T_c	T_c 等于网络计划的终点节点 n 的最早完成时间 EF_n，即 $T_c=EF_n$【2013年、2014年考过】
相邻两项工作之间的时间间隔 $LAG_{i,j}$	相邻两项工作 i 和 j 之间的时间间隔 $LAG_{i,j}$ 等于紧后工作 j 的最早开始时间 ES_j 和本工作的最早完成时间 EF_i 之差，即 $LAG_{i,j}=ES_j-EF_i$【2014年、2018年、2021年第二批、2023年1天考3科考过】
工作总时差 TF_i	工作 i 的总时差 TF_i 应从网络计划的终点节点开始，逆着箭线方向依次逐项计算。 网络计划终点节点的总时差 TF_n，如计划工期等于计算工期，其值为零，即 $TF_n=0$。 其他工作 i 的总时差 TF_i 等于该工作的各个紧后工作 j 的总时差 TF_j 加该工作与其紧后工作之间的时间间隔 $LAG_{i,j}$ 之和的最小值，即 $TF_i=\min\{TF_j+LAG_{i,j}\}$【2012年6月、2014年、2017年、2019年、2023年1天考3科考过】
工作自由时差	工作 i 若无紧后工作，其自由时差 FF_n 等于计划工期 T_p 减该工作的最早完成时间 EF_n，即 $FF_n=T_p-EF_n$。 当工作 i 有紧后工作 j 时，其自由时差 FF_i 等于该工作与其紧后工作 j 之间的时间间隔 $LAG_{i,j}$ 的最小值，即 $FF_i=\min\{LAG_{i,j}\}$【2009年、2012年6月、2014年、2019年考过】
工作的最迟开始时间和最迟完成时间	工作 i 的最迟开始时间 LS_i 等于该工作的最早开始时间 ES_i 与其总时差 TF_i 之和，即 $LS_i=ES_i+TF_i$。【2014年、2019年考过】 工作 i 的最迟完成时间 LF_i 等于该工作的最早完成时间 EF_i 与其总时差 TF_i 之和，即 $LF_i=EF_i+TF_i$【2015年、2021年第一批、2022年考过】

2. 学习了上面知识点，再来看下例题应该怎么解答。

相邻两项工作 i 和 j 之间的时间间隔 $LAG_{i,j}$ 等于紧后工作 j 的最早开始时间 ES_j 和本工作的最早完成时间 EF_i 之差，即 $LAG_{i,j}=14-13=1d$。

3. 本考点大致有三种题型。

第一种就是已知某工作和其紧后工作的部分时间参数来求该工作的其他时间是参数，来看一下这类型题目会怎么考。

（1）工作 i 的最早开始时间是第2天，持续时间是1d。其紧后工作 j 的最迟开始时间是第7天，总时差是3d。则工作 i、j 的间隔时间是(　　)d。

A. 1　　　　　　　　　　　　B. 2
C. 4　　　　　　　　　　　　D. 5

【答案】A

【解析】工作j最迟开始时间为第7天，总时差为3d，则工作j最早开始时间＝7－3＝4，工作i、j的时间间隔＝4－(2+1)＝1d。

(2) 某工作有2个紧后工作，紧后工作的总时差分别是3d和5d，对应的间隔时间分别是4d和3d，则该工作的总时差是(　　)d。【2019年真题】

A. 6　　　　　　　　　　　　B. 8
C. 9　　　　　　　　　　　　D. 7

【答案】D

【解析】该工作的总时差＝min{(3+4)，(5+3)}＝7d。

(3) 某网络计划中，工作M的最早完成时间为第8天，最迟完成时间为第13天，工作的持续时间为4d，与所有紧后工作的间隔时间最小值为2d，则该工作的自由时差为(　　)d。【2012年6月真题】

A. 2　　　　　　　　　　　　B. 3
C. 4　　　　　　　　　　　　D. 5

【答案】A

【解析】当工作有紧后工作时，其自由时差等于该工作与其紧后工作之间的时间间隔之和的最小值，则该工作的自由时差为2d。

第二种题型就是已知单代号网络计划来求某工作的时间参数，来看一下这类型题目会怎么考。

(1) 单代号网络计划中，工作C的已知时间参数标注如下图所示（单位：d），则该工作的最迟开始时间、最早完成时间和总时差分别是(　　)d。【2019年真题】

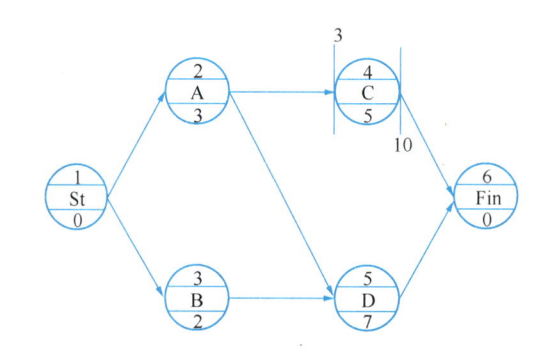

A. 3、10、5　　　　　　　　B. 3、8、5
C. 5、10、2　　　　　　　　D. 5、8、2

【答案】D

【解析】工作C的最早开始时间＝3d。工作C的最早完成时间＝3+5＝8d。工作C的最迟完成时间为10d，则总时差＝10－8＝2d。工作C的最迟开始时间＝3+2＝5d。

(2) 某分部工程的单代号网络计划如下图所示（时间单位：d），正确的有(　　)。【2014年真题】

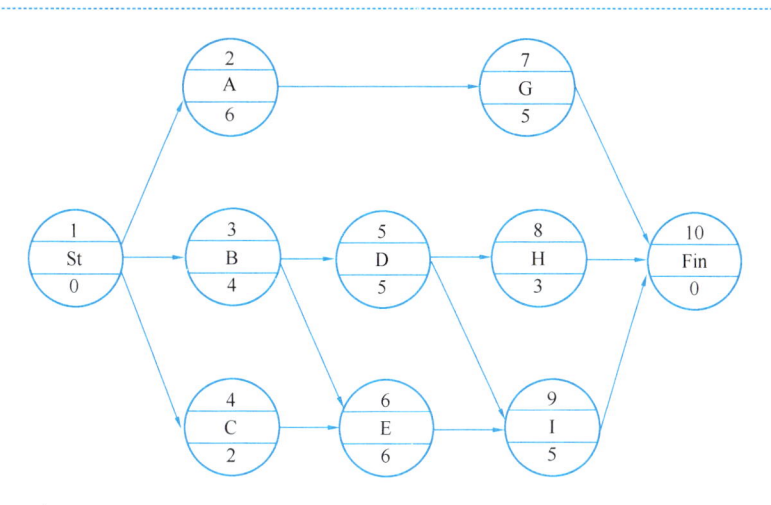

A. 有两条关键线路
B. 计算工期为 15
C. 工作 G 的总时差和自由时差均为 4
D. 工作 D 和 I 之间的时间间隔为 1
E. 工作 H 的自由时差为 2

【答案】B、C、D

【解析】2015 年是针对选项 B 的考核，网络图都是一样。本题的计算过程如下图所示。

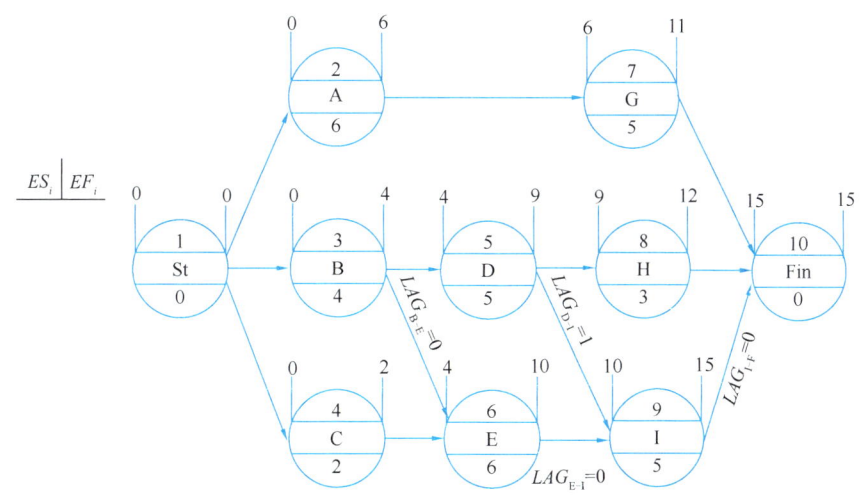

由图可知关键线路为 B→E→I，只有一条，计算工期为 15，故选项 A 错误，B 选项正确。工作 G 的总时差＝0＋15－11＝4，工作 G 的自由时差＝15－11＝4，故选项 C 正确。工作 D 和 I 之间的时间间隔＝10－9＝1，故选项 D 正确。工作 H 的自由时差＝15－12＝3，故选项 E 错误。

（3）某工程的网络计划如下图所示（时间单位：d），图中工作 B 和 E 之间、工作 C 和 E 之间的时间间隔分别是(　　)d。

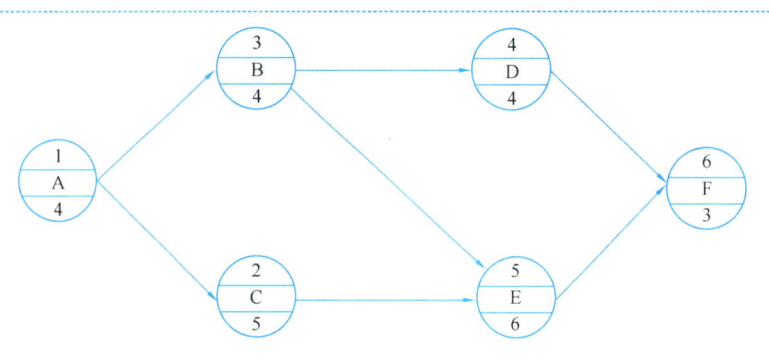

A.1 和 0　　　　　　B.5 和 4　　　　　　C.0 和 0　　　　　　D.4 和 4

【答案】 A

【解析】 $ES_A=0$，$EF_A=0+4=4$。$ES_B=0$，$EF_B=4+4=8$。$ES_C=0$，$EF_C=4+5=9$。$ES_D=8$，$EF_D=8+4=12$。$ES_E=\max\{EF_B,EF_C\}=\max\{8,9\}=9$，$EF_E=9+6=15$。

由此可知，$LAG_{B,E}=ES_E-EF_B=9-8=1$；$LAG_{C,E}=ES_E-EF_C=9-9=0$。

（4）某工程单代号网络计划如下图所示，时间参数正确的有(　　)。

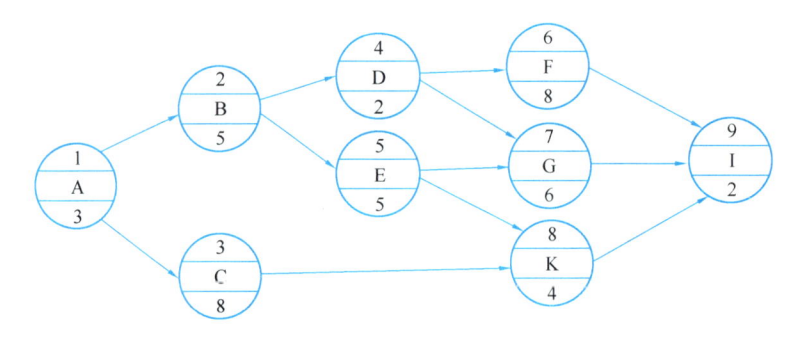

A. 工作 G 的最早开始时间为 10　　　　B. 工作 G 的最迟开始时间为 13
C. 工作 E 的最早完成时间为 13　　　　D. 工作 E 的最迟完成时间为 15
E. 工作 D 的总时差为 1

【答案】 B、C、E

【解析】 本题的关键线路为 A→B→E→G→I。

工作 G 的紧前工作有工作 D、E，工作 G 的最早开始时间=max{(3+5+2)，(3+5+5)}=13，故选项 A 错误。

工作 G 的最迟开始时间=13+0=13，故选项 B 正确。

工作 E 只有一项紧前工作，所以其最早开始时间=3+5=8，最早完成时间=8+5=13，故选项 C 正确。

工作 E 的最迟完成时间=13+0=13，故选项 D 错误。

工作 D 的总时差=min{(10-10)+1,(11-10)+0}=1,故选项 E 正确。

第三种题型就是对时间参数计算的表述题，下面我们来看一下这类型题目会怎么考。

单代号网络计划时间参数计算中，相邻两项工作之间的时间间隔（$LAG_{i,j}$）是（　　）。【2018年真题】
A. 紧后工作最早开始时间和本工作最早开始时间之差
B. 紧后工作最早开始时间和本工作最早完成时间之差
C. 紧后工作最早完成时间和本工作最早开始时间之差
D. 紧后工作最迟完成时间和本工作最早完成时间之差
【答案】B

专项突破7　双代号时标网络计划中时间参数的判定

例题： 某工程双代号时标网络计划如下图所示，正确的结论有（　　）。

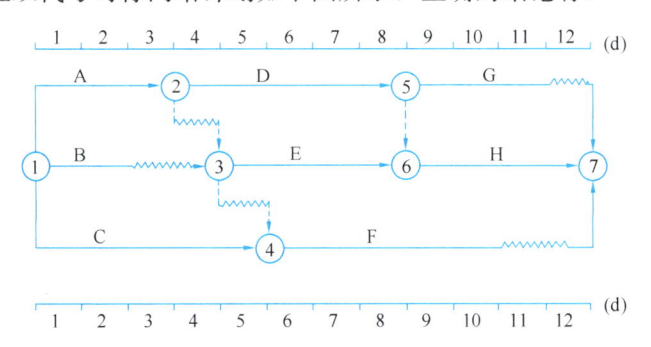

A. 工作 A 为关键工作　　　　　B. 工作 B 的自由时差为 2d
C. 工作 C 的总时差为零　　　　D. 工作 D 的最迟完成时间为第 8 天
E. 工作 E 的最早开始时间为第 2 天
【答案】A、B、D

重点难点专项突破

1. 针对本题进行分析：

首先来看选项 A，判断关键工作，那么就要找出关键线路，而双代号时标网络计划中关键线路是很好判断的，不出现波形线的线路即为关键线路，本题中关键线路为：A→D→H。工作 A、D、H 为关键工作。

（1）关于总时差的计算：以终点节点为完成节点的工作，其总时差应等于计划工期与本工作最早完成时间之差。其他工作的总时差等于其紧后工作的总时差加本工作与该紧后工作之间的时间间隔所得之和的最小值。工作 C 紧后工作只有工作 F，计算工作 C 的总时差，首先要计算工作 F 的总时差，工作 F 的总时差＝2＋0＝2d；那么工作 C 的总时差＝0＋2＝2d。

（2）关于自由时差的计算：以终点节点为完成节点的工作，其自由时差应等于计划工期与本工作最早完成时间之差。事实上，以终点节点为完成节点的工作，其自由时差与总时差必然相等。其他工作的自由时差就是该工作箭线中波形线的水平投影长度。但当工作之后只紧接虚工作时,则该工作箭线上一定不存在波形线,而其紧接的虚箭线中波形线水平投影长度的最短者为该工作的自由时差。工作 B 的自由时差 =2d。

（3）关于最迟完成时间的计算：工作的最迟完成时间等于本工作的最早完成时间与其总时差之和。工作 D 的最迟完成时间为 8+0=8。

（4）关于最早开始时间的计算：工作箭线左端节点中心所对应的时标值为该工作的最早开始时间。工作 E 的紧前工作为工作 A、B，其最早开始时间为第 4 天。

2. 本考点考核的题型主要是根据时标网络计划图，计算时间参数，下面再列举几个题目练习：

（1）某工程双代号时标网络计划如下图所示，图中表明的正确信息是（　　）。

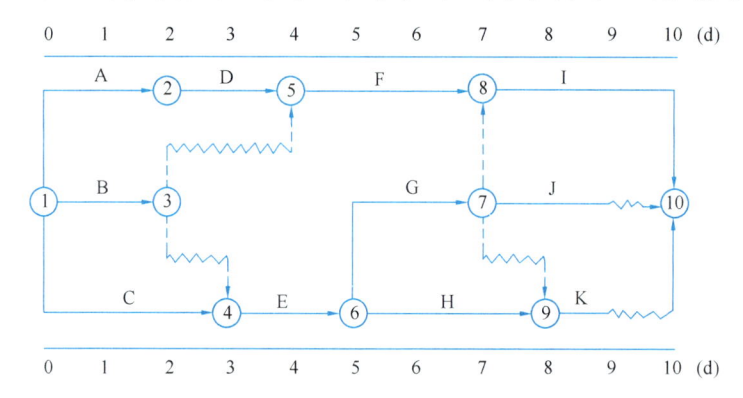

A. 工作 B 的自由时差为 1d
B. 工作 C 的自由时差为 1d
C. 工作 G 的总时差为 1d
D. 工作 H 的总时差为零

【答案】A

【解析】本题关键线路是 A→D→F→I 和 C→E→G→I，工作 B 的自由时差为 1d，故选项 A 正确，工作 C 为关键工作，自由时差为 0，故选项 B 错误。工作 G 在关键线路上，总时差为 0，故选项 C 错误。工作 H 的总时差是 1d，故选项 D 错误。

（2）某工程双代号时标网络计划如下图所示，图中表明的正确信息是（　　）。

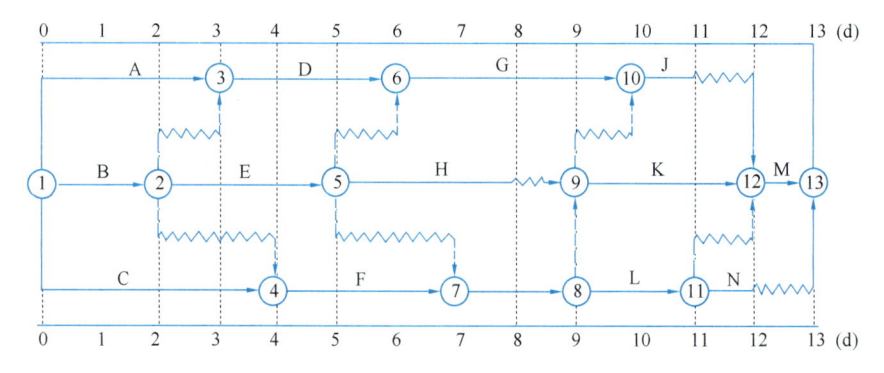

A. 工作 D 的自由时差为 1d
B. 工作 E 的总时差等于自由时差
C. 工作 F 的总时差为 1d
D. 工作 H 的总时差 1d

【答案】D

【解析】关键线路是①→④→⑦→⑧→⑨→⑫→⑬。选项A，工作D的自由时差为0；选项B，工作E的总时差等于1d，自由时差等于0；选项C，工作F的总时差为0。

（3）双代号时标网络计划如下图所示，关于时间参数及关键线路的说法，正确的有( )。

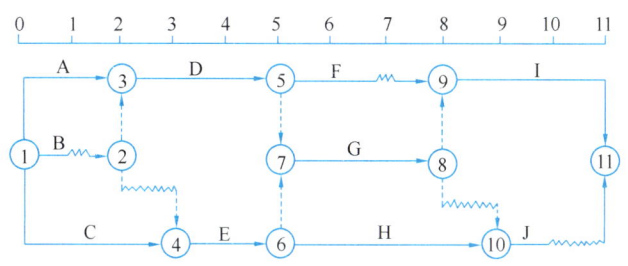

A. A工作的总时差为1d，自由时差为0
B. C工作的总时差为0，自由时差为0
C. B工作的总时差为1d，自由时差为1d
D. H工作的最早完成时间为9，最迟完成时间为9
E. ①→②→④→⑥→⑦→⑧→⑨→⑪是关键线路

【答案】B、C

【解析】本题的关键线路为：①→③→⑤→⑦→⑧→⑨→⑪（A→D→G→I）、①→④→⑥→⑦→⑧→⑨→⑪（C→E→G→I），所以选项E错误。工作A为关键工作，总时差、自由时差均为0，所以选项A错误。工作C为关键工作，总时差、自由时差均为0，所以选项B正确。B工作的总时差＝min{0+1, 0+2}＝1d，自由时差＝1d，所以选项C正确。H工作的最早完成时间9，最迟完成时间＝10，所以选项D错误。

专项突破8 关键工作的判断

正确说法	错误说法
（1）总时差最小的工作是关键工作。【2021第二批考过】 （2）最迟开始时间与最早开始时间相差最小的工作是关键工作。【2012年10月考过】 （3）最迟完成时间与最早完成时间相差最小的工作是关键工作。【2012年10月考过】 （4）关键线路上的工作均为关键工作。 （5）当计划工期等于计算工期时，总时时差为零的工作就是关键工作	（1）双代号网络计划中两端节点均为关键节点的工作的关键工作。 （2）双代号网络计划中持续时间最长的工作是关键工作。 （3）单代号网络计划中与紧后工作之间时间为零的工作是关键工作。 （4）自由时差最小的工作就是关键工作

重点难点专项突破

1. 本考点大致有三种题型：
（1）对关键工作判定的表述题。比如：
双代号网络计划中，关键工作是指( )的工作。

A. 总时差最小 　　　　　　　　　B. 自由时差为零
C. 时间间隔为零 　　　　　　　　D. 时距最小

【答案】A

（2）根据网络计划图，判断是否为关键工作。比如：

某工程网络计划如下图所示，其关键工作有（　　）。【2023年1天考3科真题】

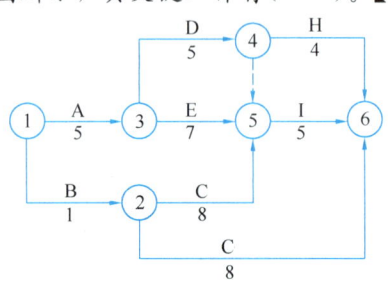

A. 工作A 　　　　　　　　　　　B. 工作C
C. 工作E 　　　　　　　　　　　D. 工作I
E. 工作D

【答案】A、C、D

【解析】关键线路：①→③→⑤→⑥，关键线路上的工作为关键工作。所以关键工作为A、E、I。

（3）根据网络计划图，结合时间参数计算、关键线路判断等综合考核。比如：

某钢筋混凝土基础工程，包括支模板、绑扎钢筋、浇筑混凝土三道工序，每道工序安排一个专业施工队进行，分三段施工，各工序在一个施工段上的作业时间分别为3d、2d、1d，关于其施工网络计划的说法，正确的有（　　）。【2015年真题】

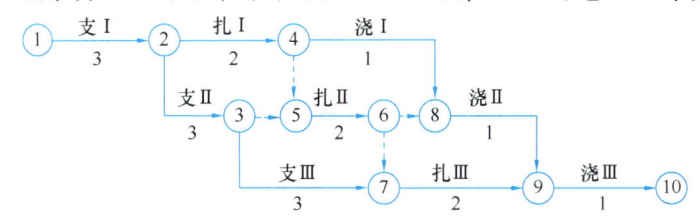

A. 工作①—②是关键工作
B. 只有1条关键路线
C. 工作⑤—⑥是非关键工作
D. 节点⑤的最早时间是5
E. 虚工作③—⑤是多余的

【答案】A、B、C

【解析】该施工网络计划的关键线路是①→②→③→⑦→⑨→⑩，由此可知选项A、B、C正确。节点5的最早时间=max{3+2,3+3}=6，故选项D错误。判断是否为虚工作的方法是：如某一虚工作的紧前工作只有虚工作，那么该虚工作是多余的；如果某两个节点之间既有虚工作，又有实工作，那么该虚工作也是多余的。由此可以判断虚工作③—⑤不是多余的。

专项突破 9 关键线路的判断

正确说法	错误说法
(1) 在各条线路中,有一条或几条线路的时间最长,称为关键线路。【2022年2天考3科考过】 (2) 线路上所有工作持续时间之和最长的线路是关键线路。【2013年、2021第二批考过】 (3) 双代号网络计划中,当 $T_p = T_c$ 时,自始至终由总时差为0的工作组成的线路是关键线路。 (4) 双代号网络计划中,自始至终由关键工作组成的线路是关键线路【2014年、2023年2天考3科考过】。 (5) 关键线路上可能有虚工作存在。 (6) 一个网络计划能有一条或几条关键线路。【2012年6月、2021年第二批考过】 (7) 关键线路有可能转移。【2012年6月考过】 (8) 在单代号网络计划中,从起点节点至终点节点均为关键工作,且所有工作的时间间隔为零的线路是关键线路。 (9) 时标网络计划中,凡自始至终不出现波形线的线路即为关键线路【2009年、2013年考过】	(1) 由总时差为零的工作组成的线路是关键线路。 (2) 关键线路只有一条。【2021第二批考过】 (3) 关键线路一经确定不可转移。【2021第二批考过】 (4) 双代号网络计划中由关键节点连成的线路是关键线路。【2013年考过】 (5) 双代号网络计划中无虚箭线的线路是关键线路【2012年10月、2013年考过】

重点难点专项突破

1. 关于关键线路的考核,大致有两种题型。

第一种题型就是已知网络计划判断关键线路,比如:

(1) 某工程网络计划如下图所示,关键线路是( )。【2023年1天考3科真题】

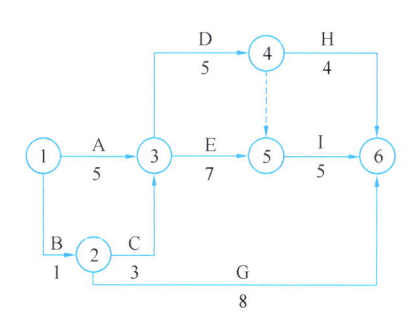

A. ①—②—③—⑤—⑥ B. ①—③—④—⑥
C. ①—③—⑤—⑥ D. ①—②—⑥

【答案】C。

【解析】本题考核的是关键线路的确定。自始至终全部由关键工作组成的线路为关键线路,或线路上总的工作持续时间最长的线路为关键线路。本题的关键线路是:①—③—⑤—⑥。

(2) 某单代号网络计划如下图所示,其关键线路有( )。【2016年真题】

A. ①→④→⑥→⑦→⑧ B. ①→④→⑦→⑧
C. ①→③→⑥→⑦→⑧ D. ①→②→⑧
E. ①→③→⑤→⑧

【答案】C、E

(3) 某双代号网络计划如下图所示,关键线路有(　　)条。

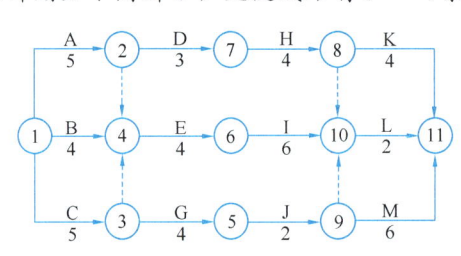

A. 3 B. 1
C. 2 D. 4

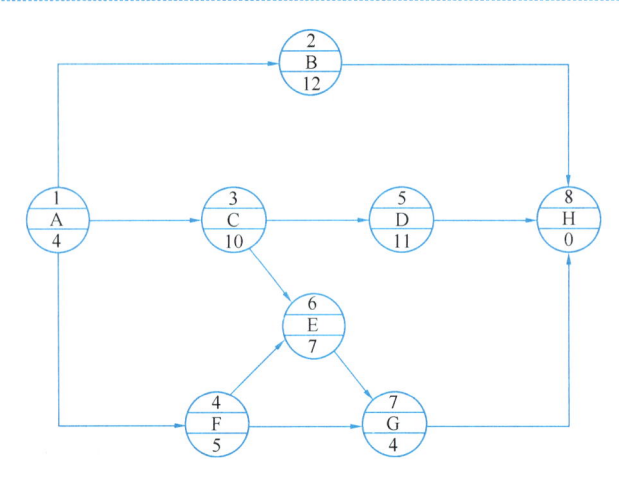

【答案】A

第二种题型就是对关键线路的表述题,比如:

(1) 关于双代号网络计划的说法,正确的有(　　)。【2012年6月真题】

A. 可能没有关键线路
B. 至少有一条关键线路
C. 在计划工期等于计算工期时,关键工作为总时差为零的工作
D. 在网络计划执行过程中,关键线路不能转移
E. 由关键节点组成的线路就是关键线路

【答案】B、C

(2) 关于判别网络计划关键线路的说法,正确的是(　　)。

A. 相邻两工作间的间隔时间均为零的线路
B. 双代号网络计划中无虚箭线的线路
C. 总持续时间最长的线路
D. 双代号网络计划中由关键节点组成的线路

【答案】 C

2. 最后补充一个知识点——关键节点与关键工作、关键线路的关系。

在双代号网络计划中，关键线路上的节点称为关键节点。关键工作两端的节点必为关键节点，但两端为关键节点的工作不一定是关键工作。关键节点的最迟时间与最早时间的差值最小。特别地，当计划工期等于计算工期时，关键节点的最早时间与最迟时间必然相等。

关键节点必然处在关键线路上，但由关键节点组成的线路不一定是关键线路。

当计划工期与计算工期相等时，双代号网络计划中的关键节点具有以下特性：
(1) 开始节点和完成节点均为关键节点的工作，不一定是关键工作。
(2) 以关键节点为完成节点的工作，其总时差和自由时差必然相等。【2024年考过】

这部分内容可能会考核判断正确与错误说法的题目。

3.4 施工进度控制

专项突破1 施工进度监测和调整的系统过程

例题： 施工进度调整系统过程中的工作内容有( )。
A. 收集整理实际进度数据
B. 实际进度与计划进度比较分析
C. 分析进度偏差产生的原因
D. 分析进度偏差对后续工作和总工期的影响
E. 确定后续工作和总工期的限制条件
F. 调整施工进度计划

【答案】 C、D、E、F

重点难点专项突破

1. 本考点还可以考核的题目有：
(1) 下列施工进度控制工作中，属于监测系统过程的有（A、B）。【2024年真题题干】
(2) 施工进度调整系统过程中，首先应进行的工作是（C）。

2. 进度监测系统过程中工作内容与进度调整系统过程的工作内容会相互作为干扰选项出现。

3. 选项A，收集实际进度数据的方式有：通过施工进度报表和现场实地检查；施工进度协调会议。这也可能会考核多项选择题。

4. 考生可根据下图理解施工进度监测和调整的系统过程。

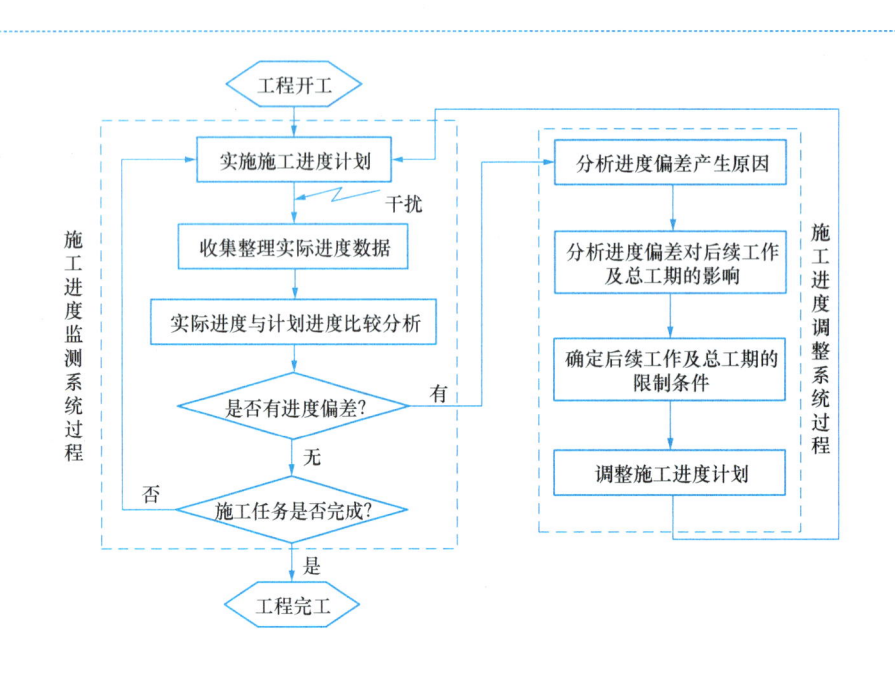

```
                    ┌─────────┐
                    │ 工程开工 │
                    └────┬────┘
                         ↓
        ┌──────────────────────────────┐      ┌──────────────────────────┐
   施   │   实施施工进度计划     ←─干扰 │      │  分析进度偏差产生原因    │  施
   工   └──────────────┬───────────────┘      └────────────┬─────────────┘  工
   进          ↓                                            ↓                进
   度   ┌──────────────────────┐                ┌──────────────────────┐    度
   监   │ 收集整理实际进度数据 │                │ 分析进度偏差对后续工作│   调
   测   └──────────┬───────────┘                │ 及总工期的影响        │    整
   系              ↓                            └──────────┬───────────┘    系
   统   ┌──────────────────────┐                           ↓                统
   过   │ 实际进度与计划进度比较分析│             ┌──────────────────────┐  过
   程   └──────────┬───────────┘                │ 确定后续工作及总工期的│   程
                   ↓                            │ 限制条件              │
             ┌───────────┐  有                  └──────────┬───────────┘
             │是否有进度偏差?├────────────→                ↓
             └─────┬─────┘                      ┌──────────────────────┐
                   │无                          │   调整施工进度计划    │
                   ↓                            └──────────────────────┘
             ┌───────────┐否
             │施工任务是否完成?├──→
             └─────┬─────┘
                   │是
                   ↓
             ┌─────────┐
             │ 工程完工 │
             └─────────┘
```

5. 分析进度偏差对后续工作及总工期的影响可以这样记忆：

偏差	是否影响后续工作	是否影响总工期
＞总时差	是	是
＜总时差	—	否
＞自由时差	是	—
＜自由时差	否	否

对于同一项工作而言，自由时差不会超过总时差。而且总时差与自由时差总是大于 0 的；当工作的总时差为零时，其自由时差必然为零。

当偏差小于总时差时，不能判断是否影响后续工作，需要通过与自由时差比较后，才能确定是否影响。

当偏差大于自由时差时，不能判断是否影响总工期，需要通过与总时差比较后，才能确定是否影响。

对这部分内容，会这样考核：

在工程网络计划中，已知某工作总时差和自由时差分别为 7d 和 5d，如果该工作的实际完成时间延长了 3d，则该工作对网络计划的影响是（　　）。【2024 年真题】

A. 使总工期延长 3d，但不影响其后续工作的正常进行

B. 不影响总工期，但使其后续工作的开始时间推迟 3d

C. 使后续工作的开始时间推迟 3d，且总工期延长 2d

D. 既不影响总工期，也不影响其后续工作的正常进行

【答案】D

专项突破 2　S 曲线比较法

分析	图例	图上直接看	获得信息 表明	通过计算得到数值
实际进度（横向比较）		实际进展点落在计划 S 曲线左侧，如图中的 a 点	实际进度比计划进度超前	ΔT_a 表示 T_a 时刻实际进度超前的时间
		如果实际进展点落在 S 计划曲线右侧，如图中的 b 点	实际比计划进度拖后	ΔT_b 表示 T_b 时刻实际进度拖后的时间
		如果实际进展点正好落在计划 S 曲线上，如图中的 c 点	实际进度与计划进度一致	0
实际任务量（纵向比较）		如果实际进展点落在计划 S 曲线上方，如图中的 a 点	实际任务量超额	ΔQ_a 表示 T_a 时刻超额完成的任务量
		如果实际进展点落在 S 计划曲线下方，如图中的 b 点	实际任务量拖欠	ΔQ_b 表示 T_b 时刻拖欠的任务量
		如果实际进展点正好落在计划 S 曲线上，如图中的 c 点	实际任务量与计划一致	0
总结	左侧及上方，超前与超额；右侧及下方，拖后与拖欠			

重点难点专项突破

1. 对于 S 曲线法掌握上述内容即可。
2. 本考点可能会这样命题：
（1）某工作实施过程中的 S 曲线如下图所示，图中 a 和 b 两点的进度偏差状态是(　　)。

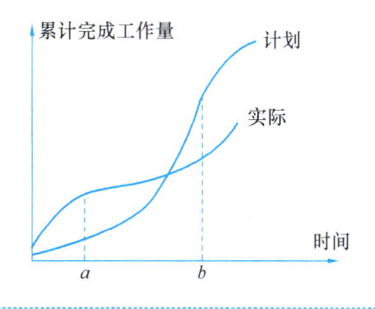

A. a 点进度拖后和 b 点进度拖后   B. a 点进度拖后和 b 点进度超前
C. a 点进度超前和 b 点进度拖后   D. a 点进度超前和 b 点进度超前

【答案】C

（2）某钢筋工程计划进度和实际进度 S 曲线如下图所示，从图中可以看出（　　）。

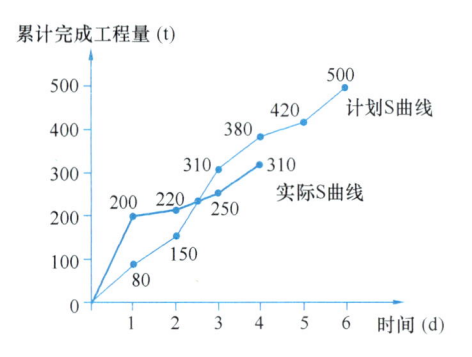

A. 第 1 天末该工程实际拖欠的工程量为 120t
B. 第 2 天末实际进度比计划进度超前 1d
C. 第 3 天末实际拖欠的工程量 60t
D. 第 4 天末实际进度比计划进度拖后 1d
E. 第 4 天末实际拖欠工程量 70t

【答案】C、D、E

【解析】第 1 天末该工程实际超额完成的工程量为 200－80＝120t；第 2 天末实际进度比计划进度超前，但不能确定是 1d；第 3 天末实际拖欠的工程量为 310－250＝60t；第 4 天末实际进度与计划进度第 3 天的工程量相同，因此进度拖后 1d；第 4 天末实际拖欠的工程量为 380－310＝70t。

专项突破 3　前锋线比较法

例题： 某工程双代号时标网络计划执行到第 6 天末时，实际进度如下图前锋线所示，图中表明的正确信息有（　　）。

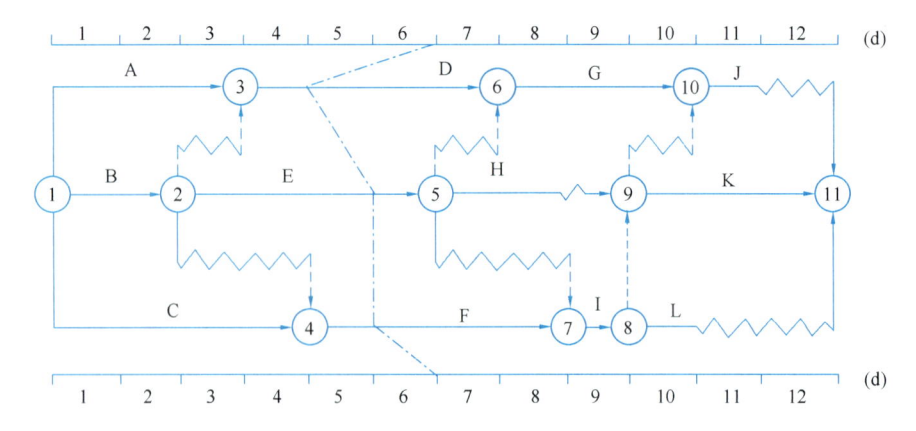

A. 工作D实际进度拖后2d，使总工期延长1d
B. 工作E实际进度拖后1d，不影响总工期
C. 工作F实际进度拖后1d，不影响总工期
D. 工作D的实际进度将影响其后续工作G和J的正常开始时间
E. 工作F的实际进度只影响后续工作I和L的正常开始时间

【答案】A、B、D、E

重点难点专项突破

1. 本考点是考试的重要考点之一，考核题型是根据时标网络图，判断检查日期时，工作是拖后还是提前，是否影响总工期及后续工作。考生可通过下面方法学习：

直观反映	表明关系		预测影响	
实际进展位置点	实际进度	拖后或超前时间	对后续工作影响	对总工期影响
落在检查日左侧	拖后	检查时刻-位置点时刻	超过自由时差就影响，超几天就影响几天	超过总时差就影响，超几天就影响几天
与检查日重合	一致	0	不影响	不影响
落在检查日右侧	超前	位置点时刻-检查时刻	需结合其他工作分析	需结合其他工作分析

2. 对上述例题的分析：

选项A：第6天末检查时，工作D只完成到第4天任务量，实际进度拖后2d；工作D总时差1d，影响总工期1d。

选项B：第6天末检查时，工作E只完成到第5天任务量，实际进度拖后1d；工作E总时差1d，不影响总工期。

选项C：第6天末检查时，工作F只完成到第5天任务量，实际进度拖后1d；工作F是关键工作，影响总工期1d。

选项D：第6天末检查时，工作D实际进度拖后2d；工作D自由时差为0，影响其后续工作G和J的正常开始时间。

选项E：第6天末检查时，工作F实际进度拖后1d；工作F自由时差为0，影响其后续工作I和L的正常开始时间。

3. 下面再准备两个题目练习：

（1）某工程进度计划执行到第3月底和第8月底的前锋线如下图所示，图中表明的正确信息有（　　）。

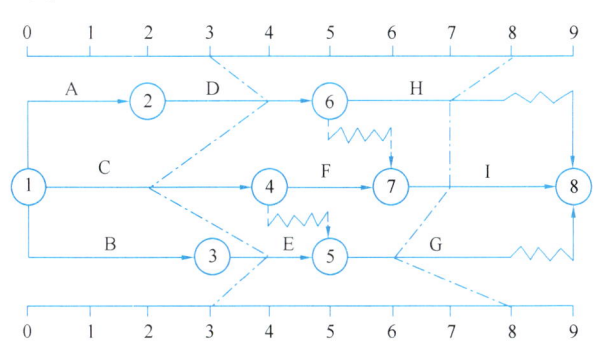

A. 工作 C 在第 3 月底检查时拖后 1 个月，影响工期
B. 工作 D 在第 3 月底检查时超前 1 个月，不影响工期
C. 工作 H 在第 8 月底检查时拖后 1 个月，不影响工期
D. 工作 I 在第 8 月底检查时进度正常，不影响工期
E. 工作 G 在第 8 月底检查时拖后 1 个月，不影响工期

【答案】A、B、C

【解析】选项 D 错误，工作 I 为关键工作，在第 8 月底检查时拖后 1 个月，影响工期；选项 E 错误，工作 G 总时差为 1 个月，在第 8 月底检查时拖后 2 个月，影响工期。

(2) 某工程进度计划执行到第 6 月底和第 9 月底绘制的实际进度前锋线如下图所示，图中表明的正确信息有（　　）。

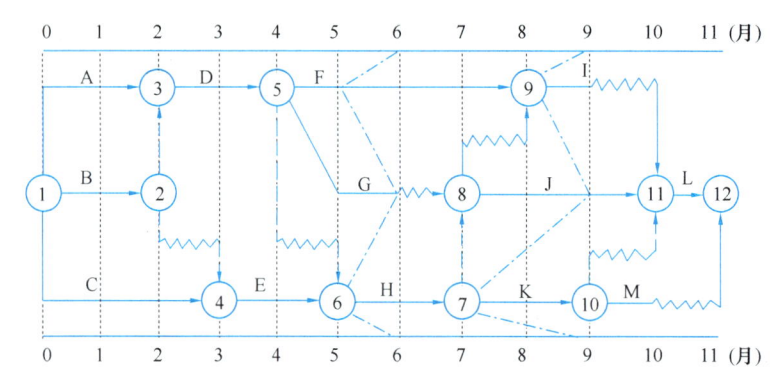

A. 工作 F 在第 6 月底检查时拖后 1 个月，不影响工期
B. 工作 G 在第 6 月底检查时进度正常，不影响工期
C. 工作 H 在第 6 月底检查时拖后 1 个月，不影响工期
D. 工作 I 在第 9 月底检查时拖后 1 个月，不影响工期
E. 工作 K 在第 9 月底检查时拖后 2 个月，影响工期 1 个月

【答案】A、B、D、E

【解析】本题的关键线路为 C→E→H→J→L。6 月底检查时，工作 F 拖延 1 个月，但其总时差为 1 个月，所以不影响总工期，故选项 A 正确。6 月底检查时，工作 G 施工正常，不影响总工期，故选项 B 正确。6 月底检查时，工作 H 拖延 1 个月，但其总工期为 0，所以影响总工期 1 个月，故选项 C 错误。9 月底检查时，工作 I 拖延 1 个月，但其总时差为 1 个月，所以不影响总工期，故选项 D 正确。9 月底检查时，工作 K 拖延 2 个月，但其总时差为 1 个月，所以影响总工期 1 个月，故选项 E 正确。

专项突破 4　施工进度计划的调整方法及措施

例题： 调整施工进度计划时，为了缩短某些工作的持续时间，可采取的组织措施有（　　）。

A. 增加工作面，组织更多的施工队伍

B. 增加每天的施工时间
C. 增加劳动力和施工机械的数量
D. 改进施工工艺和施工技术，缩短工艺技术间歇时间
E. 采用更先进的施工方法，以减少施工过程的数量
F. 采用更先进的施工机械
G. 实行包干奖励
H. 提高奖金数额
I. 对所采取的技术措施给予相应的经济补偿
J. 改善外部配合条件
K. 改善施工作业环境
L. 实施强有力的调度

【答案】A、B、C

重点难点专项突破

1. 本考点还可以考核的题目有：

(1) 调整施工进度计划时，为了缩短某些工作的持续时间，可采取的技术措施有(D、E、F)。

(2) 调整施工进度计划时，为了缩短某些工作的持续时间，可采取的经济措施有(G、H、I)。

(3) 调整施工进度计划时，为了缩短某些工作的持续时间，可采取的其他配套措施有(J、K、L)。

2. 施工进度计划的调整措施，考核题型只有两种：

一是题干中给出某项具体的调整措施，判断属于哪个类型的措施。一般会这样命题："调整施工进度计划时，通过增加劳动力和施工机械的数量缩短某些工作持续时间的措施属于(　　)。"

二是选项中给出某项具体的调整措施，判断属于哪个类型的措施。

3. 施工进度计划的调整方法主要有两种：一是通过缩短某些工作的持续时间来缩短工期；二是通过改变某些工作间的逻辑关系来缩短工期。通过下面这道题目学习：

当实际进度偏差影响到总工期时，通过改变某些工作的逻辑关系来调整进度计划的具体做法有(　　)。

A. 顺序进行的工作改为平行作业　　B. 顺序进行的工作改为搭接作业
C. 分段组织流水作业　　D. 增加资源投入
E. 提高劳动效率

【答案】A、B、C

当实际进度偏差影响到总工期时，通过缩短某些工作的持续时间来调整进度计划的具体做法有（C、D）。

第4章 施工质量管理

4.1 施工质量影响因素及管理体系

专项突破1 建设工程固有特性

例题：建设工程固有特性中，"工程满足采光、通风、隔声、隔热等功能"是指工程的(　　)。

A. 实用性　　　　　　　　　　　　B. 安全性
C. 可靠性　　　　　　　　　　　　D. 经济性
E. 美观性　　　　　　　　　　　　F. 环境协调性

【答案】A

重点难点专项突破

1. 本考点还可以考核的题目有：

(1) 建设工程固有特性中，"工程平面、空间布置合理、工艺流程合理、技术先进"是指工程的（A）。

(2) 建设工程固有特性中，"工程满足强度、刚度、稳定性要求"是指工程的（B）。

(3) 建设工程固有特性中，"工程防灾、抗灾能力强"是指工程的（B）。

(4) 建设工程固有特性中，"工程使用有效性、使用耐久性、维修方便"体现了工程的（C）。

(5) 建设工程固有特性中，"造型新颖，具有时代特色、民族风格"体现了工程的（E）。

(6) 建设工程固有特性包括（A、B、C、D、E、F）。

2. 注意选项F，环境协调性包括生产环境协调、生活环境协调、社会环境协调、生态环境协调。

考试可能会这样命题：建设工程质量特性中的"与环境的协调性"是指工程与（　　）协调。

专项突破2 工程质量形成过程

例题：工程质量形成过程中，直接影响工程最终质量的是(　　)阶段。

A. 工程投资决策 B. 工程勘察设计
C. 工程施工 D. 工程竣工验收
E. 工程保修

【答案】C

> **重点难点专项突破**
>
> 1. 本考点还可以考核的题目有：
> （1）工程质量形成过程中，（A）阶段主要是确定建设工程应达到的质量目标及水平。
> （2）工程质量形成过程中，（B）阶段是影响工程质量的决定性阶段。
> （3）工程建设活动中，形成工程实体质量的关键性阶段是（C）。【2024年真题题干】
> （4）工程质量形成过程中，（D）阶段工程建设向生产使用转移的必要环节，影响工程能否最终形成生产能力，体现了工程质量水平的最终结果。
> 2. 工程质量保修制度对于促进工程建设各方加强质量管理，保护用户及消费者的合法权益起到重要的保障作用。

专项突破3　工程质量影响因素

例题： 影响工程质量的主要因素有（　　）。
A. 人 B. 材料
C. 机械 D. 方法
E. 环境

【答案】A、B、C、D、E

> **重点难点专项突破**
>
> 1. 本考点还可以考核的题目有：
> （1）施工质量影响因素主要有"4M1E"，其中"4M"是指（A、B、C、D）。【2011年真题题干】
> （2）我国实行的执业资格制度和管理及作业人员持证上岗制度以及培育建筑产业工人队伍。这属于影响建设工程质量（A）的因素。【2023年1天考3科考过】
> （3）下列影响建设工程施工质量的因素中，作为施工质量控制基本出发点的因素是（A）。【2018年真题题干】
> （4）在工程项目施工质量管理中，起决定性作用的影响因素是（A）。【2009年真题题干】
> 2. 这里讲的"人"，包括工程建设的决策者、管理者和操作者。【2012年10月考过】

3. 材料的因素包括工程实体的原材料、半成品、成品、构配件。【2012年10月、2017年考过】

4. 机械设备可分为两类：一类是构成工程实体及配套的工艺设备和各类机具，另一类是指施工机具。考生应能区分。

> 工艺设备和各类机具：用于生产产品的设备、电梯、智能控制及暖通设备。
> 施工机具：垂直运输设备，各类操作工具、测量仪器和计量器具，各种施工安全设施等。【2010年考过】

5. 环境的因素主要包括自然环境因素、技术环境和管理环境。就该采分点而言，通过下面题目进行说明。

下列施工质量的影响因素中，属于质量管理环境因素的有( )。【2019年真题题干】

A. 工程地质、水文、气象条件【2021年第一批考过】

B. 周边建筑、地下障碍物【2012年6月考过】

C. 不可抗力【2011年、2012年10月考过】

D. 施工所依据的规范、规程

E. 设计图纸

F. 质量评价标准

G. 质量检验

H. 监控制度

I. 质量管理制度【2011年、2012年6月、2019年、2021年第一批考过】

【答案】G、H、I

> 下列施工质量的影响因素中，属于自然环境因素的有（A、B、C）。
> 下列施工质量的影响因素中，属于技术环境因素的有（D、E、F）。

专项突破4 质量管理原则

例题：根据《质量管理体系 基础和术语》GB/T 19000—2016，质量管理应遵循的原则有( )。【2019年、2020年真题题干】

A. 以顾客为关注焦点   B. 领导作用

C. 全员积极参与   D. 过程方法

E. 持续改进   F. 循证决策

G. 关系管理

【答案】A、B、C、D、E、F、G

重点难点专项突破

1. 本考点还可以考核的题目有：

(1) 根据《质量管理体系 基础和术语》GB/T 19000—2016，质量管理的首要关注点是(A)。【2023年1天考3科真题题干】

(2) 根据《质量管理体系 基础和术语》GB/T 19000—2016，将活动作为相互关联、功能连贯的过程组成的体系来理解和管理时，可以更加有效和高效地得到一致的、可预知结果的质量管理原则是（D）。

(3) 根据《质量管理体系 基础和术语》GB/T 19000—2016，"基于数据和信息的分析和评价的决策，更有可能产生期望的结果"体现了质量管理原则中的（F）。【2021年第二批考过】

2. 对于该考点，一般会考核两种题型，第一种题型以多项选择题考核质量管理原则；第二种题型是概念的考核。

专项突破5　质量管理体系文件的构成

例题： 质量体系文件主要由（　　）等构成。【2012年10月、2013年、2020年、2022年2天考3科考过】

A. 质量手册　　　　　　　　　　B. 程序文件
C. 作业指导书　　　　　　　　　D. 质量计划
E. 质量记录

【答案】A、B、C、D、E

重点难点专项突破

1. 本考点还可以考核的题目有：

(1) 质量管理体系的文件中，（A）是企业战略管理的纲领性文件，也是企业开展各项质量活动的指导性、法规性文件。

(2) 施工企业为落实质量管理工作而建立的规章制度，属于企业质量管理体系文件中的（B）。【2023年2天考3科真题题干】

(3) 质量管理体系的文件中，（C）是保证过程质量的最基础文件，并为开展纯技术性质量活动提供指导

(4) 质量管理体系的文件中，（C）是用以指导某个具体过程、事物形成的技术性细节描述的可操作性文件。

(5) 根据《质量管理体系 基础和术语》GB/T 19000—2016，对特定的客体，规定由谁及何时应用程序和相关资源规范的文件是（D）。

(6) 质量管理体系的文件中，（E）是记载过程状态和过程结果的文件。

(7) 下列项目施工质量管理体系文件中，能够证明体系运行效果和产品满足质量

要求的是（E）。

2. 在考核质量管理体系文件构成时，会设置的干扰选项有：质量报告、质量评审、质量方针、质量目标。

3. 程序文件一般有六个通用性管理程序，分别是：文件控制程序、质量记录管理程序、不合格品控制程序、内部审核程序、预防措施控制程序、纠正措施控制程序。

4. 该考点中，还需要知道的是质量手册和质量计划分别包括哪些内容？

质量手册的内容【2023年1天考3科考过】	质量计划的内容
（1）质量方针、质量目标。 （2）组织机构和质量职责。 （3）引用文件。 （4）质量管理体系的描述。 （5）质量评审、批准和修订	（1）质量计划的范围（至少应包括：适用的产品或项目；适用的合同；产品、项目或合同质量目标；具体不适用范围；有效条件）。 （2）产品或项目的质量要求。 （3）组织机构和管理职责。 （4）质量活动的控制。 （5）增补岗位文件和相应的质量记录。 （6）检测的安排。 （7）异常情况处理等

这部分内容可能会这样命题：
质量手册是企业开展各项质量活动的指导性、法规性文件，其内容包括（   ）。
A. 质量方针和目标　　　　　　　　B. 质量手册的发行数量
C. 质量管理体系的描述　　　　　　D. 质量手册的评审、批准和修订
E. 质量标准和规章制度
【答案】A、C、D

专项突破6　质量管理体系建立

四个阶段	具体步骤
质量管理体系策划与设计	（1）教育培训，统一认识。 （2）组织落实，拟定计划。 （3）确定质量方针，制定质量目标。 （4）现状调查和分析。 （5）调整组织结构，配备资源
质量管理体系文件编制	质量管理体系文件一般应在第一阶段工作完成后才正式编制，必要时也可交叉进行
质量管理体系试运行	（1）有针对性地宣贯质量管理体系文件。 （2）质量管理体系文件通过试运行，必然会出现一些问题，全体职工应将实践中出现的问题和改进意见如实反映给有关部门，以便采取纠正措施。 （3）持续改进存在的问题。 （4）加强信息管理

续表

四个阶段	具体步骤
质量管理体系审核和评审	在这一阶段，质量管理体系审核的重点，主要是验证和确认体系文件的适用性和有效性。 审核与评审的主要内容包括： (1) 规定的质量方针和质量目标是否可行； (2) 体系文件是否覆盖了所有主要质量活动，各文件之间的接口是否清楚； (3) 组织结构能否满足质量管理体系运行的需要，各部门、各岗位的质量职责是否明确； (4) 质量管理体系要素的选择是否合理； (5) 规定的质量记录是否能起到见证作用； (6) 所有职工是否养成了按体系文件操作或工作的习惯，执行情况如何

重点难点专项突破

1. 首先要熟悉质量管理体系的四个阶段。
2. 质量管理体系审核和评审可能会考核一道多项选择题。
3. 本考点可能会这样命题：

质量管理体系审核和评审内容包括(　　)。
A. 规定的质量方针和质量目标是否可行
B. 体系文件是否覆盖了所有主要质量活动，各文件之间的接口是否清楚
C. 组织结构能否满足质量管理体系运行的需要
D. 量管理体系要素的选择是否合理
E. 质量管理体系是否已经完善的
【答案】A、B、C、D

专项突破 7　质量管理体系运行

例题：质量管理体系运行控制机制包括(　　)。
A. 组织协调　　　　　　　　B. 质量监控
C. 质量信息管理　　　　　　D. 质量管理体系审核和评审
E. 记录和考核
【答案】A、B、C、D、E

重点难点专项突破

本考点内容采分点不多，主要掌握上述几项运行机制即可。

专项突破 8　质量管理体系认证

例题：企业进行质量管理体系认证的程序包括(　　)。【2024 年考过】

A. 申请　　　　　　　　　　B. 检查和评定
C. 审批　　　　　　　　　　D. 注册发证

【答案】A、B、C、D

重点难点专项突破

1. 质量管理体系认证程序也可能会考核顺序题，可能会这样命题：企业进行质量管理体系认证工作包括：①申请；②审批；③检查和评定；④注册发证。正确的程序是(　　)。

2. 质量管理体系认证的机构在2014年、2020年都有考核单项选择题，2020年考试是这样命题的：

企业质量管理体系的认证应由(　　)进行。【2020年真题】
A. 企业最高管理者　　　　B. 公正的第三方认证机构【2024年考过】
C. 政府相关主管部门　　　D. 企业所属的行业协会

【答案】B

专项突破9　质量管理体系监督

例题：企业获准质量管理体系认证后，认证机构对获证企业管理质量体系发生不符合认证要求的情况时采取的警告措施是(　　)。
A. 企业通报　　　　　　　B. 监督检查
C. 认证暂停　　　　　　　D. 认证撤销
E. 复评　　　　　　　　　F. 重新换证

【答案】C

重点难点专项突破

1. 本考点还可以考核的题目有：
（1）监督管理工作的主要内容包括（A、B、C、D、E、F）。
（2）监督检查中发现企业质量管理体系存在不符合有关要求的情况，但尚不需要立即撤销认证，认证机构对此作出的处理是（C）。
（3）企业不正确使用注册、证书、标志，但又未采取使认证机构满意的补救措施，认证机构对此作出的处理是（C）。
（4）当获证企业发生质量管理体系存在严重不符合规定，认证机构对此作出的处理是（D）。

> 撤销认证的企业一年后可重新提出认证申请。

（5）在认证有效期内，出现体系认证标准变更、体系认证范围变更、体系认证证书持有者变更情形的，可按规定（F）。

2. 认证通报的情形应熟悉，可能会考核多项选择题。包括以下情形：
(1) 质量手册需作重大调整或修改。
(2) 质量体系覆盖的产品结构发生重大变化。
(3) 企业负责人或质量管理体系代表发生变动。
(4) 质量管理体系覆盖的产品发生重大质量事故。
3. 监督检查包括定期和不定期的监督检查，定期监督检查通常是每年一次【2024年考过】。监督检查的重点也可能考核多项选择题。重点为：上次检查时发现缺陷的纠正情况；质量管理体系是否发生变化，以及这些变化对质量管理体系有效性可能产生的影响；质量管理体系中关键项目的执行情况。
4. 企业质量管理体系获准认证的有效期为3年【2024年考过】。考试时"3年"首先会考核单项选择题，也会在判断正确与错误说法的题目中考核。【2017年考过】

专项突破10　施工质量保证体系的内容

例题：施工质量保证体系的主要内容有施工质量目标、施工质量计划、思想、组织、工作保证体系、制度保证体系。下列工程施工质量保证手段和措施中，属于组织保证体系内容的有（　　）。【2009年、2012年6月、2023年2天考3科考过】

A. 逐级分解目标，并形成在合同环境下的各级施工质量目标【2016年、2018年考过】
B. 编制质量计划【2016年、2018年考过】
C. 全员树立"质量第一"的观点
D. 全面贯彻"一切为用户服务"的思想
E. 成立质量管理领导小组
F. 负责质量方针政策的制定和重大质量问题的决策
G. 明确各职能部门的质量责任
H. 设置专门的质量监督岗位，对施工全过程进行实行监督和检查
I. 明确工作任务【2016年考过】
J. 建立工作制度【2016年考过】

【答案】E、F、G、H

重点难点专项突破

1. 本考点还可以考核的题目有：
(1) 施工质量保证体系中，属于思想保证体系内容的有（C、D）。
(2) 施工质量保证体系中，属于工作保证体系内容的有（I、J）。【2015年、2016年考过】
2. 例题题干部分，质量保证体系的六个内容，也是一个多项选择题采分点。
3. 选项A：质量目标分解应以工程承包合同为基本依据【2012年6月、2014年、2015年考过】。项目施工质量目标的分解主要从两个角度展开，即：从时间角度

展开，实施全过程的控制；从空间角度展开，实现全方位和全员管理。【2015年考过】

4. 施工质量计划是施工企业根据自身的质量方针和目标，针对特定的工程项目，为确保施工质量而制定的具体规划和行动方案。施工质量计划的内容可能会考核多项选择题，具体内容包括：工程特点及施工条件分析；质量目标和要求；质量管理组织和职责；施工工艺和流程；资源需求计划；质量控制措施；检验和验收计划；质量问题的预防和处理；质量记录和文档管理；培训计划。

5. 再来看最后一个采分点——工作保证体系的三个阶段。通过一道题目来说明。

下列施工质量保证体系的内容中，属于施工阶段工作保证体系的有（　　）。

【2015年真题题干】

A. 完成各项技术准备工作

B. 进行技术交底和技术培训

C. 制定相应的技术管理制度

D. 对工程项目进行划分并分级编号

E. 建立工程测量控制网和测量控制制度

F. 进行施工平面设计，建立施工场地管理制度【2015年考过】

G. 建立健全材料、机械管理制度

H. 必须加强工序质量管理，建立质量检查制度【2015年考过】

I. 严格实行自检、交接检和专检

J. 开展群众性的QC活动

K. 强化过程控制

L. 对整个工程进行细致的全面质量检查

M. 针对发现的问题及时整改

N. 做好成品保护【2015年考过】

O. 整理验收资料，确保各项验收资料完整、准确

【答案】H、I、J、K

> 这部分内容还可以考核的题目有：
> 下列施工质量保证体系的内容中，属于施工准备阶段工作保证体系的有（A、B、C、D、E、F、G）。
> 下列施工质量保证体系的内容中，属于竣工验收阶段工作保证体系的有（L、M、N、O）。

6. 制度保证体系内容包括：明确各参与方在施工质量方面的责任和义务；具体的质量管理制度；确立质量监督和考核机制；质量教育培训制度；质量信息反馈和处理制度。

专项突破 11　施工质量保证体系的建立与运行

例题： 施工质量制度保证体系的建立，有助于形成良好的质量工作秩序，施工质量保证体系建立的过程包括（　　）。

A. 确定质量方针和目标　　　　B. 完善组织架构
C. 制定质量计划　　　　　　　D. 强化人员培训
E. 建立质量管理制度　　　　　F. 明确施工过程控制要点
G. 建立质量信息管理系统　　　H. 开展内部审核和管理评审

【答案】A、B、C、D、E、F、G、H

> **重点难点专项突破**
>
> 1. 施工质量保证体系建立的过程还会考核判断正确顺序的题目。
> 2. 施工质量保证体系的运行熟悉即可。
> 3. 最后再补充一个采分点——施工质量的"三全控制"，即全面控制、全过程控制和全员参与控制。

4.2　施工质量抽样检验和统计分析方法

专项突破 1　抽样检验

从理想角度考虑，为获得100％合格品，只有采用全数检验才有可能达到目的。但是，由于下列原因，工程实践中必须采用抽样检验方式：
（1）破坏性检验，无法采取全数检验方式。
（2）全数检验有时会耗时长，在经济上也未必合算。
（3）采取全数检验方式，未必能绝对保证100％的合格品。

> **重点难点专项突破**
>
> 本考点只需要掌握以上内容即可，可能会这样命题：
> 关于全数检测和抽样检测的说法，正确的是（　　）。
> A. 只有全数检验在时间上不允许时，才采用抽样检验
> B. 只有全数检验在经济上不允许时，才采用抽样检验
> C. 能够进行全数检验的，就不要采用抽样检验
> D. 破坏性检验，不能采用全数检验
> 【答案】D

专项突破 2　检验批质量衡量方法

例题： 衡量一批产品质量的方法主要有计数方法和计量方法。计数方法以（　　）为质量指标。

A. 批不合格品率
B. 批中每百单位产品的平均不合格数
C. 批中单位产品某个质量特性的平均值
D. 批中单位产品某个质量特性的标准差

【答案】A、B

重点难点专项突破

1. 本考点还可以考核的题目有：

采用计量方法衡量一批产品质量以（C、D）质量标准。

2. 计数方法的计算公式为：

$$批不合格频率 = \frac{批中不合格个数}{批量} \times 100\%$$

$$每百单位产品平均不合格数 = \frac{批中不合格数}{批量} \times 100\%$$

专项突破 3　随机抽样方法

例题： 常借助于随机数骰子或随机数表来进行，广泛用于原材料、构配件进货检验和分项工程、分部工程、单位工程完工后检验的方法是（　　）。

A. 简单随机抽样　　　　　　B. 系统随机抽样
C. 分层随机抽样　　　　　　D. 分级随机抽样
E. 整群随机检验

【答案】A

重点难点专项突破

本考点还可以考核的题目有：

(1) 将总体中的抽样单元按某种次序排列，在规定范围内随机抽取一个或一组初始单元，然后按一套规则确定其他样本单元的抽样方法是（B）。

(2) 下列随机抽样方法中，(B) 主要用于工序质量检验。

(3) 将总体分割成互不重叠的子总体（层），在每层中独立地按给定的样本量进行简单随机抽样的方法是（C）。

(4) 第一级抽样从总体中抽取初级抽样单元，以后每一级抽样是在上一级抽样单元中抽取次一级的抽样单元的抽样方法是（D）。

(5) 随机抽样可以分为（A、B、C、D、E）。

专项突破 4 抽样检验分类

例题： 按产品质量特征不同，抽样检验可分为（　　）。

A. 监督检验
B. 验收检验
C. 计数抽样检验
D. 计量抽样检验
E. 一次抽样检验
F. 二次抽样检验
G. 多次抽样检验
H. 调整型抽样检验
I. 非调整型抽样检验
J. 逐批检验
K. 连续抽样检验

【答案】C、D

重点难点专项突破

1. 本考点还可以考核的题目有：

（1）按检验目的不同，抽样检验可分为（A、B）。

（2）按抽取样本次数不同，抽样检验可分为（E、F、G）。

（3）按抽样方案是否可调整，抽样检验可分为（H、I）。

（4）按是否可组成批，抽样检验可分为（J、K）。

（5）下列抽样检验方式中，（C）具有使用简便、运用范围广泛，但所需要的样本量较大，样本信息利用也不充分的特点。

（6）下列抽样检验方式中，（D）具有信息利用充分、需要的样本量较小，但使用程序较繁琐，适用范围较窄的特点。

2. 一次抽样检验与二次抽样检验需要掌握满足什么条件产品判定为合格。

一次抽样检验程序如下图所示。

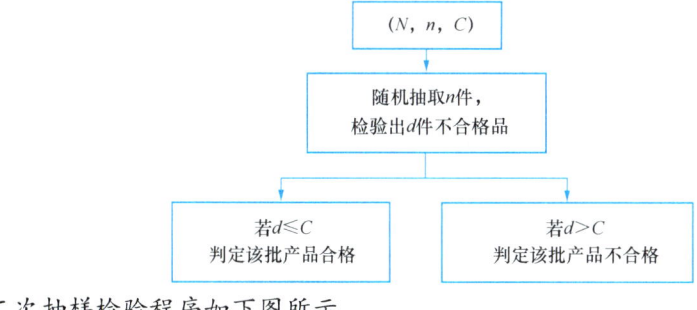

```
            (N, n, C)
               │
     随机抽取 n 件，
     检验出 d 件不合格品
         ┌─────┴─────┐
    若 d ≤ C         若 d > C
  判定该批产品合格  判定该批产品不合格
```

二次抽样检验程序如下图所示。

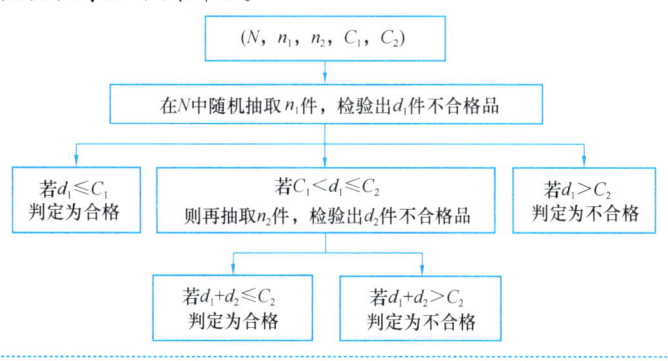

```
              (N, n₁, n₂, C₁, C₂)
                    │
       在 N 中随机抽取 n₁ 件，检验出 d₁ 件不合格品
       ┌────────────┼────────────┐
  若 d₁ ≤ C₁   若 C₁ < d₁ ≤ C₂    若 d₁ > C₂
  判定为合格   则再抽取 n₂ 件，    判定为不合格
               检验出 d₂ 件不合格品
                    │
            ┌───────┴───────┐
       若 d₁+d₂ ≤ C₂    若 d₁+d₂ > C₂
       判定为合格        判定为不合格
```

这部分内容会这样命题：

(1) 计数型一次抽样检验方案为 (N，n，C)，其中 N 为送检批的大小，n 为抽样的样本数大小，C 为合格判定数，若发现 n 中有 d 件不合格品，当（　　）时，该送检批合格。

A. $d=C+1$ B. $d<C+1$
C. $d>C$ D. $d \leqslant C$

【答案】D

(2) 某产品质量检验采用计数型二次抽样检验方案，已知：$N=1000$，$n_1=40$，$n_2=60$，$C_1=1$，$C_2=4$；经二次抽样检得：$d_1=2$，$d_2=3$，则正常的结论是（　　）。

A. 经第一次抽样检验即可判定该批产品质量合格
B. 经第一次抽样检验即可判定该批产品质量不合格
C. 经第二次抽样检验即可判定该批产品质量合格
D. 经第二次抽样检验即可判定该批产品质量不合格

【答案】D

【解析】当二次抽样方案设为：$N=1000$，$n_1=40$，$n_2=60$，$C_1=1$，$C_2=4$ 时，则需随机抽取第一个样本 $n_1=40$ 件产品进行检验，若所发现的不合格品数 d_1 为零，则判定该批产品合格；若 $d_1>3$，则判定该批产品不合格；若 $0<d_1\leqslant3$（即在 $n_1=40$ 件产品中发现1件、2件或3件不合格），本题中 $d_1=2$，则需继续抽取第二个样本 $n_2=60$ 件产品进行检验，得到 n_2 中不合格品数。若 $d_1+d_2\leqslant3$，则判定该批产品合格；若 $d_1+d_2>3$，则判定该批产品不合格。本题中 $d_1+d_2=2+3=5>3$，则判定该批产品不合格。

专项突破 5　施工质量检验方法

例题：对装饰工程中的水磨石、面砖、石材饰面等检查时，均应进行敲击检查其铺贴质量。该方法属于施工质量检验方法中的（　　）。

A. 感观检验法 B. 物理检验法
C. 化学检验法 D. 现场试验法

【答案】A

重点难点专项突破

1. 本考点还可以考核的题目有：

(1) 对结构表面是否有裂缝、混凝土振捣是否符合要求，根据质量标准要求进行外观检查的方法属于（A）。

(2) 通过触摸手感对油漆的光滑度、浆活是否牢固、不掉粉等检查、鉴别，该方法属于质量检验方法中的（A）。

(3) 通过人工光源或反射光照射，仔细检查难以看清的部位，该方法属于质量检验方法中的（A）。

(4) 常用来检测水泥、钢材的化学成分的质量检验方法是（C）。

(5) 直接在施工现场对工程构件、设备等进行试验的方法称为（D）。

2．物理检验法包括度量检测、电性能检测、机械性能检测和无损检测等。考试时可能会这样命题：

(1) 利用工具和设备通过检测材料、构件、工程等的长度、质量、体积、密度等来判定工程质量情况，该方法属于（度量检测法）。

(2) 利用电工电子仪器和适当的测量方法来检测避雷接地和保护接地的电阻值，该方法属于（电性能检测法）。

(3) 利用物理力学专用仪器对钢材的抗拉、抗弯、抗剪和焊接性能进行检验，该方法属于（机械性能检测法）。

(4) 常用来检测混凝土内部质量（如桩基）和钢材焊接质量的检测方法是（无损检测法）。

> 常用的无损检测方法有射线探伤法、超声波探伤法等。

专项突破 6　施工质量统计分析方法的概念及用途

例题： 施工质量统计分析方法中，根据不同的目的和要求将调查收集的原始数据，按某一性质进行分组整理分析，发现和认识质量问题及其产生原因的方法是（　　）。

A．分层法　　　　　　　　　B．调查表法
C．因果分析图法　　　　　　D．排列图法
E．相关图法　　　　　　　　F．直方图法
G．控制图法

【答案】A

重点难点专项突破

1．本考点还可以考核的题目有：

(1) 施工质量统计分析方法中最基本的方法是（A）。

(2) 某钢结构厂房在结构安装过程中，发现构件焊接出现不合格，施工项目部采用逐层深入排查的方法分析确定构件焊接不合格的主次原因。这种施工质量统计方法是（A）。

(3) 利用专门设计的统计表对质量数据进行收集、整理和粗略分析质量状态的方法是（B）。

(4) 施工质量统计分析方法中，（C）反映质量特性与质量缺陷产生原因之间关系的图形工具，可用来分析、追溯质量缺陷产生的最根本原因。

(4) 最能形象、直观、定量反映影响质量主次因素的施工质量统计分析方法是（D）。【2024年真题题干】

(5) 施工质量统计分析方法中，用来观察分析两种质量数据之间相关关系的图形方法是（E）。

(6) 施工质量统计分析方法中，是用来反映产品质量数据分布状态和波动规律的统计分析方法是（F）。

(7) 施工质量统计分析方法中，利用（G）分析质量波动原因，判明生产过程是否处于稳定状态。

2. 工程施工过程中，发生质量缺陷的原因不外乎人、材料、机械、方法、环境等五大方面。在进行因果分析时，是从大原因中追出中原因、小原因，直至追出关键的具体因素。

> *这部分内容会这样考核：*
> *在采用因果分析图法进行质量问题原因分析时，"混凝土振捣器损坏"属于（　　）的因素。*
> *A. 人　　　　　　　　　　B. 材料*
> *C. 机械　　　　　　　　　D. 环境*
> *【答案】C*

3. 应用因果分析图法进行质量特性因果分析时，应注意以下几点：

(1) 一个质量特性或一个质量问题使用一张图分析。

(2) 通常采用QC小组活动的方式进行，集思广益，共同分析。

(3) 必要时可邀请QC小组以外的有关人员参与，广泛听取意见。

(4) 分析时要充分发表意见，层层深入，排除所有可能的原因。

(5) 在充分分析的基础上，由各参与人员采用投票或其他方式，从中选择1~5项多数人达成共识的最主要原因。

> *这部分内容会这样考核：*
> *关于因果分析图法应用的说法，正确的有（　　）。*
> *A. 一张分析图可以解决多个质量问题*
> *B. 常采用QC小组活动的方式进行，有利于集思广益*
> *C. 因果分析图法专业性很强，QC小组以外的人员不能参加*
> *D. 通过因果分析图可以了解统计数据的分布特征，从而掌握质量能力状态*
> *E. 分析时要充分发表意见，层层深入，排除所有可能的原因*
> *【答案】B、E*

4. 排列图一般按累计频率划分为三部分：A类（0~80%），主要因素；B类（80%~90%），次要因素；C类（90%~100%），一般因素。

> 这部分内容会这样考核：
> (1) 采用排列图法划分质量影响因素时，累计频率达到75%对应的影响因素是（ ）。
>   A. 主要因素 B. 次要因素
>   C. 一般因素 D. 基本因素
>   【答案】A
> (2) 采用排列图法分析施工质量影响因素时，可将影响因素分为（ ）。
>   A. 偶然因素 B. 主要因素
>   C. 系统因素 D. 次要因素
>   E. 一般因素
>   【答案】B、D、E

5. 直方图法的主要用途可能会考核多项选择题。包括：判断工序的稳定性；推断工序质量规格标准的满足程度；分析不同因素对质量的影响；计算工序能力等。

专项突破 7　相关图的观察与分析

例题：采用相关图法分析施工质量时，散布点基本形成由左至右向上变化的一条直线带，说明两变量之间的关系为（ ）。

A. 正相关　　　　　　　　　　B. 弱正相关
C. 不相关　　　　　　　　　　D. 负相关
E. 弱负相关　　　　　　　　　F. 非线性相关

【答案】A

重点难点专项突破

1. 本考点还可以考核的题目有：

(1) 采用相关图法分析施工质量时，散布点形成向上较分散的直线带，说明两变量之间的关系为（B）。

(2) 采用相关图法分析施工质量时，散布点形成一团或平行于 x 轴的直线带，说明两变量之间的关系为（C）。

(3) 采用相关图法分析施工质量时，散布点形成由左向右向下的一条直线带，说明两变量之间的关系为（D）。

(4) 采用相关图法分析施工质量时，散布点形成由左至右向下分布的较分散的直线带，说明两变量之间的关系为（E）。

(5) 采用相关图法分析施工质量时，散布点呈一曲线带，说明两变量之间的关系为（F）。

2. 该考点命题除了上述题型外，还可能会给出变量之间的关系，判断散布点的形成图形，比如："采用相关图法分析工程质量时，出现正相关，说明散布点形成（   ）。"

3. 六种相关图形简单了解，可能会给出图形判断类型。

专项突破 8　直方图观察分析——观察形状

例题： 进行施工质量统计分析时，因分组组数不当绘制的直方图可能会形成（   ）直方图。

A. 正常型　　　　　　　　　B. 折齿型
C. 缓坡型　　　　　　　　　D. 孤岛型
E. 双峰型　　　　　　　　　F. 峭壁型

【答案】B

重点难点专项突破

本考点还可以考核的题目有：

（1）下列直方图中，形状特征为中间高、两侧低，左右接近对称，表示工序处于稳定状态，只存在随机误差的是（A）直方图。

（2）由于操作中对上限（或下限）控制太严，将形成（C）直方图。

（3）由于原材料发生变化，或者临时他人顶班作业，将形成（D）直方图。

（4）将两种不同方法或两台设备或两组工人进行生产的质量特性统计数据混在一起整理，将形成（E）直方图。

（5）由于数据收集不正常，可能有意识地去掉上限以下的数据，或是在检测过程中存在某种人为因素，将形成（F）直方图。

上述题目还可能会进行逆向命题："采用直方图法分析施工质量时，出现孤岛型直方图的原因是（   ）。"

专项突破 9　直方图观察分析——与质量标准比较

例题： 下列直方图中，表明工序质量稳定，不会出现废品的是（   ）。

A.

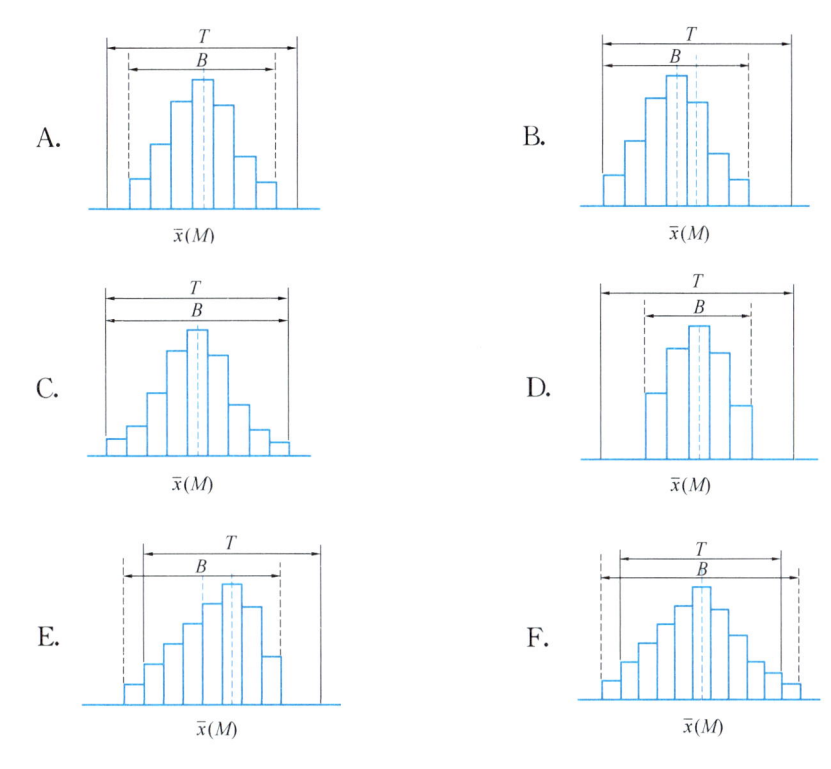

B.

C.

D.

E.

F.

【答案】A

重点难点专项突破

1. 本考点还可以考核的题目有：

（1）下列直方图中，如果生产状态一旦发生变化，就可能超出质量标准下限而出现不合格品的是（B）。

（2）下列直方图中，生产过程一旦发生小的变化，产品的质量特性就可能超出质量标准的是（C）。

（3）下列直方图中，表明工序稳定，但工序能力过于宽裕，经济性差的是（D）。

（4）下列直方图中，表示实际质量分布过于偏离质量标准中心，已经单边超限，出现不合格品的是（E）。

（5）下列直方图中，表示质量分布范围已超出质量标准的上、下界限，表明工序能力太小，必然出现不合格品的是（F）。

2. 本考点在考试时会考核三种题型：

第一种题型是题干中给出质量数据分布位置、状态，判断备选项中哪个图形符合，也就是上述题目题型。

第二种题型是根据观察分析情况判断生产过程状态，比如：

在直方图的位置观察分析中，若质量分布范围已超出质量标准的上、下界限，表明（　　）。

A. 质量能力不足　　　　　　B. 易出现质量不合格
C. 工序能力太小，必然出现不合格品　　D. 质量能力偏大

【答案】C

第三种题型是根据直方图位置分布，判断备选项中对各直方图分析是否正确，比如：

根据下列直方图的分布位置与质量控制标准的上下限范围的比较分析，正确的有（　　）。

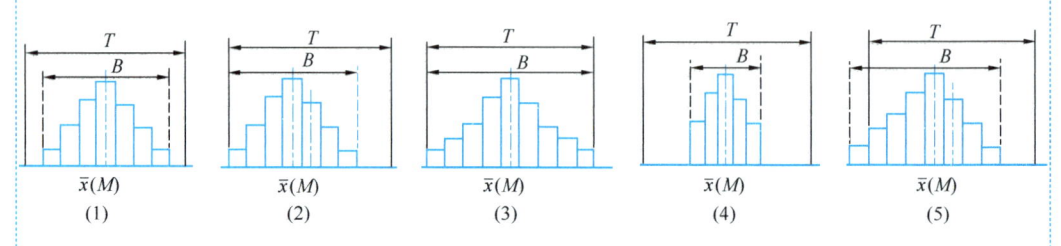

A. 图（1）显示生产过程的质量正常、稳定、不会出废品
B. 图（2）显示质量特性数据分布偏上限，易出现不合格
C. 图（3）显示质量特性数据与质量标准范围重合，没有余地
D. 图（4）显示质量特性数据的分布居中，工序能力过于宽裕，经济性差
E. 图（5）显示质量特性数据与质量标准偏离较大，出现不合格品

【答案】A、C、D、E

专项突破 10　控制图的观察分析

例题： 在施工质量统计分析时，应用控制图观察分析生产状态，应判定为生产过程异常的有（　　）。

A. 连续 25 点中没有一点在界限外
B. 连续 35 点中最多一点在界限外
C. 连续 100 点中最多 2 点在界限外
D. 控制界限内的电子随机排列且没有缺陷
E. 连续 7 点或更多点在中心线同一侧
F. 连续 7 点或更多点在呈上升或下降趋势
G. 在连续 11 点中至少有 10 点在中心线同一侧
H. 在连续 14 点中至少有 12 点在中心线同一侧
I. 在连续 17 点中至少有 14 点在中心线同一侧
J. 在连续 20 点中至少有 16 点在中心线同一侧
K. 连续 3 点至少有 2 点落在二倍标准差与三倍标准差控制界限之间
L. 连续 7 点至少有 3 点落在二倍标准差与三倍标准差控制界限之间
M. 点子呈周期性变化

【答案】E、F、G、H、I、J、K、L、M

重点难点专项突破

1. 本考点还可以考核的题目有：

在施工质量统计分析时，应用控制图观察分析生产状态，可以认为生产过程基本处于稳定状态的条件有（A、B、C、D）。

2. 如果生产过程处于稳定状态，则把分析用控制图转为管理用控制图。分析用控制图是静态的，而管理用控制图是动态的。

4.3 施工质量控制

专项突破 1　施工准备质量控制与施工过程质量控制内容

例题：施工准备不仅要在施工前进行，而且贯穿于整个施工过程。下列质量控制内容中，属于施工准备质量的有（　　）。

A. 施工技术准备质量控制
B. 测量控制网的控制
C. 施工平面布置的控制
D. 材料、构配件质量控制
E. 施工机械配置的控制
F. 质量控制点的设置
G. 作业技术交底控制
H. 进场材料、构配件质量控制
I. 作业环境状态控制
J. 进场施工机械设备性能及工作状态控制
K. 施工测量及计量器具性能、精度的控制
L. 施工现场劳动组织及作业人员上岗资格的控制
M. 作业技术活动过程质量控制
N. 作业技术活动结果控制

【答案】A、B、C、D、E

重点难点专项突破

1. 本考点还可以考核的题目有：

(1) 施工过程质量控制是指对工程实体质量形成过程的控制。下列质量控制内容中，属于施工准备质量的有（F、G、H、I、J、K、L、M、N）。

(2) 施工现场准备质量控制内容包括（B、C）。

2. 选项 A，施工技术准备包括：熟悉与会审图纸；编制和报审施工组织设计。需要掌握的采分点有：

（1）施工图会审会议由<u>建设单位</u>主持，设计单位和施工单位、工程监理单位参加。

（2）施工单位在完成施工组织设计的编制及内部审批工作后，报请项目监理机构审查，<u>由总监理工程师审核签认</u>。【2024年考过】

3. 选项 D，材料、构配件质量控制包括：材料、构配件需要量计划；材料、构配件采购订货；进场材料、构配件检验；材料、构配件的现场储存和使用。需要掌握的采分点有：

（1）对涉及结构安全、节能、环境保护和主要使用功能的试块、试件及材料，应按规定进行<u>见证检验</u>。

（2）见证检验应在<u>建设单位或者项目监理机构</u>的监督下现场取样、封样、送检，检测试样应具有真实性和代表性。

（3）装配式建筑混凝土预制件的原材料质量、钢筋加工和连接的力学性能、混凝土强度、构件结构性能、装饰材料、保温材料及拉结件的质量等均应根据国家现行有关标准进行检查和检验，并应严格遵守操作规程和做好质量检验记录。混凝土预制构件出厂时的混凝土强度不得低于设计混凝土强度等级值的<u>75%</u>。

上述画线部分均可作为采分点考核单项选择题。

4. 选项 E，施工机械配置的控制主要围绕施工机械设备的选型、机械设备性能参数的确定、机械设备数量、使用操作等方面进行。

5. 选项 G，有两个采分点：

（1）由项目技术人员编制技术交底书，并经项目技术负责人批准。

（2）技术交底书的内容主要包括：施工方法、质量要求和验收标准、施工过程中需注意的问题、可能出现意外情况的应急方案等。

6. 选项 M，作业技术活动过程质量控制包括：施工单位"三检"制度（自检、交接检查、专检）；技术复核工作；见证取样、送检；工程变更控制；质量记录资料。

7. 选项 N，作业技术活动结果控制包括：工序质量检验；隐蔽工程验收；工序交接验收。

专项突破 2　质量控制点的设置

项目	内　　容
设置原则	可作为质量控制点的对象涉及面广，可能是技术要求高、施工难度大的结构部位，也可能是影响质量的关键工序、操作或某一环节。质量控制点的设置应遵循以下原则： （1）施工过程中的关键工序或环节及隐蔽工程。 （2）施工中的薄弱环节或质量不稳定的工序、部位或对象。 （3）对后续工程施工或对后续工序质量或安全有重大影响的工序、部位或对象。 （4）采用新技术、新工艺、新材料的部位或环节。 （5）施工无足够把握、施工条件困难或技术难度大的工序或环节

续表

项目	内　　容
质量控制点的重点控制对象	人的行为，材料的质量与性能，施工方法与关键操作，施工技术参数【2015年考过】，技术间歇，施工顺序，易发生质量通病的施工过程，新技术、新材料及新工艺的应用，产品质量不稳定和不合格率较高的工序，特殊地基或特种结构

> **重点难点专项突破**
>
> 1. 本考点主要掌握上述内容即可。
> 2. 本考点可能会这样命题：
> （1）可作为质量控制点的对象涉及面广，可能是技术要求高、施工难度大的结构部位和（　　）。
> 　　A. 重点流程
> 　　B. 重点结果
> 　　C. 重点质检手段
> 　　D. 影响质量的关键工序、操作或某一环节
> 【答案】D
> （2）下列质量控制点的重点控制对象中，属于施工技术参数类的是（　　）。
> 　　A. 水泥的安定性　　　　　　　　B. 预应力钢筋的张拉
> 　　C. 混凝土的外加剂产量　　　　　D. 混凝土浇筑后的拆模时间
> 【答案】C

专项突破3　工程变更控制

例题： 在施工过程中，施工单位在不改变原设计图纸和技术文件的前提下，提出对设计图纸和技术文件进行某些技术上的修改。对于修改问题通常由（　　）组织，施工单位和现场设计代表参加，经各方同意后签字并形成纪要，作为工程变更单附件。

　A. 专业监理工程师　　　　　　　B. 总监理工程师
　C. 建设单位代表　　　　　　　　D. 监理员

【答案】A

> **重点难点专项突破**
>
> 1. 本考点还可以考核的题目有：
> （1）对施工单位提出技术修改问题经（B）批准后实施。
> （2）工程变更单由（B）根据施工单位的申请，经与设计、建设、施工单位研究并作出变更决定后签发。
> 2. 选项C、D是可能会出现的干扰项。

3. 如果工程变更涉及结构主体及安全，该工程还要按有关规定报送施工图原审查单位进行审查，否则变更不能实施。【2024年考过】

4. 设计单位提出的变更按以下程序处理：

（1）设计单位首先将"设计变更通知"及有关附件报送建设单位。

（2）建设单位会同项目监理机构、施工单位对设计单位提交的"设计变更通知"进行研究。必要时，设计单位尚需进一步提供资料，以便对变更作出决定。

（3）总监理工程师签发《工程变更单》，并将设计单位提交的"设计变更通知"作为工程变更单附件。

5. 建设单位（项目监理机构）要求变更的处理。建设单位或项目监理机构提出的变更按以下程序处理：

（1）建设单位将变更要求及建议通知设计单位。

（2）设计单位对工程变更要求进行研究，并分析建设单位或项目监理机构提出的建议或解决方案（如果有的话），并将工程变更方案提交建设单位。

（3）项目监理机构对工程变更费用及工期影响进行评估，并在此基础上组织建设单位、施工单位等共同协商确定工程变更费用及工期变化，会签《工程变更单》。

（4）施工单位按《工程变更单》要求组织施工。

专项突破 4　施工质量验收层次

例题：建筑工程施工质量验收应划分为单位工程、分部工程、分项工程和检验批施工质量验收。分部工程的划分一般按（　　）划分。【2019年、2024年考过】

A. 专业性质　　　　　　　　B. 工程部位

C. 工种　　　　　　　　　　D. 材料

E. 施工工艺　　　　　　　　F. 设备类别

G. 工程量　　　　　　　　　H. 楼层

I. 施工段

【答案】A、B

重点难点专项突破

1. 本考点还可以考核的题目有：

（1）分项工程应按（C、D、E、F）等进行划分。

（2）检验批可根据施工质量控制和专业验收需要，按（G、H、I）等进行划分。

2. 工程施工前，应由施工单位制定单位工程、分部工程、分项工程和检验批的划分方案，并应由项目监理机构审核、建设单位确认后实施。

专项突破 5　施工质量验收要求

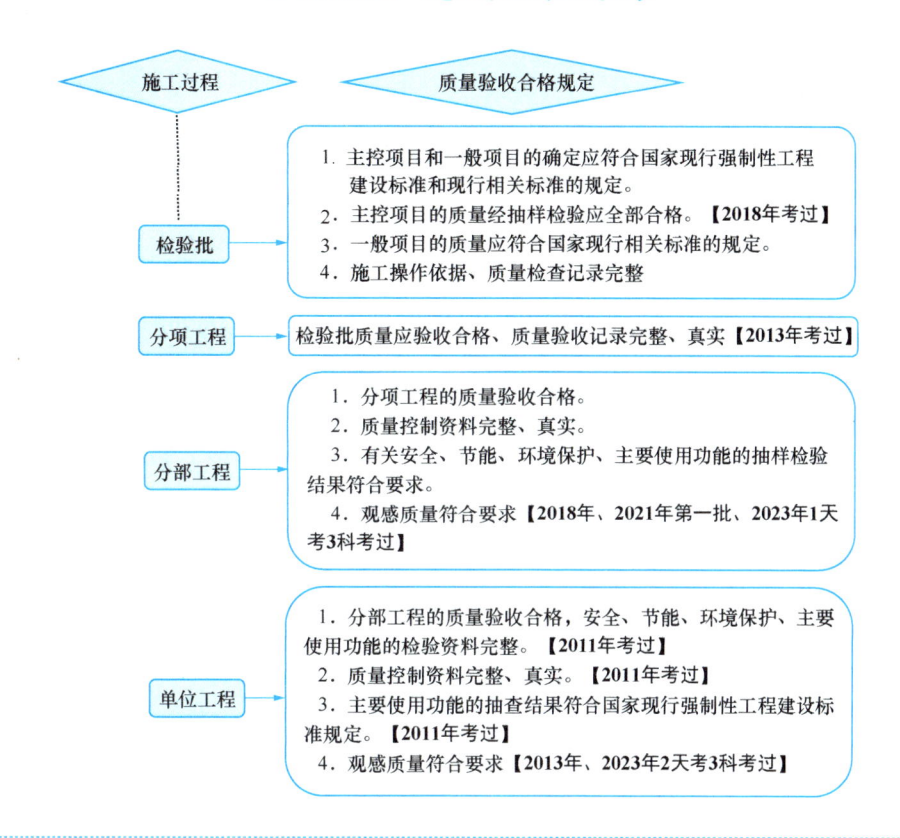

```
施工过程                质量验收合格规定

检验批 ──→  1. 主控项目和一般项目的确定应符合国家现行强制性工程
              建设标准和现行相关标准的规定。
            2. 主控项目的质量经抽样检验应全部合格。【2018年考过】
            3. 一般项目的质量应符合国家现行相关标准的规定。
            4. 施工操作依据、质量检查记录完整

分项工程 ──→ 检验批质量应验收合格、质量验收记录完整、真实【2013年考过】

分部工程 ──→  1. 分项工程的质量验收合格。
              2. 质量控制资料完整、真实。
              3. 有关安全、节能、环境保护、主要使用功能的抽样检验
                结果符合要求。
              4. 观感质量符合要求【2018年、2021年第一批、2023年1天
                考3科考过】

单位工程 ──→  1. 分部工程的质量验收合格，安全、节能、环境保护、主要
                使用功能的检验资料完整。【2011年考过】
              2. 质量控制资料完整、真实。【2011年考过】
              3. 主要使用功能的抽查结果符合国家现行强制性工程建设标
                准规定。【2011年考过】
              4. 观感质量符合要求【2013年、2023年2天考3科考过】
```

重点难点专项突破

1. 区分施工过程的验收合格标准，是主要的多项选择题采分点。

2. 本考点可能会这样命题：

(1) 建筑工程施工质量验收中，检验批质量验收应满足的要求有（　　）。

A. 主控项目经抽样检验合格　　　B. 具有总监理工程师的现场验收证明
C. 一般项目符合国家现行标准规定　D. 具有完整的施工操作依据
E. 具有完全的质量检查记录

【答案】A、C、D、E

(2) 单位工程质量验收合格的规定有（　　）。

A. 所含分部工程的质量均应验收合格

B. 质量控制资料应完整

C. 所含分部工程有关安全、节能、环境保护和主要使用功能的检测资料应完整

D. 主要功能项目的抽查结果应符合相关专业质量验收规范的规定

E. 监理质量评估记录应符合各项要求

【答案】A、B、C、D

(3) 工程质量验收时，需要进行观感质量验收的质量控制对象有（　　）。【2023年2天考3科真题】

A. 分部工程　　　　　　　　B. 工序
C. 检验批　　　　　　　　　D. 分项工程
E. 单位工程

【答案】A、E

专项突破 6　工程质量验收中发现质量不符合要求的处理方法

例题：对于通过返工可以解决工程缺陷的检验批，应（　　）。【2012年10月考过】
A. 按验收程序重新组织验收
B. 予以验收
C. 按技术处理方案和协商文件的要求予以验收
D. 严禁验收

【答案】A

重点难点专项突破

1. 本考点还可以考核的题目有：
（1）经有资质的检测机构检测能够达到设计要求的检验批，应（B）。
（2）某检验批质量验收时，抽样送检资料显示其质量不合格，经有资质的法定检测单位实体检测后，仍不满足设计要求，但经原设计单位核算后认为能满足结构安全与使用功能要求，则该检验批的质量（B）。
（3）经返修或加固处理的分项工程、分部工程，确认能够满足安全及使用功能要求时，应（C）。
（4）经返修或加固处理仍不能满足安全或重要使用功能要求的分部工程及单位工程（D）。

2. 本考点除上述考核题型，还会这样命题："下列施工检验批验收的方法中，正确的是（　　）。"

专项突破 7　施工质量验收组织

例题：检验批应由（　　）组织验收。

A. 专业监理工程师　　　　　　B. 总监理工程师
C. 施工单位专业质量检查员　　D. 施工单位专业工长
E. 施工单位项目专业技术负责人　F. 施工单位项目负责人
G. 施工单位项目技术负责人　　H. 勘察单位项目负责人
I. 设计单位项目负责人　　　　J. 施工单位技术部门负责人

K. 施工单位质量部门负责人
【答案】A

重点难点专项突破

1. 本考点还可以考核的题目有：
(1) 检验批应由专业监理工程师组织（C、D）进行验收。
(2) 分项工程应由（A）组织验收。
(3) 分项工程应由专业监理工程师组织（E）等进行验收。
(4) 分部工程应由（B）组织验收。
(5) 分部工程应由总监理工程师组织（F、G）等进行验收。
(6) 验收建筑工程地基与基础分部工程质量时，应由(B、F、G、H、I、J、K)参加。
(7) 参加主体结构工程质量验收的人员有（B、F、G、I、J、K）。
(8) 参加节能分部工程质量验收的人员有（B、F、G、I、J、K）。

2. 关于分部工程验收还可能这样命题：
下列分部工程中，需要设计单位项目负责人参加施工质量验收的有（　　）。
【2024年真题】

A. 电梯分部工程 B. 地基与基础分部工程
C. 主体结构工程 D. 节能分部工程
E. 屋面分部工程
【答案】B、C、D

4.4 施工质量事故预防与调查处理

专项突破1　工程质量事故的概念

例题： 根据《质量管理体系 基础和术语》GB/T 19000—2016，工程产品与预期或规定用途有关的不合格，称为(　　)。【2018年真题题干】

A. 质量不合格 B. 质量缺陷
C. 质量问题   D. 质量事故
【答案】B

重点难点专项突破

本考点还可以考核的题目有：
(1) 根据《质量管理体系 基础和术语》GB/T 19000—2016，凡工程产品未满足质量要求，就称之为（A）。【2022年2天考3科考过】

149

(2) 凡是工程质量不合格，必须进行返修、加固或报废处理，由此造成直接经济损失低于规定限额的称为（C）。

(3) 由于建设、勘察、设计、施工、监理等单位违法工程质量有关法律法规和工程建设标准，使工程产生结构安全、重要使用功能等方面的质量缺陷，造成人身伤亡或者重大经济损失的称（D）。

专项突破 2　工程质量事故按事故责任分类

例题： 某工程因工期紧，项目部采用了标准要求低但可缩短工期的施工工艺，造成了质量事故。按照事故责任分类，该事故属于（　　）。【2023年1天考3科真题题干】

A. 指导责任事故　　　　　　B. 操作责任事故
C. 技术责任事故　　　　　　D. 一般责任事故
E. 管理责任事故

【答案】A

重点难点专项突破

1. 本考点还可以考核的题目有：

(1) 根据事故责任划分，"由于工程负责人不按质量标准进行控制和检验，降低施工质量标准而造成的质量事故"属于（A）。【2021年第一批真题题干】

(2) 由于工程负责人不按规范指导施工，随意压缩工期造成的质量事故，按事故责任分类，属于（A）。【2016年真题题干】

(3) 由于工程负责人强令他人违章作业造成的质量事故，按事故责任分类，属于（A）。

(4) 由于工程负责人盲目赶工造成的质量事故，按事故责任分类，属于（A）。

(5) 某工程施工中，操作工人不听从指导，在浇筑混凝土时随意加水造成混凝土质量事故，按事故责任分类，该事故属于（B）。【2019年真题题干】

(6) 某工程项目施工工期紧迫，楼面混凝土刚浇筑完毕即上人作业，造成混凝土表面不平并出现楼板裂缝，按事故责任分此质量事故属于（B）。【2015年真题题干】

(7) 某钢筋混凝土工程施工过程中，由于工人不按施工操作规程进行振捣导致混凝土密实度达不到验收规范规定的合格要求，该事故属于（B）。

(8) 某土方工程施工过程中，操作人员不按规定的填土含水率和碾压遍数施工，按事故责任分类，该事故属于（B）。

2. 选项 C、D、E 是可能会出现的干扰选项。

3. 除上述题型外，本考点还这样命题：

按事故责任分类，下列工程质量事故中属于指导责任事故的有（　　）。

A. 项目负责人不按规范指导施工造成的质量事故
B. 项目管理人员强令他人违章作业造成质量事故
C. 施工人员在浇筑混凝土时随意加水造成质量事故
D. 项目技术负责人降低施工质量标准造成质量事故
E. 盲目赶工造成质量事故

【答案】A、B、D、E

专项突破 3　工程质量事故按事故产生的原因分类

例题： 下列引发工程质量事故的原因中，属于管理原因的有（　　）。**【2016 年真题题干】**

A. 结构设计计算错误【2009 年考过】
B. 地质情况估计错误【2009 年、2014 年考过】
C. 采用了不适宜的施工方法【2014 年、2016 年考过】
D. 采用了不适宜的施工工艺【2021 年第二批考过】
E. 盲目采用技术上未成熟、实际应用中未充分实践检验其可靠的新技术
F. 质量管理体系不完善
G. 检验制度不严密【2009 年、2016 年考过】
H. 质量控制不严【2016 年考过】
I. 质量管理措施落实不力【2021 年第二批考过】
J. 检测仪器设备管理不善而失准【2021 年第二批考过】
K. 进料检验不严【2010 年、2014 年考过】

【答案】F、G、H、I、J、K

重点难点专项突破

1. 本考点还可以考核的题目有：

下列引发工程质量事故的原因中，属于技术原因的有（A、B、C、D、E）。**【2009 年、2021 年第二批考过】**

2. 按事故产生原因分类中还包括社会、经济原因引发的质量事故。是由于社会、经济因素及社会上存在的弊端和不良风气引起建设中的错误行为，导致出现质量事故。

3. 本考点还会进行逆向命题，比如：

施工单位检测仪器未经校准导致质量检测错误，并由此引发质量事故，按生产原因分类，该事故属于（　　）引发的质量事故。

A. 技术原因　　　　　　　　　B. 管理原因
C. 社会原因　　　　　　　　　D. 经济原因

【答案】B

专项突破 4　工程质量事故按事故严重程度分类

例题： 根据《关于做好房屋建筑和市政基础设施施工质量事故报告和调查处理工作的通知》（建质〔2010〕111 号），某工程在浇筑楼板混凝土时，发生支模架坍塌，造成 6 人重伤。该工程质量事故应判定为（　　）。

A. 一般事故【2014 年考过】
B. 较大事故【2020 年、2023 年 2 天考 3 科考过】
C. 重大事故【2011 年、2012 年 6 月、2016 年、2019 年、2023 年 1 天考 3 科考过】
D. 特别重大事故

【答案】A

重点难点专项突破

1. 本考点还可以考核的题目有：

（1）根据《关于做好房屋建筑和市政基础设施施工质量事故报告和调查处理工作的通知》（建质〔2010〕111 号），某工程发生一起事故造成 20 人重伤，该工程事故属于（B）。

（2）根据《关于做好房屋建筑和市政基础设施施工质量事故报告和调查处理工作的通知》（建质〔2010〕111 号），某工程发生一起事故造成 80 人重伤，该工程事故属于（C）。

（3）根据《关于做好房屋建筑和市政基础设施施工质量事故报告和调查处理工作的通知》（建质〔2010〕111 号），某工程发生一起事故造成 110 人重伤，该工程事故属于（D）。

（4）根据《关于做好房屋建筑和市政基础设施施工质量事故报告和调查处理工作的通知》（建质〔2010〕111 号），造成 2 人死亡的工程事故属于（A）。

（5）根据《关于做好房屋建筑和市政基础设施施工质量事故报告和调查处理工作的通知》（建质〔2010〕111 号），造成 5 人死亡的工程事故属于（B）。

（6）根据《关于做好房屋建筑和市政基础设施施工质量事故报告和调查处理工作的通知》（建质〔2010〕111 号），造成 15 人死亡的工程事故属于（C）。

（7）根据《关于做好房屋建筑和市政基础设施施工质量事故报告和调查处理工作的通知》（建质〔2010〕111 号），造成 35 人死亡的工程事故属于（D）。

（8）某工程发生一起事故造成直接经济损失 500 万元，根据《关于做好房屋建筑和市政基础设施施工质量事故报告和调查处理工作的通知》（建质〔2010〕111 号），该工程事故属于（A）。

（9）某工程发生一起事故造成直接经济损失 2000 万元，根据《关于做好房屋建筑和市政基础设施施工质量事故报告和调查处理工作的通知》（建质〔2010〕111 号），该工程事故属于（B）。

（10）某工程发生一起事故造成直接经济损失 8000 万元，根据《关于做好房屋建筑和市政基础设施施工质量事故报告和 调查处理工作的通知》（建质〔2010〕111号），该工程事故属于（C）。

（11）某工程发生一起事故造成直接经济损失1.5亿元，根据《关于做好房屋建筑和市政基础设施施工质量事故报告和调查处理工作的通知》（建质〔2010〕111号），该工程事故属于（D）。

（12）根据《关于做好房屋建筑和市政基础设施施工质量事故报告和调查处理工作的通知》（建质〔2010〕111号），根据事故造成的人员伤亡或者直接经济损失，将工程质量事故分为（A、B、C、D）四个等级。

2. 再来看下面几个题目，应该选择哪个答案：

（1）根据《关于做好房屋建筑和市政基础设施施工质量事故报告和调查处理工作的通知》（建质〔2010〕111号），发生工程事故造成3人死亡属于（　　）。

（2）根据《关于做好房屋建筑和市政基础设施施工质量事故报告和调查处理工作的通知》（建质〔2010〕111号），发生工程事故造成50人重伤属于（　　）。

（3）根据《关于做好房屋建筑和市政基础设施施工质量事故报告和调查处理工作的通知》（建质〔2010〕111号），发生工程事故造成30人死亡属于（　　）。

就这三个题，其答案分别是：(1) B；(2) C；(3) D。这三个题是对等级标准说明的考核，该说明就是"该等级标准中所称的以上包括本数，所称的以下不包括本数"。

3. 在考试中，也可能会这样来考核：题干告诉我们某事故的等级，让我们来选择以下选项中哪个的说法属于该等级。比如：

（1）根据工程质量事故造成损失的程度分级，属于重大事故的有（　　）。【2019年真题】

A. 50人以上100人以下重伤

B. 3人以上10人以下死亡

C. 1亿元以上直接经济损失

D. 1000万元以上5000万元以下直接经济损失

E. 5000万元以上1亿元以下直接经济损失

【答案】A、E

（2）根据事故造成损失的程度，下列工程质量事故中，属于较大事故的是（　　）。

A. 造成1亿元以上直接经济损失的事故

B. 造成1000万元以上5000万元以下直接经济损失的事故

C. 造成100万元以上1000万元以下直接经济损失的事故

D. 造成5000万元以上1亿元以下直接经济损失的事故

【答案】B

4. 继续看一个题目：某工程发生质量事故导致12人重伤，10人死亡，按照事故损失的程度分级，该质量事故属于（　　）。

正确答案是重大事故。对于这类型的题目，我们先分别判断每个条件所对应的事故等级,最后选择等级最高的作为正确答案。这类型题目在2009年、2014年、2020年、2023年1天考3科的考试均有考核。

5. 为了方便考生更好地掌握本考点,通过表格的方式总结一下具体的划分标准。

事故等级	造成死亡人数	造成重伤人数	造成直接经济损失
特别重大事故	30人以上	100人以上	1亿元以上
重大事故	10人以上30人以下	50人以上100人以下	5000万元以上1亿元以下
较大事故	3人以上10人以下	10人以上50人以下	1000万元以上5000万元以下
一般事故	3人以下死亡	10人以下	100万元以上1000万元以下

6. 本考点还会结合按事故责任分类或按事故产生原因分类一起考核,比如:

某工程因片面追求施工进度,放松质量监控,在浇筑楼面混凝土时脚手架坍塌,造成10人死亡,15人受伤。按照事故造成的损失及事故责任分类,则该工程质量事故应判定为(　　)。【2023年1天考3科真题】

　　A. 重大质量事故　　　　　　　　　B. 特别重大事故
　　C. 较大质量事故　　　　　　　　　D. 指导责任事故
　　E. 操作责任事故

【答案】A、D

专项突破5　施工质量事故的成因分析

例题:下列施工质量事故发生的原因中,属于施工与管理失控的有(　　)。

A. 未经可行性研究、不做调查分析就拍板定案

B. 未搞清工程地质、水文情况等条件就仓促开工

C. 边设计、边施工

D. 任意修改设计,不按图纸施工

E. 工程竣工不进行试车运行

F. 未经验收就交付使用

G. 无证设计、无证施工

H. 越级设计、越级施工

I. 工程招标投标中不公平竞争,超低价中标

J. 违法转包或分包

K. 地质勘察报告不详细、不准确、不能全面反映地基实际情况

L. 不均匀地基未进行处理或处理不当

M. 盲目套用图纸,采用不正确的结构方案

N. 计算简图与实际受力情况不符

O. 荷载取值过小,内力分析有误

P. 沉降缝或变形缝设置不当,悬挑结构未进行抗倾覆验算

Q. 不按施工或未经设计单位同意擅自修改设计

R. 施工组织管理混乱，不熟悉图纸，盲目施工【2015年考过】

S. 施工方案考虑不周，施工顺序颠倒

T. 图纸未经会审，仓促施工

U. 技术交底不清，违章作业

V. 疏于检查、验收

W. 不按有关施工规范和操作规程施工

X. 不懂装懂，蛮干施工

【答案】Q、R、S、T、U、V、W、X

重点难点专项突破

1. 本考点还可以考核的题目有：

（1）下列施工质量事故发生的原因中，属于违反工程建设程序的有（A、B、C、D、E、F）。

（2）下列施工质量事故发生的原因中，属于违反有关法规和工程合同规定的有（D、G、H、I、J）。

（3）下列施工质量事故发生的原因中，属于工程地质勘察失误或地基处理失误的有（K、L）。

（4）下列施工质量事故发生的原因中，属于设计计算失误的有（M、N、O、P）。

2. 施工质量事故的成因分析中还包括材料构配件不合格；自然条件影响因素。钢筋物理力学性能不良会导致钢筋混凝土结构产生裂缝或脆性破坏；集料中活性氧化硅会导致碱集料反应，使混凝土产生裂缝；水泥安定性不良，会造成混凝土爆裂；预制构件断面尺寸不足，支承锚固长度不足，未可靠地建立预应力值，漏放或少放钢筋，板面开裂等，均可能出现断裂、坍塌事故。

这部分内容可能这样命题：

水泥安定性不合格会造成的质量缺陷是（　　）。

A. 混凝土蜂窝麻面　　　　　　B. 混凝土不密实

C. 混凝土碱集料反应　　　　　D. 混凝土爆裂

【答案】D

3. 本考点还会逆向命题，比如：

因天然地基不均匀沉降、结构失稳而导致工程质量事故时，可归结的主要原因是（　　）。【2023年2天考3科真题】

A. 施工失误　　　　　　　　　B. 违规分包

C. 不可抗力　　　　　　　　　D. 勘察设计失误

【答案】D

专项突破 6　施工质量事故预防措施

（1）坚持按工程建设程序办事。【2024 年考过】
（2）做好必要的技术复核、技术核定工作。【2024 年考过】
（3）严格把好建筑材料及制品的质量关。
（4）加强质量培训教育，提高全员质量意识。【2024 年考过】
（5）加强施工过程组织管理。
（6）做好应对不利施工条件和各种灾害的预案。
（7）加强施工安全与环境管理。

> **重点难点专项突破**
>
> 1. 本考点内容较少，可能会考核一道多项选择题。
> 2. 本考点可能会这样命题：
> 下列属于施工质量事故预防措施的有（　　）。
> A. 坚持按照工程建设程序办事　　B. 加强施工过程组织管理
> C. 加强施工安全与环境管理　　　D. 做好必要的技术复核、技术核定
> E. 做好质量事故的观测记录
> 【答案】A、B、C、D

专项突破 7　施工质量事故处理的基本要求和处理依据

项目	内　　容
基本要求	（1）事故处理要达到安全可靠、不留隐患、满足生产和使用要求、施工方便、经济合理的目的。 （2）要重视消除造成质量事故的原因，注意综合治理。【2022 年 2 天考 3 科考过】 （3）要合理确定处理范围和正确选择处理的时机和方法。 （4）要加强事故处理的检查验收工作，认真复查事故处理的实际情况。【2022 年 2 天考 3 科考过】 （5）要确保事故处理期间的安全【2022 年 2 天考 3 科考过】
处理依据	（1）法律法规。 （2）合同文件。 （3）工程建设标准。 （4）企业内部管理制度。

> **重点难点专项突破**
>
> 1. 上述内容一般会考核多项选择题。
> 2. 本考点可能会这样命题：
> （1）施工质量事故处理的基本要求有（　　）。【2022 年 2 天考 3 科真题】

A. 正确选择处理的人数和处罚方式
B. 确保事故处理期间的安全
C. 加强事故处理的检查验收工作
D. 重视消除造成事故的原因
E. 优先采用节约成本的技术措施

【答案】B、C、D

(2) 下列建设工程资料中,可以作为施工质量事故处理依据的有( )。
A. 相关法律法规　　　　　　　　B. 合同文件
C. 工程建设标　　　　　　　　　D. 企业内部管理制度
E. 工程竣工报告

【答案】A、B、C、D

专项突破 8　施工质量事故处理程序

例题:工程质量事故发生后,由国务院或国务院授权有关部门组织事故调查组进行调查的事故是( )。

A. 一般事故　　　　　　　　　　B. 较大事故
C. 重大事故　　　　　　　　　　D. 特别重大事故

【答案】D

重点难点专项突破

1. 本考点还可以考核的题目有:

(1) 工程质量事故发生后,由事故发生地省级人民政府负责调查的事故是(C)。

(2) 工程质量事故发生后,由事故发生地设区的市级人民政府负责调查的事故是(B)。

(3) 工程质量事故发生后,由事故发生地县级人民政府负责调查的事故是(A)。

注意:未造成人员伤亡的一般事故,县级人民政府也可以委托事故发生单位组织事故调查组进行调查。

(4) 工程质量事故发生后,逐级上报至国务院住房和城乡建设主管部门的事故包括(B、C、D)。

(5) 工程质量事故发生后,一般情况下应逐级上报至省级人民政府住房和城乡建设主管部门的事故是(A)。

注意:
工程质量事故发生后,事故现场有关人员应当立即向本单位负责人报告。

157

> 单位负责人接到报告后,应于1h内向事故发生地县级以上人民政府住房和城乡建设主管部门及有关部门报告。
>
> 情况紧急时,事故现场有关人员可直接向事故发生地县级以上人民政府住房和城乡建设主管部门报告。
>
> 住房和城乡建设主管部门逐级上报事故情况时,每级上报时间不得超过2h。
>
> "1h""2h"会作为一个采分点考核单项选择题,在判断正确与错误说法题目中可能会设置陷阱。

2. 题干中所讲质量事故的处理程序有两种考核题型:

(1) 判断几项工作的正确顺序,在2012年6月、2020年、2024年考核过。

工程施工质量事故的处理包括:①事故调查;②事故报告;③事故处理的鉴定验收;④事故处理;⑤提交事故处理报告。其正确的程序为( )。

A. ①②③④⑤ B. ②①④③⑤
C. ②①③④⑤ D. ①②⑤③④

【答案】B

(2) 判断某一工作前或后应进行的工作,在2015年考核过。

根据质量事故处理的一般程序,经事故调查及原因分析后,则下一步应进行的工作是( )。【2015年真题】

A. 制定事故处理方案 B. 事故的责任处罚
C. 事故处理的鉴定验收 D. 提交处理报告

【答案】A

> 注意:质量事故的处理程序中,事故调查包括事故原因分析;施工处理包括事故责任者处理和事故处理的技术方案。

3. 区分事故报告、事故调查报告、事故处理报告的内容,可能会考核多项选择题。

事故报告的内容	事故调查报告的内容【2011年、2020年、2021年第一批考过】	事故处理报告的内容【2014年考过】
(1) 事故发生单位概况。 (2) 事故发生的时间、地点以及事故现场情况。 (3) 事故的简要经过。 (4) 事故已经造成或者可能造成的伤亡人数(包括下落不明的人数)和初步估计的直接经济损失。 (5) 已经采取的措施。 (6) 其他应当报告的情况	(1) 事故发生单位概况。 (2) 事故发生经过和事故救援情况。 (3) 事故造成的人员伤亡和直接经济损失。 (4) 事故发生的原因和事故性质。 (5) 事故责任的认定和事故责任者的处理建议。 (6) 事故防范和整改措施	(1) 事故调查报告。 (2) 事故原因分析。 (3) 事故处理依据。 (4) 事故处理方案、方法及技术措施。 (5) 处理过程中的各种原始记录资料。 (6) 检查验收记录。 (7) 事故处理结论等

4. 事故调查组的组成也是一个多项选择题采分点。由有关人民政府、应急管理部门、负有安全生产监督管理职责的有关部门、监察机关、公安机关以及工会派人组成，并应当邀请人民检察院派人参加。事故调查组可以聘请有关专家参与调查。

5. 质量事故技术处理方案一般应委托原设计单位提出，由其他单位提出的，应经原设计单位同意签认。

专项突破 9 工程质量缺陷和质量事故处理的基本方法

例题： 对混凝土结构局部出现的损伤，如结构受撞击、局部未振实、冻害、火灾、酸类腐蚀、碱集料反应等，当这些损伤仅仅在结构的表面或局部，不影响其使用和外观时，应采用的处理方法是(   )。

A. 返修处理
B. 加固处理
C. 返工处理
D. 限制使用
E. 不作处理
F. 报废处理

【答案】A

重点难点专项突破

1. 本考点还可以考核的题目有：

（1）某混凝土结构工程的框架柱表面出现局部蜂窝麻面，经调查分析，其承载力满足设计要求，则对该框架柱表面质量问题的恰当处理方式是（A）。【**2010 年、2012 年 6 月考过**】

（2）某工程的混凝土结构出现较深裂缝，但经分析判定其不影响结构的安全和使用，正确的处理方法是（A）。

（3）某工程项目的基础混凝土结构出现了宽度大于 0.3mm 的裂缝，但经分析其不影响结构的安全和使用，则可采取的处理措施是（A）。【**2009 年、2022 年 2 天考 3 科考过**】

> 当裂缝宽度不大于 0.2mm 时，可采用表面密封法；当裂缝宽度大于 0.3mm 时，可采用嵌缝密闭法；当裂缝较深时，则应采取灌浆修补的方法。【**2023 年 1 天考 3 科考过**】

（4）针对危及承载力的质量缺陷，正确的处理方法是（B）。

（5）某防洪堤坝填筑压实后，其压实土的干密度未达到规定值，经核算将影响土体的稳定且不满足抗渗能力的要求，正确的处理方法是（C）。

（6）某公路桥梁工程预应力按规定张拉系数为 1.3，而实际仅为 0.8，属严重的质量缺陷，则应采取的处理措施是（C）。

（7）某工厂设备基础的混凝土浇筑过程中，由于施工管理不善，导致 28d 的混凝土实际强度达不到设计规定强度的 32％。对这起质量事故的正确处理方法是（C）。【**2013 年真题题干**】

(8) 当工程质量缺陷经加固、返工处理后仍无法保证达到规定的安全要求，但没有完全丧失使用功能时，适宜采用的处理方法是（D）。【2017年真题题干】

（9）某工业建筑物出现放线定位的偏差，且严重超过规范标准规定，若要纠正会造成重大经济损失，但经过分析、论证其偏差不影响生产工艺和正常使用，在外观上也无明显影响，适宜采用的处理方法是（E）。

（10）某些部位的混凝土表面的裂缝，经检查分析，属于表面养护不够的干缩微裂，不影响使用和外观，适宜采用的处理方法是（E）。

（11）混凝土现浇楼面的平整度偏差达到10mm，后续垫层和面层的施工可以弥补，适宜采用的处理方法是（E）。

（12）某检验批混凝土试块强度值不满足规范要求，强度不足，但经法定检测单位对混凝土实体强度进行实际检测后，其实际强度达到规范允许和设计要求值时，适宜采用的处理方法是（E）。【2011年考过】

（13）某一结构构件截面尺寸不足，或材料强度不足，影响结构承载力，但按实际情况进行复核验算后仍能满足设计要求的承载力时，适宜采用的处理方法是（E）。

【2012年10月考过】

2. 可不作专门处理的4种情况应掌握。

（1）不影响结构安全、生产工艺和使用要求的。

（2）下一道工序可以弥补的质量缺陷。

（3）法定检测单位鉴定合格的。

（4）出现的质量缺陷，经检测鉴定达不到设计要求，但经原设计单位核算，仍能满足结构安全和使用功能的。

关于不作处理，还可能这样命题：

下列工程质量问题中，可不作专门处理的是（　　）。

A. 某高层住宅施工中，底部二层的混凝土结构误用安定性不合格的水泥

B. 某防洪堤坝填筑压实后，压实土的干密度未达到规定值

C. 某检验批混凝土试块强度不满足规范要求，但混凝土实体强度检测后满足设计要求

D. 某工程主体结构混凝土表面裂缝大于0.5mm

【答案】C

第 5 章　施工成本管理

5.1　施工成本影响因素及管理流程

专项突破 1　施工成本分类

例题：按施工成本核算内容划分，施工成本可分为（　　）。
A. 直接成本　　　　　　　　B. 间接成本
C. 计划成本　　　　　　　　D. 实际成本
E. 固定成本　　　　　　　　F. 变动成本
G. 可控成本　　　　　　　　H. 不可控成本
I. 工期成本　　　　　　　　J. 质量成本
K. 安全成本　　　　　　　　L. 绿色成本
【答案】A、B

重点难点专项突破

1. 本考点还可以考核的题目有：
（1）按施工成本计算标准划分，施工成本可分为（C、D）。
（2）根据施工成本与工程量的关系（即成本性态）不同，施工成本可分为（E、F）。
（3）按施工成本是否可控划分，施工成本可分为（G、H）。
（4）按施工成本要素构成划分，施工成本可分为（I、J、K、L）。
（5）工程施工过程中耗费的人工费、材料费、施工机具使用费和措施费属于（A）。【2021 年第一批考过】
（6）施工项目管理机构为准备工程施工、组织和管理施工生产所发生的办公费、差旅费、财产保险费、检验试验费等属于（B）。

2. 选项 J，质量成本可分为控制成本和损失成本两部分。预防成本包括质量规划费、工序控制费、新工艺鉴定费、质量培训费、质量信息费等；鉴定成本包括施工图纸审查费、施工文件审查费、原材料、外购件检验试验费、工序检验费、工程质量验收费等。损失成本又分为内部损失成本和外部损失成本。内部损失成本包括返工损失、返修损失、停工损失、质量事故处理费用等；外部损失成本包括工程保修费、损失赔偿费等。

3. 选项 K，安全成本可分为安全生产保障成本和安全事故损失成本两部分。安全生产保障成本包括安全防护工程费用、安全防护措施费用、安全教育培训费用等；安全事故损失成本包括企业内部损失成本和企业外部损失成本。

专项突破 2　施工成本影响因素

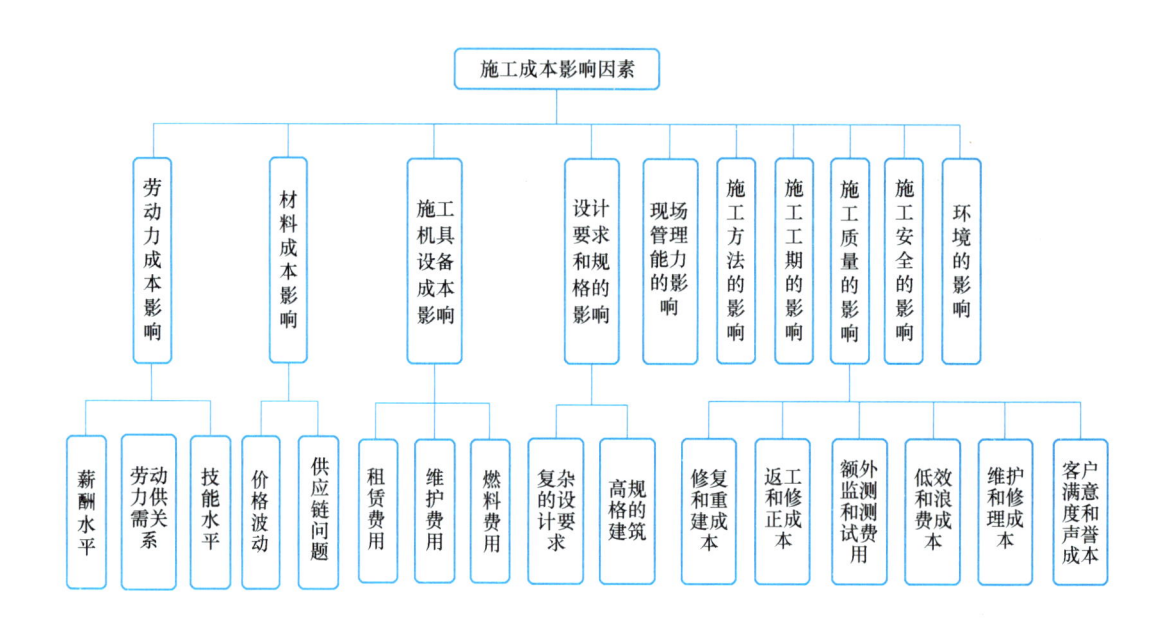

施工成本影响因素：
- 劳动力成本影响：薪酬水平、劳动力供需关系、技能水平
- 材料成本影响：价格波动、供应链问题
- 施工机具设备成本影响：租赁费用、维护费用、燃料费用
- 设计要求和规格的影响：复杂的设计要求、高规格的建筑
- 现场管理能力的影响
- 施工方法的影响
- 施工工期的影响
- 施工质量的影响：修复和重建成本、返工和修正成本、额外监测和试验费用
- 施工安全的影响：低效和浪费成本、维护和修理成本
- 环境的影响：客户满意度和声誉成本

重点难点专项突破

1. 本考点内容不多，可能会考核多项选择题。

2. 本考点可能会这样命题：

（1）施工成本受多种因素影响，施工质量的不达标或低质量将增加（　　）。

A. 额外监测和测试费用　　　　B. 设计成本
C. 维护和修理成本　　　　　　D. 修复和重建成本
E. 客户满意度和声誉成本

【答案】A、C、D、E

（2）下列影响施工成本因素中，属于施工质量因素的有（　　）。

A. 劳动力供需关系　　　　　　B. 价格波动
C. 维护费用　　　　　　　　　D. 修复和重建成本
E. 客户满意度和声誉成本

【答案】D、E

专项突破 3　施工成本管理流程

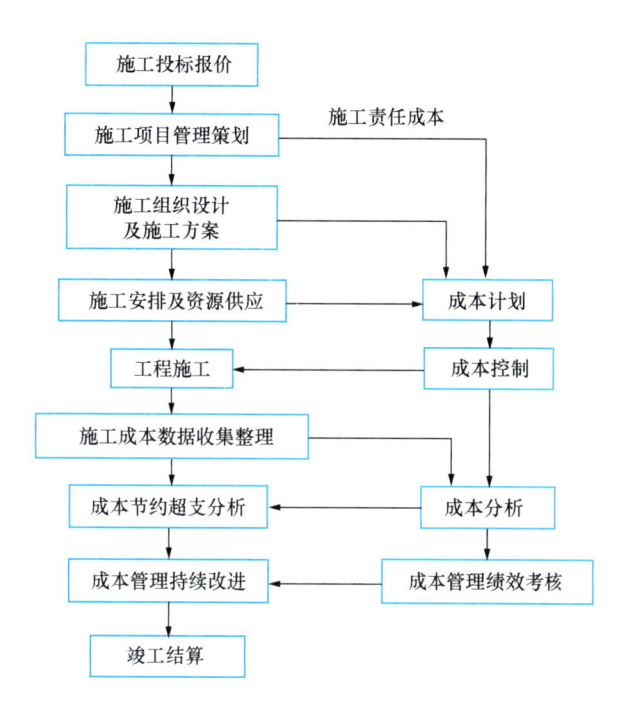

```
施工投标报价
     ↓
施工项目管理策划 ──施工责任成本──┐
     ↓                          │
施工组织设计                     │
及施工方案                      │
     ↓                          ↓
施工安排及资源供应 ────────→ 成本计划
     ↓                          ↓
工程施工 ←──────────────── 成本控制
     ↓
施工成本数据收集整理
     ↓                          ↓
成本节约超支分析 ←──────── 成本分析
     ↓                          ↓
成本管理持续改进 ←──────── 成本管理绩效考核
     ↓
竣工结算
```

重点难点专项突破

1. 熟悉施工成本管理流程，各个环节是一个有机联系与相互制约的系统过程。成本计划是开展成本控制和分析的基础，也是成本控制的主要依据【2024 年考过】；成本控制能对成本计划的实施进行监督，保证成本计划的实现；成本分析是对成本计划是否实现进行的检查，并为成本管理绩效考核提供依据；成本管理绩效考核是实现责任成本目标的保证和手段。

2. 本考点可能会这样命题：

（1）施工成本管理是指施工项目管理机构以（　　）为主线，对施工成本进行计划、控制、分析，并进行施工成本管理绩效考核的过程。

A. 实际成本　　　　　　　　B. 责任成本
C. 计划成本　　　　　　　　D. 目标成本

【答案】B

（2）施工成本管理环节中，（　　）是开展成本控制和分析的基础。

A. 成本核算　　　　　　　　B. 成本考核
C. 成本计划　　　　　　　　D. 成本预算

【答案】C

5.2 施工定额的作用及编制方法

专项突破 1　施工定额的作用

（1）施工定额是施工单位投标报价的依据，也是编制工程项目施工组织设计及施工方案、施工进度计划的依据。

（2）施工定额是确定施工责任成本和编制施工成本计划的依据。

（3）施工定额是组织和指挥施工生产的有效工具。施工项目管理机构通过下达施工任务书和限额领料单来实现组织管理和指挥施工生产。

（4）施工定额是施工成本控制的依据。施工定额为工人劳动报酬、材料及施工机具费用计算提供了衡量标准。

（5）施工定额是施工成本分析和施工成本管理绩效考核的基础。

重点难点专项突破

1. 本考点一般会考核判断正确与错误的题目。

2. 本考点可能会这样命题：

关于施工定额作用的说法，正确的有（　　）。

A. 施工定额是企业编制工程项目施工组织设计的依据

B. 施工定额是确定施工责任成本和编制施工成本计划的依据

C. 施工定额为工人劳动报酬、材料及施工机具费用计算提供了衡量标准

D. 施工定额是组织和指挥施工生产的有效工具

E. 施工定额是编制竣工结算的依据

【答案】A、B、C、D

专项突破 2　施工定额的分类与编制原则

项目	内　　容
分类	按施工定额反映的生产要素消耗内容不同，施工定额可分为人工定额、材料消耗定额和施工机具消耗定额三种
编制原则	（1）施工定额水平必须遵循平均先进的原则。所谓平均先进水平，是指在正常的生产条件下，多数施工班组或生产者经过努力可以达到，少数班组或劳动者可以接近，个别班组或劳动者可以超过的水平。 　　（2）定额的结构形式遵循简明适用的原则。所谓简明适用，是指定额结构合理，定额步距大小适当，文字通俗易懂，计算方法简便，容易掌握运用，具有多方面的适应性，能在较大范围内满足不同情况、不同用途的需要

重点难点专项突破

1. 考点一般内容较少，熟悉即可。
2. 本考点可能会这样命题：
(1) 施工定额的平均先进水平是指在正常的生产条件下（ ）的水平。
A. 个别班组可以接近   B. 少数班组经过努力可以达到
C. 多数施工班组可以接近   D. 多数班组经过努力可以达到
【答案】D
(2) 按施工定额反映的生产要素消耗内容不同，施工定额可分为（ ）。
A. 人工定额   B. 工器具定额
C. 材料消耗定额   D. 建筑工程定额
E. 施工机具消耗定额
【答案】A、C、E

专项突破 3　工人工作时间消耗的分类

例题： 下列工人工作时间消耗中，属于工人工作必需消耗的时间有（ ）。【2009年、2013年考过】

A. 基本工作时间
B. 辅助工作时间
C. 准备与结束工作时间
D. 休息时间【2009 年、2013 年考过】
E. 不可避免的中断时间【2009 年、2013 年考过】
F. 偶然工作时间【2009 年、2013 年考过】
G. 多余工作时间
H. 施工本身造成的停工时间
I. 非施工本身造成的停工时间
J. 违背劳动纪律损失时间

【答案】A、B、C、D、E

重点难点专项突破

1. 本考点还可以考核的题目有：
(1) 编制人工定额时，应计入工人有效时间的有（A、B、C）。【2014年真题题干】
(2) 施工作业的定额时间，是在拟定（A、B、C、D、E）的基础上编制的。【2013 年、2019 年考过】

(3) 编制人工定额时，由于作业面准备不充分导致的停工时间应计入（H）。【2018年真题题干】

(4) 下列工人工作的时间中，属于损失时间的有（F、G、H、I、J）。【2017年真题题干】

(5) 根据施工过程工时研究结果，与工人所担负的工作量大小无关的必须消耗时间是（C）。

(6) 下列工人工作时间消耗中，基本工作结束后整理劳动工具的时间应计入（C）。

(7) 工人的工作时间中，熟悉施工图纸所消耗的时间属于（C）。

(8) 工作地点、劳动工具和劳动对象的准备工作时间属于（C）。

2. 必需消耗的时间都可计入定额，而对于多余工作时间不可计入定额，偶然工作时间可以考虑，非施工本身造成的停工时间可以计入定额。考试时一般会考核以下两种题型：

(1) 直接考核必需消耗的时间。

(2) 判断应计入定额的时间消耗，2011年、2012年6月、2017年均有考核。对于这类型题目，下面将可能考核到的采分点进行总结：

编制人工定额时，应计入定额时间的有（   ）。

A. 工作地点、劳动工具、劳动对象的准备工作时间

B. 工作结束后的整理工作时间【2012年6月考过】

C. 辅助工作时间【2017年考过】

D. 休息时间【2011年考过】

E. 由于施工工艺特点引起的工作中断所必需的时间【2011年考过】

F. 由于水源或电源中断引起的停工时间

G. 由于劳动力组织不合理引起的中断时间

H. 工程技术人员和工人的差错而引起的工时损失

I. 施工组织不善引起的停工时间【2011年考过】

J. 材料供应不及时引起的停工时间【2011年、2012年6月考过】

K. 工作面准备不充分引起的停工时间【2017年考过】

L. 工作地点组织不良引起的停工时间

M. 工作班开始和午休后的迟到时间

N. 午饭前和工作结束前的早退时间【2012年6月考过】

O. 工人擅自离开工作岗位造成的时间损失【2017年考过】

P. 工作时间内聊天或办私事造成的工时损失【2012年6月、2017年考过】

【答案】A、B、C、D、E、F。选项G、H、I、J、K、L、M、N、O、P不能计入定额时间。

专项突破 4　人工定额的编制

例题： 已知人工挖某土方 1m³ 的基本工作时间恰为 1 个工日，辅助工作时间占工序作业时间的 5%，准备与结束工作时间、不可避免的中断时间、休息时间分别占工作日的 3%、2%、15%，则该人工挖土的时间定额为（　　）工日/10m³。

A. 13.33　　　　　　　　　　　　B. 13.16
C. 13.13　　　　　　　　　　　　D. 12.50

【答案】B

重点难点专项突破

1. 定额时间通过时间测定法（测时法、写实记录法、工作日写实法）得出相应的观测数据，经加工整理后得到。在计算定额时间时，需要掌握工序作业时间、规范时间的计算公式：

（1）工序作业时间＝基本工作时间＋辅助工作时间＝$\dfrac{基本工作时间}{1-辅助工作时间\%}$

（2）规范时间＝准备与结束工作时间＋不可避免的中断时间＋休息时间

（3）定额时间＝$\dfrac{工序作业时间}{1-规范时间\%}$

2. 上述例题的计算如下：

工序作业时间＝1/（1－5%）＝1.053 工日/m³。

规范时间＝3%＋2%＋15%＝20%。

人工挖土的时间定额＝1.053/（1－20%）＝1.316 工日/m³＝13.16 工日/10m³。

3. 再准备一个题目来练习：

已知某人工抹灰 10m² 的基本工作时间为 4h，辅助工作时间占工序作业时间的 5%，准备与结束工作时间、不可避免的中断时间、休息时间分别占工作日的 6%、11%、3%。则该人工抹灰的时间定额为（　　）工日/100m²。

A. 6.30　　　　　　　　　　　　B. 6.56
C. 6.58　　　　　　　　　　　　D. 6.67

【答案】C

【解析】本题的计算过程如下：

4h＝4/8 工日＝0.5 工日。

100m² 所需的时间定额＝0.5/（1－5%）÷（1－6%－11%－3%）×10＝6.58 工日。

4. 编制人工定额时需要拟定正常的施工作业条件和拟定时间定额。拟定正常的施工作业条件包括：拟定施工作业的内容；拟定施工作业的方法；拟定施工作业地点的组织；拟定施工作业人员的组织等。

专项突破 5　人工定额种类

种类		内容
按表现形式	时间定额	单位产品时间定额（工日）＝ $\dfrac{1}{每工日产量}$ 【2010年考过】 或　单位产品时间定额（工日）＝ $\dfrac{小组成员工日数总和}{机械台班产量}$
	产量定额	产量定额＝ $\dfrac{1}{时间定额}$
按定额的标定对象	单项工序定额	综合时间定额＝∑各单项（工序）时间定额
	综合定额	综合产量定额＝ $\dfrac{1}{综合时间定额（工日）}$

重点难点专项突破

本考点内容较少，可能会考核单位产品时间定额的计算。比如：

某施工工序的人工产量定额为 4.56m³，则该工序的人工时间定额为（　　）。【2010年真题】

A. 0.22 工日/m³　　　　　　B. 0.22 工日
C. 1.76 工日　　　　　　　　D. 4.56 工日

【答案】B

【解析】工序的人工时间定额（工日）＝1/4.56＝0.22 工日。

专项突破 6　人工定额的编制方法

例题： 编制人工定额时，为了提高编制效率，对于同类型产品规格多、工序重复、工作量小的施工过程，宜采用的编制方法是（　　）。【2016年、2019年、2020年、2022年、2天考3科考过】

A. 技术测定法　　　　　　B. 比较类推法
C. 统计分析法　　　　　　D. 经验估计法

【答案】B

重点难点专项突破

1. 本考点还可以考核的题目有：

（1）根据生产技术和施工组织条件，对施工过程中各工序采用测时法、写实记录法、工作日写实法，测出其工时消耗等资料，再对所获得的资料进行分析，制定出人工定额的方法是（A）。【2021年第一批、2024年考过】

（2）某施工企业编制砌砖墙人工定额，该企业有近 5 年同类工程的施工工时消耗资料，则制定人工定额适合选用的方法是（C）。

（3）根据定额专业人员、经验丰富的工人和施工技术人员的实际工作经验，参考有关定额资料，对施工管理组织和现场技术条件进行调查、讨论和分析制定定额的方法是（D）。

（4）编制人工定额时，通常作为一次性定额使用的是（D）。

（5）制定人工定额常用的方法有（A、B、C、D）。

2. 人工定额的编制方法在考核时，也就上述几种命题方式，一般不会出现逆向命题。

专项突破 7　材料消耗定额的编制

例题： 编制材料消耗定额，主要包括确定直接使用在工程上的材料净用量和在施工现场内运输及操作过程中的不可避免的废料和损耗。确定材料净用量的方法有（　　）。
【2009 年、2021 年第一批考过】

A. 理论计算法　　　　　　　　B. 测定法
C. 图纸计算法　　　　　　　　D. 经验法
E. 观察法　　　　　　　　　　F. 统计法

【答案】A、B、C、D

重点难点专项突破

1. 本考点还可以考核的题目有：
（1）编制砖砌体材料消耗定额时，测定标准砖砌体中砖的净用量，宜采用的方法是（A）。【2012 年真题题干】
（2）材料损耗率可以通过（E、F）计算确定。

2. 例题题干中材料消耗量的组成也是一个采分点，在 2021 年第二批考试中这样考核："编制材料消耗定额时，材料消耗量包括直接使用在工程上的材料净用量和（　　）。"

3. 本考点还要掌握应用理论计算法计算材料净用量，下面通过一个题目学习。

砌筑一砖厚砖墙，灰缝厚度为 10 mm，砖的施工损耗率为 1.5%，场外运输损耗率为 1%。砖的规格为 240mm×115mm×53mm，则每立方米砖墙工程中砖的消耗量为（　　）块。

A. 515.56　　　　　　　　　　B. 520.64
C. 537.04　　　　　　　　　　D. 542.33

【答案】C

【解析】每立方米砖墙工程中砖的消耗量的计算过程如下：

$$每立方米砖墙工程中砖的净用量 = \frac{1}{0.24 \times (0.115 + 0.01) \times (0.053 + 0.01)} \approx$$

529.10 块。

每立方米砖墙工程中砖的消耗量=529.10×(1+1.5%)=537.04 块。

4. 本考点中还涉及材料消耗量的计算，公式为：

$$损耗率=\frac{损耗量}{净用量}\times 100\%$$

总消耗量=净用量+损耗量=净用量×(1+损耗率)

> 这部分知识点可能会这样命题：
>
> 正常施工条件下，完成单位合格建筑产品所需某材料的不可避免损耗量为 0.80kg。已知该材料损耗率为 6.40%，则该材料的总消耗量为（　　）kg。
>
> A. 13.30　　　　　　　　　　B. 13.40
> C. 12.50　　　　　　　　　　D. 11.60
>
> 【答案】A
>
> 【解析】材料损耗率= 损耗量/净用量×100%= 0.80/净用量×100%= 6.40%。
>
> 解得：材料净用量= 12.50kg。
>
> 材料消耗量= 材料净用量+ 损耗量= 12.50+ 0.80= 13.30kg。

专项突破 8　周转性材料消耗定额的编制

例题： 影响建设工程周转性材料消耗的因素有（　　）。【2018 年真题题干】

A. 一次使用量【2012 年 10 月、2015 年、2018 年、2024 年考过】
B. 每周转使用一次材料的损耗【2012 年 10 月、2015 年、2018 年、2024 年考过】
C. 周转使用次数【2012 年 10 月、2015 年、2018 年、2024 年考过】
D. 周转材料的最终回收及其回收折价【2012 年 10 月、2015 年、2018 年、2024 年考过】
E. 摊销量

【答案】A、B、C、D

重点难点专项突破

1. 本考点还可以考核的题目有：

（1）定额中周转材料消耗量指标，应当用（A、E）两个指标表示。【2010 年、2011 年考过】

（2）施工企业投标报价时，周转材料消耗量应按（E）计算。【2016 年、2019 年考过】

（3）施工企业成本核算时，周转材料消耗量应按（E）计算。

（4）施工企业组织施工时，周转材料消耗量应按（A）计算。

2. 本考点还需要掌握一个采分点——周转使用量的计算，下面通过一道题目说明：

某现浇混凝土结构施工采用的木模板，一次净用量为200m²，现场制作安装不可避免的损耗率为2%，可周转使用5次，每次补损率为5%。该模板的周转使用量为(　　)m²。

A. 48.00　　　　　　　　　　　　B. 48.96
C. 49.44　　　　　　　　　　　　D. 51.00

【答案】B
【解析】本题的计算过程为：

一次使用量＝净用量×（1＋操作损耗率）＝200×（1＋2%）＝204m²。

$$\text{周转使用量} = \frac{\text{一次使用量} \times [1 + (\text{周转次数} - 1) \times \text{补损率}]}{\text{周转次数}}$$

$= [204 \times (1 + 4 \times 5\%)] / 5 = 48.96 \text{m}^2$。

专项突破 9　机械工作时间消耗的分类

例题：下列工作时间中，属于施工机械台班使用定额中必需消耗的时间有（　　）。

【2016年、2024年考过】

A. 正常负荷下的工时消耗【2016年考过】
B. 有根据地降低负荷下的工时消耗【2016年考过】
C. 不可避免的无负荷工作时间【2016年考过】
D. 与工艺过程的特点有关的不可避免的中断工作时间【2024年考过】
E. 与机械有关的不可避免的中断工作时间
F. 工人休息时间
G. 多余工作时间
H. 停工时间
I. 低负荷下的工作时间
J. 违背劳动纪律引起时间

【答案】A、B、C、D、E、F

重点难点专项突破

1. 本考点还可以考核的题目有：

（1）下列工作时间中，属于施工机械有效工作时间的有（A、B）。

（2）下列工作时间中，属于施工机械损失时间的有（G、H、I、J）。

（3）汽车运输重量轻而体积大的货物时，不能充分利用载重吨位因而不得不在低于其计算负荷下工作的时间应计入（B）。

（4）施工作业过程中，筑路机在工作区末端掉头消耗的时间应计入施工机械台班使用定额，其时间消耗的性质是（C）。

（5）砂浆搅拌机工作时，由于工人没有及时供料而使机械空转的时间属于机械工作时间消耗中的（G）。【2012年6月真题题干】

（6）编制施工机械台班使用定额时，工人装车的砂石数量不足导致的汽车在降低负荷下工作所延续的时间属于（I）。【2018年真题题干】

2. 该考点在考试时，还会以各项工作时间的具体内容作为备选项，判断具体是属于哪一类消耗时间。下面将可能涉及的一些实例总结如下：

时间消耗	时间归类
汽车运输重量轻而体积大的货物时，不能充分利用汽车的载重吨位因而不得不降低其计算负荷	有根据地降低负荷下的工作时间
筑路机在工作区末端调头	不可避免的无负荷工作时间
灰浆泵由一个工作地点转移到另一工作地点时的工作中断	与工艺过程的特点有关的不可避免中断工作时间
如工人没有及时供料而使机械空运转的时间	机械的多余工作时间
由于未及时供给机械燃料而引起的停工	施工本身造成的停工时间
暴雨时压路机的停工	非施工本身造成的停工时间
工人装车的砂石数量不足引起的汽车在降低负荷的情况下工作所延续的时间	低负荷下的工作时间

专项突破10　施工机械台班使用定额的编制内容

例题：某出料容量750L的混凝土搅拌机，每循环一次的正常延续时间为9min，机械正常利用系数为0.9。按8h工作制考虑，该机械的台班产量定额为（　　）。

A. 36.02m³/台班

B. 40m³/台班

C. 0.28台班/m³

D. 0.25台班/m³

【答案】A

重点难点专项突破

1. 上述例题的计算过程：正常持续时间为9min=0.15h；该搅拌机纯工作1h循环次数=1/0.15=6.67次；该搅拌机纯工作1h正常生产率=机械纯工作1h正常循环次数×一次循环生产的产品数量=6.67×750=5002.5m³；该机械的台班产量定额=机械净工作生产率×工作班延续时间×机械利用系数=5.0025×8×0.9=36.02m³。

2. 该考点还会考核公式的表述题，比如：

(1) 施工机械台班产量定额等于( )。【2013年真题】
A. 机械净工作1h生产率×工作班延续时间
B. 机械净工作1h生产率×机械利用系数
C. 机械净工作1h生产率×工作班延续时间×机械运行时间
D. 机械净工作1h生产率×工作班延续时间×机械利用系数

【答案】D

(2) 确定施工机械台班定额消耗量前需计算机械时间利用系数，其计算公式正确的是( )。
A. 机械时间利用系数＝机械纯工作1h正常生产率×工作班纯工作时间
B. 机械时间利用系数＝$\dfrac{1}{机械台班产量定额}$
C. 机械时间利用系数＝$\dfrac{工作班内纯工作时间}{机械工作班时间}$
D. 机械时间利用系数＝$\dfrac{机械工作班时间}{工作班内纯工作时间}$

【答案】C

专项突破11 施工机械台班使用定额的形式

例题： 斗容量1m³反铲挖土机，挖三类土，装车，挖土深度2m以内，小组成员两人，机械台班产量为4.56（定额单位100m³），则用该机械挖土100m³的人工时间定额为( )。【2016年真题】
A. 0.44台班 B. 0.44工日
C. 0.22台班 D. 0.22工日

【答案】B

重点难点专项突破

1. 上述例题的计算过程：单位产品人工时间定额（工日）＝$\dfrac{小组成员总人数}{台班产量}$＝$\dfrac{2}{4.56}$＝0.44工日。

2. 施工机械台班定额的形式包括时间定额和产量定额。历年在此考核的都是时间定额的计算。如果上述题干内容不变，该机械挖土100m³的机械时间定额是多少呢？

单位产品机械时间定额（台班）＝$\dfrac{1}{台班产量}$＝$\dfrac{1}{4.56}$＝0.22台班。

5.3 施工成本计划

专项突破 1　施工责任成本具有的条件及构成

项目	内容
责任成本具有的条件	可考核性、可预计性、可计量性、可控制性
责任成本的构成	施工责任成本由人工费、材料费、施工机具使用费、专业分包费、措施费、间接费、其他费用组成。 施工责任成本＝预计结算收入－税金－项目目标利润 施工责任成本降低额＝施工责任成本－项目实际成本 施工责任成本降低率＝施工责任成本降低额/施工责任成本

重点难点专项突破

本考点可能会这样命题：

(1) 关于施工责任成本计算式的表述，错误的是（　　）。
A. 施工责任成本＝预计结算收入－税金－项目目标利润
B. 施工责任成本降低额＝施工责任成本－项目实际成本
C. 施工责任成本降低率＝施工责任成本降低额/施工责任成本
D. 施工责任成本＝人工费＋材料费＋施工机具使用费＋企业管理费＋利润＋税金

【答案】D

(2) 责任成本具有的条件包括（　　）。
A. 可考核性　　　　　　　　B. 可预计性
C. 可变动性　　　　　　　　D. 可计量性
E. 可控制性

【答案】A、B、D、E

专项突破 2　施工成本计划的类型

例题：施工企业在施工项目投标及签订合同阶段编制的估算成本计划，属于（　　）成本计划。【2014 年考过】
A. 竞争性　　　　　　　　　B. 指导性
C. 实施性　　　　　　　　　D. 战略性
E. 参考性

【答案】A

重点难点专项突破

1. 本考点还可以考核的题目有：

（1）下列施工成本计划中，（A）成本计划以招标文件中的合同条件、投标者须知、技术规范、设计图纸和工程量清单等为依据，以有关价格条件说明为基础，结合调研和现场踏勘、答疑等情况，根据本企业自身的工料消耗标准、水平、价格资料和费用指标，对本企业完成招标工程所需要支出的全部费用的估算。

（2）某施工企业经过投标获得了某工程的施工任务，合同签订后，公司有关部门开始选派项目经理并编制成本计划，该阶段所编制的成本计划属于（B）成本计划。【2012年6月真题题干】

（3）以合同价为依据，按照企业的预算定额标准制定的设计预算成本计划，属于（B）成本计划。

（4）以项目实施方案为依据，以落实项目经理责任目标为出发点，根据企业施工定额编制的施工成本计划是一种（C）成本计划。【2010年、2024年考过】

> 注意：上题中"施工定额"在2009年、2011年、2012年10月均作为采分点考核了单项选择题。

（5）项目施工准备阶段的施工预算成本计划属于（C）成本计划。

2. D、E选项是可能会设置的干扰选项。

3. 在投标报价过程中，竞争性成本计划虽也着力考虑降低成本的途径和措施，但总体上较为粗略。【2014年考过】

指导性成本计划和实施性成本计划，都是战略性成本计划的进一步开展和深化，是对战略性成本计划的战术安排。【2024年考过】

4. 本考点还会以判断正确与错误说法的形式综合考核，比如：

关于竞争性成本计划、指导性成本计划和实施性成本计划三者区别的说法，正确的是（　）。【2014年真题】

A. 指导性成本计划是项目施工准备阶段的施工预算成本计划，比较详细

B. 实施性成本计划是选派项目经理阶段的预算成本计划

C. 指导性成本计划是以项目实施方案为依据编制的

D. 竞争性成本计划是项目投标和签订合同阶段的估算成本计划，比较粗略

【答案】D

专项突破3　施工成本计划的编制依据和程序

项目	内　　容
编制依据	合同文件；项目管理实施规划；相关设计文件；价格信息；相关定额；类似项目成本资料等【2023年2天考3科考过】

续表

项目	内　　容
编制程序	施工成本计划的编制应以成本预测为基础，关键是确定目标成本。施工成本计划应按下列程序编制： （1）预测项目成本。 （2）确定项目总体成本目标。 （3）编制项目总体成本计划。 （4）项目管理机构与企业职能部门根据其责任成本范围，分别确定各自成本目标，并编制相应的成本计划。 （5）针对成本计划制定相应的控制措施。 （6）由项目管理机构与企业职能部门负责人分别审批相应的成本计划

重点难点专项突破

1. 本考点有三个采分点：
（1）编制依据，可能会考核多项选择题；
（2）成本计划编制的关键，会考核单项选择题；
（3）编制程序，会考核单项选择题。

2. 本考点可能会这样命题：
（1）编制施工成本计划时，在确定项目总成本目标前应进行的工作是（　　）。
A. 预测项目成本　　　　　　B. 编制项目总体成本计划
C. 确定成本目标　　　　　　D. 针对成本计划制定相应的控制措施
【答案】A

（2）下列作为成本计划编制依据的有（　　）。【2023年2天考3科真题】
A. 合同文件　　　　　　　　B. 设计文件
C. 施工组织设计　　　　　　D. 合同计价方式
E. 价格信息
【答案】A、B、E

专项突破4　施工成本计划的编制方法

例题：某工程按月编制的成本计划如下图所示，若6月、7月实际完成的成本为700万元和1000万元，其余月份的实际成本与计划相同，则关于成本偏差的说法，正确的有（　　）。【2015年真题题干】

A. 第6个月末的计划成本累计值为2650万元
B. 第6个月末的实际成本累计值为2550万元
C. 第7个月末的计划成本累计值为3600万元
D. 第7个月末的实际成本累计值为3550万元
【答案】A、B、C、D

成本（万元）

```
                        950
                    800     800
                 650            650
              500                  500
           400                        
        200                              300
     100                                  
      0  1  2  3  4  5  6  7  8  9  10  11  时间（月）
```

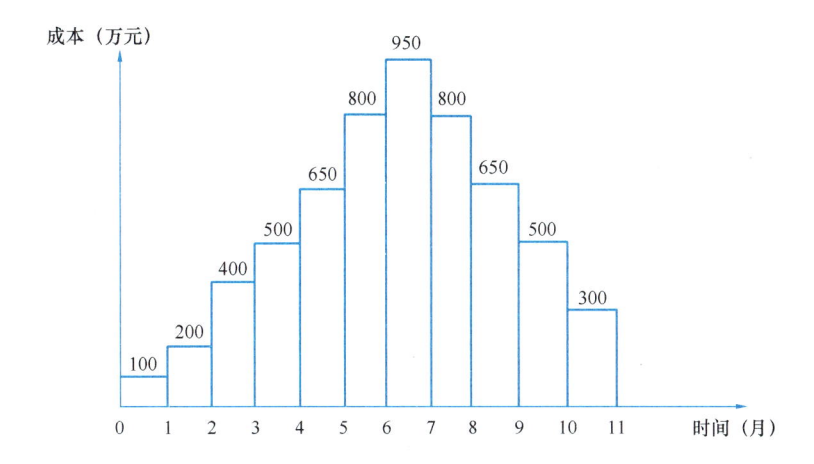

重点难点专项突破

1. 施工成本计划的编制方法有 3 种：(1) 按成本组成编制成本计划的方法；(2) 按项目结构编制成本计划的方法；(3) 按工程实施阶段编制成本计划的方法。上述例题是考核第（3）种方法。2016 年考核了同样的题型。下面对这道题进行分析：

A 选项：第 6 个月末的计划成本累计值＝100＋200＋400＋500＋650＋800＝2650 万元。

B 选项：第 6 个月末的实际成本累计值＝100＋200＋400＋500＋650＋700＝2550 万元。

C 选项：第 7 个月末的计划成本累计值＝100＋200＋400＋500＋650＋800＋950＝3600 万元。

D 选项：第 7 个月末的实际成本累计值＝100＋200＋400＋500＋650＋700＋1000＝3550 万元。

2. 按实施进度编制成本计划，通常可在控制项目进度的网络图的基础上进一步扩充得到。即在建立网络图时，一方面确定完成各项工作所需花费的时间，另一方面确定完成这一工作合适的成本支出计划。对成本支出计划可能分解过细，以至于不可确定每项工作的成本支出计划，反之亦然。因此在编制网络计划时，在充分考虑进度控制对项目划分要求的同时，还要考虑确定成本支出计划对项目划分的要求，做到两者兼顾【**2022 年 2 天考三科考过**】。掌握两种形式：

（1）在时标网络图上按月编制的成本计划（如例题图）。

（2）利用时间-成本曲线（S 形曲线）表示（如下图所示）。

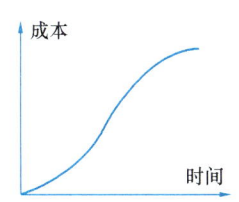

时间-成本累计曲线的绘制步骤如下：

① 编制工程项目施工进度时标网络计划。

② 根据每项工作在单位时间内完成的实物工程量或投入的人力、物力和财力，计算单位时间（月或旬）的施工成本，在时标网络图上按时间编制成本支出计划。

③ 计算规定时间 t 计划累计支出的成本额。其计算方法为：各单位时间计划完成的成本额累加求和。

④ 按各规定时间的 Q_t 值，绘制 S 形曲线。

S 形曲线必然被包络在由全部工作均按最早开始时间开始和全部工作均按最迟开始时间开始的两条 S 形曲线所组成的"香蕉图"内。

对施工单位而言，施工进度网络计划中的所有工作均按最早开始时间开始、按最早完成时间完成，可以尽早获得工程进度款支付，同时也能提高工程按期竣工的保证率，但同时也会占用施工单位大量资金。【2021年第一批考过】

> 命题总结：
> 时间-成本累积曲线的绘制会有三种考核形式：
> （1）题干中提出绘制工作，要求判断正确的步骤。
> （2）判断某项工作紧前或者紧接着应进行的工作。
> （3）给出成本计划时间-成本累积曲线，要求计算某月份的成本计划值。

3. 按成本组成编制成本计划的方法：施工成本可以按成本构成分解为人工费、材料费、施工机具使用费、企业管理费等。【2022年2天考三科考过】

4. 按项目结构编制成本计划的方法：总施工成本分解到单项工程和单位工程中，再进一步分解为分部工程和分项工程【2010年、2022年2天考三科考过】。在编制成本支出计划时，要在项目总体层面上考虑总的预备费，也要在主要的分项工程中安排适当的不可预见费【2012年6月考过】。

5. 本考点可能会这样命题：

（1）绘制时间-成本累计曲线的环节有：①计算单位时间成本；②确定工程项目进度时标网络计划；③计算计划累计支出的成本额；④绘制 S 形曲线。正确的绘制步骤是（　　）。

A. ①—②—③—④　　　　　　　B. ②—①—③—④
C. ①—③—②—④　　　　　　　D. ②—③—④—①

【答案】B

（2）某项目按施工进度编制的施工成本计划如下图所示，则4月份计划成本是（　　）万元。

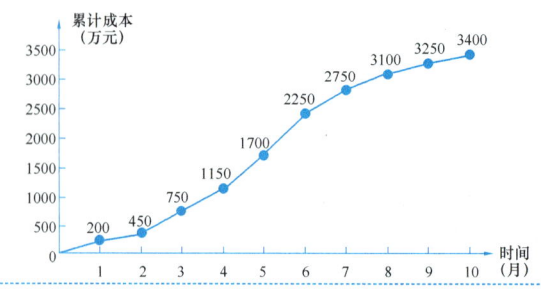

A. 300　　　　　　　　　　　　B. 400
C. 750　　　　　　　　　　　　D. 1150

【答案】B

【解析】4月份计划成本＝1150－750＝400万元。

（3）某项目施工成本计划如下图所示，则5月末计划累积成本支出为（　　）万元。

项目名称	成本强度 （万元/月）	工程进度（月）				
		1	2	3	4	5
A	10					
B	20					
C	15					
D	30					
E	25					

A. 75　　　　　　　　　　　　B. 180
C. 270　　　　　　　　　　　　D. 325

【答案】C

【解析】5月末计划累计成本支出＝(10×3)＋(20×4)＋(15×3)＋(30×3)＋25＝270万元。

（4）关于施工成本计划编制的说法，正确的有（　　）。

A. 编制施工成本计划可利用控制项目进度的网络进度计划
B. 编制施工成本计划的关键是确定目标成本
C. 按进度编制施工成本计划可以用"时间-成本累计曲线"来表示
D. 在编制施工成本支出计划时，无需考虑不可预见费
E. 施工成本可分解为人工费、材料费、机械费、间接费和税金

【答案】A、B、C

5.4 施工成本控制

专项突破1　施工成本控制过程

例题： 施工成本控制过程包括管理行为控制过程和指标控制过程。下列内容属于管理行为控制过程的有（　　）。【2020年考过】

A. 建立成本管理体系的评审组织和评审程序
B. 建立成本管理体系运行的评审组织和评审程序
C. 目标考核，定期检查
D. 制定对策，纠正偏差

E. 确定成本管理分层次目标
F. 采集成本数据，监测成本形成过程
G. 找出偏差，分析原因
H. 调整改进成本管理方法

【答案】A、B、C、D

> **重点难点专项突破**
>
> 1. 本考点还可以考核的题目有：
> 下列内容属于指标控制过程的有（D、E、F、G、H）。
> 2. 记住一句话：管理行为控制是对成本全过程控制的基础，指标控制则是成本控制的重点。两个过程既相对独立又相互联系，既相互补充又相互制约。
> 3. 管理行为控制过程与施工成本指标控制过程还可能会考核判断正确顺序的题目。比如2024年是这样命题的：施工成本的指标控制工作有：①采集成本数据，监测成本形成过程；②调整改进成本管理方法；③确定成本管理分层次目标；④制定对策，纠正偏差；⑤找出偏差，分析原因。正确的程序是（ ）。

专项突破 2　施工成本过程控制方法

例题： 材料费控制按照"量价分离"原则，控制材料用量和材料价格。材料用量的控制方法有（　）。

A. 定额控制　　　　　　　　　　B. 指标控制
C. 计量控制　　　　　　　　　　D. 包干控制

【答案】A、B、C、D

> **重点难点专项突破**
>
> 1. 本考点还可以考核的题目有：
> （1）某施工项目部根据以往项目的材料实际耗用情况，结合具体施工项目要求，制定领用材料标准控制发料。这种材料用量控制方法是（B）。
> （2）在材料使用过程中，对部分小型及零星材料根据工程量计算出所需材料量，将其折算成费用，由作业者采取（D）。
>
> > 关于材料用量控制，还会这样考核：
> > 关于施工过程中材料费控制的说法，正确的是（　）。【2017年真题】
> > A. 没有消耗定额的材料必须包干使用
> > B. 有消耗定额的材料采用限额发料
> > C. 零星材料应实行计划管理并按指标控制
> > D. 有消耗定额的材料均不能超过领料限额
> > 【答案】B

（3）在工程项目的施工阶段，对现场用到的钢钉、钢丝等零星材料的用量控制，宜采用的控制方法是（D）。【2016年真题题干】

2. 材料控制内容在2015年考试中是这样命题的：进行施工成本的材料费控制，主要控制的内容有（　　）。

施工阶段是成本发生的主要阶段，这个阶段的成本控制包括人工费控制、材料费的控制、施工机具使用费的控制、施工分包费用的控制。

3. 人工费的控制实行"量价分离"的方法【2015年考过】。控制人工费支出的手段可能会考核多项选择题，主要包括：

(1) 加强劳动定额管理。
(2) 提高劳动生产率。
(3) 降低工程耗用人工工日。
(4) 加快自有建筑工人队伍建设。
(5) 完善职业技能培训体系。
(6) 建立技能导向的激励机制。
(7) 规范劳动管理制度。

4. 材料价格主要由材料采购部门控制。

5. 控制施工机具使用费支出，应主要从台班数量和台班单价两个方面进行控制。具体内容见下表。

项目	内　　容
台班数量	（1）根据施工方案和现场实际情况，选择适合项目施工特点的施工机械，制定设备需求计划，合理安排施工生产，充分利用现有机械设备，加强内部调配，提高机械设备的利用率。 （2）保证施工机械设备的作业时间，安排好生产工序的衔接，尽量避免停工、窝工，尽量减少施工中所消耗的机械台班数量。【2011年考过】 （3）核定设备台班定额产量，实行超产奖励办法，加快施工生产进度，提高机械设备单位时间的生产效率和利用率。 （4）加强设备租赁计划管理，减少不必要的设备闲置和浪费，充分利用社会闲置机械资源【2018年考过】
台班单价	（1）加强现场设备的维修、保养工作。【2011年、2018年考过】 （2）加强机械操作人员的培训工作。 （3）加强配件的管理。 （4）降低材料成本。 （5）成立设备管理领导小组，负责设备调度、检查、维修、评估等具体事宜

6. 对分包费用的控制，主要是要做好分包工程的询价、订立平等互利的分包合同、建立稳定的分包关系网络、加强施工验收和分包结算等工作。

专项突破3　挣　值　法

例题：某工程主要工作是混凝土浇筑，中标的综合单价是400元/m³，计划工程量是8000m³。施工过程中因原材料价格提高使实际单价为500元/m³，实际完成并经监理工程

师确认的工程量是 9000m³。若采用挣值法进行综合分析，正确的结论有（　　）。【2017年考过】

  A. 已完工程预算费用为 360 万元　　B. 费用偏差为 －90 万元，超出预算费用
  C. 进度偏差为 40 万元，进度提前　　D. 已完工程实际费用为 450 万元
  E. 拟完工程预算费用为 320 万元　　F. 费用绩效指数为 0.8，超支
  G. 进度绩效指数为 1.125，进度提前

【答案】A、B、C、D、E、F、G

重点难点专项突破

1. 本考点在 2010 年、2012 年 6 月、2012 年 10 月、2013 年、2014 年、2015 年、2016 年、2017 年、2018 年、2021 年第一批、2023 年 1 天考 3 科、2023 年 2 天考 3 科考试中均有考核。考核主要以计算题为主。

2. 挣值法需要计算 3 个基本参数和 4 个评价指标，而且计算公式都很相似，靠记忆容易混淆，可以按下列方法记忆：

（1）3 个基本参数

参数	计算	说明	理想状态
已完工程预算费用（BCWP）	∑（已完成工程量×预算单价）	实际希望支付的钱（执行预算）	ACWP、BCWS、BCWP 三条曲线靠得很近、平稳上升，表示项目按预定计划目标进行。如果三条曲线离散度不断增加，则可能出现较大的费用偏差
拟完工程预算费用（BCWS）	∑（计划工程量×预算单价）	希望支付的钱（计划预算）	
已完工程实际费用（ACWP）	∑（已完成工程量×实际单价）	实际支付的钱（执行成本）	

（2）4 个评价指标

指标	计算	记忆	评价	记忆	说明	意义
费用偏差（CV）	BCWP－ACWP	两"已完"相减，预算减实际	<0，超支；>0，节支	得负不利，得正有利	反映的是绝对偏差，仅适合于对同一项目作偏差分析【2015 年、2016 年考过】	在项目的费用、进度综合控制中引入挣值法，可以克服过去进度、费用分开控制的缺点。挣值法即可定量地判断进度、费用的执行效果
进度偏差（SV）	BCWP－BCWS	两"预算"相减，已完减拟完	<0，延误；>0，提前			
费用绩效指数（CPI）	BCWP/ACWP	—	<1，超支；>1，节支	大于 1 有利；小于 1 不利	反映的是相对偏差，在同一项目和不同项目比较中均可采用【2016 年考过】	
进度绩效指数（SPI）	BCWP/BCWS	—	<1，延误；>1，提前			

3. 学习了上面内容，再来看例题如何解答：

已完工程预算费用＝9000×400＝3600000元＝360万元。

拟完工程预算费用＝8000×400＝3200000元＝320万元。

已完工程实际费用＝9000×500＝4500000元＝450万元。

费用偏差＝360－450＝－90万元，项目运行超出预算费用。

进度偏差＝360－320＝40万元，进度提前。

费用绩效指数＝360/450＝0.8，超支，实际费用高于预算费用。

进度绩效指数＝360/320＝1.125，进度提前。

4. 本考点可能会这样命题：

(1) 某项目进行到第6个月时累计费用偏差为－300万元，费用绩效指数为0.9，进度偏差为200万元，由此可以判断该项目的状态是（   ）。**【2023年1天考3科真题】**

  A. 进度绩效指数小于1，进度延误　　B. 第6个月费用超支，进度延误

  C. 进度绩效指数大于1，进度提前　　D. 前6个月费用节约，进度提前

【答案】C

【解析】费用绩效指数小于1，表示超支，即实际费用高于预算投资。进度偏差＝已完工程预算费用－拟完工程预算费用＝200万元，表示已完工程预算费用＞拟完工程预算费用，也就表示已完工作＞拟完工作，因此进度提前。同时，若进度提前，进度绩效指数＝已完工程预算费用/拟完工程预算费用，则进度绩效指数应该大于1。

(2) 某分项工程某月计划工程量为3200m^2，计划单价为15元/m^2，月底核定承包商实际完成工程量为2800m^2，实际单价为20元/m^2，则该工程的已完工程实际费用（ACWP）为（   ）元。

  A. 56000　　　　　　　　　　　　　B. 42000

  C. 48000　　　　　　　　　　　　　D. 64000

【答案】A

【解析】本题应该是考核挣值法中最简单的计算题了。已完工程实际费用＝2800×20＝56000元。

(3) 某分部工程计划工程量5000m^3，预算单价380元/m^3，实际完成工程量为4500m^3，实际单价400元/m^3。用挣值法分析该分部工程的施工费用偏差为（   ）元。

  A. －100000　　　　　　　　　　　B. －190000

  C. －200000　　　　　　　　　　　D. －90000

【答案】D

【解析】费用偏差＝4500×380－4500×400＝－90000元。

(4) 某施工企业进行土方开挖工程，按合同约定3月份的计划工程量为2400m^3，计划单价是12元/m^3；到月底检查时，确认承包商实际完成的工程量为2000m^3，实际单价为15元/m^3。则该工程的进度偏差（SV）和进度绩效指数（SPI）分别为（   ）。

183

A. -0.6万元,0.83 B. -0.48万元,0.83
C. 0.6万元,0.80 D. 0.48万元,0.80

【答案】B

【解析】已完工程预算费用=2000×12=2.4万元,拟完工程预算费用=2400×12=2.88万元,进度偏差=2.4-2.88=-0.48万元,进度绩效指数=2.4/2.88=0.83。

(5) 某土方工程,月计划工程量2800m³,预算单价25元/m³;到月末时已完成工程量3000m³,实际单价26元/m³。对该项工作采用挣值法进行偏差分析的说法,正确的是( )。

A. 已完成工程实际费用为75000元
B. 费用绩效指标>1,表明项目运行超出预算费用
C. 进度绩效指标<1,表明实际进度比计划进度拖后
D. 费用偏差为-3000元,表明项目运行超出预算费用

【答案】D

【解析】已完成工程实际费用=3000×26=78000元,已完工程预算费用=3000×25=75000元,拟完工程预算费用=2800×25=70000元;费用偏差=75000-78000=-3000元,表示项目运行超出预算费用。费用绩效指数=75000/78000=0.96<1,表示超支,即实际费用高于预算费用;进度绩效指数=75000/70000=1.07>1,表示进度提前,即实际进度比计划进度快。

(6) 某分项工程采用挣值法分析得到:已完工程预算费用(BCWP)>拟完工程预算费用(BCWS)>已完工程实际费用(ACWP)。则该工程( )。

A. 费用超支 B. 费用节余
C. 进度延误 D. 进度提前
E. 费用绩效指数大于1

【答案】B、D、E

专项突破4 施工成本偏差的表达方法

例题:某混凝土工程的清单综合单价1000元/m³,按月结算,其工程量和施工进度数据见下表。按挣值法计算,3月末已完工程实际费用(ACWP)是979万元。该工程3月末参数或指标正确的有( )。

A. 已完工程预算费用(BCWP)是910万元
B. 费用偏差(CV)是-69万元
C. 进度偏差(SV)是-160万元
D. 费用绩效指数(CPI)是0.93
E. 拟完工程预算费用(BCWS)是1070万元

【答案】A、B、C、D、E

工作名称	计划工程量 (m³/月)	实际工程量 (m³/月)	工程进度（月）			
			1	2	3	4
工作 A	4500	4500				
工作 B	2500	2300				
工作 C	1200	1250				

图例：实际进度 ▨▨▨ 计划进度 ▨▨▨

重点难点专项突破

1. 解答本题也是需要应用挣值法的几个公式的，下面来看下解题过程：
(1) 已完工程预算费用($BCWP$)＝$1000×(4500+2300×2)$＝910 万元。
(2) 拟完工程预算费用($BCWS$)＝$1000×(4500+2500×2+1200)$＝1070 万元。
(3) 已完工程实际费用($ACWP$)＝979 万元。
(4) 费用偏差(CV)＝$910-979$＝-69 万元。
(5) 进度偏差(SV)＝$910-1070$＝-160 万元。
(6) 费用绩效指数(CPI)＝$BCWP/ACWP$＝$910/979$＝0.93。

2. 用横道图法表达施工成本偏差，是用不同的横道标识已完工程预算费用($BCWP$)、拟完工程预算费用($BCWS$)和已完工程实际费用($ACWP$)，横道图法能够形象、直观、准确表达出费用的绝对偏差，而且能直观地表明偏差的严重性。

3. 再来看本考点中的另一采分点——曲线法（如下图所示）。

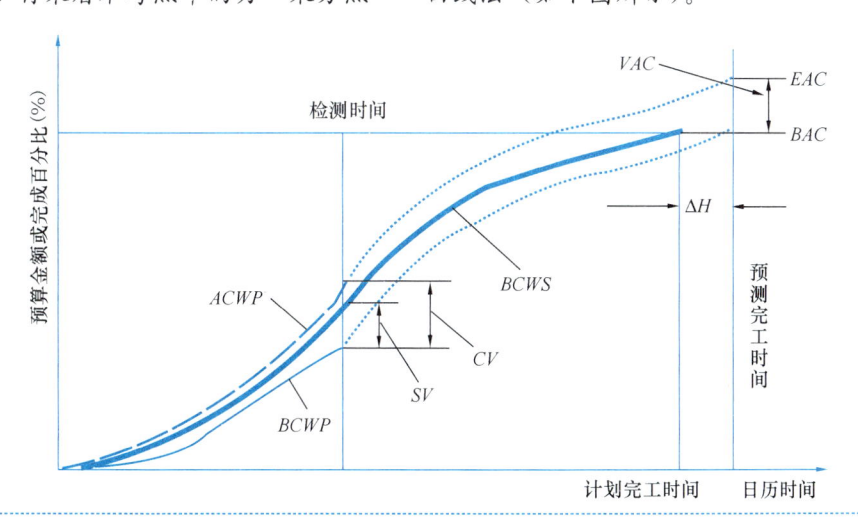

BAC——项目完工预算,指编计划时预计的项目完工费用。
EAC——预测的项目完工估算,指计划执行过程中根据当前的进度、费用偏差情况预测的项目完工总费用。
VAC——预测项目完工时的费用偏差。

$$VAC = BAC - EAC$$

4. 本考点可能会这样命题:

某项目地面铺贴的清单工程量为 $1000m^2$,预算费用单价 60 元/m^2,计划每天施工 $100m^2$。第 6 天检查时发现,实际完成 $800m^2$,实际费用为 5 万元。根据上述情况,预计项目完工时的费用偏差(VAC)是( )元。

A. -2000   B. -2500
C. 2000   D. 2500

【答案】B
【解析】
BAC=完工的计划工程量×预算价=1000×60=60000 元。
EAC=工程量×预测的价格(实际单价)。
实际的价格=50000/800=62.5 元/m^2。
EAC=1000×62.5=62500 元。
$VAC=BAC-EAC$=60000-62500=-2500 元。

专项突破 5 施工成本纠偏措施

例题: 下列施工成本纠偏措施中,属于组织措施的有( )。【2012 年 6 月、2021 年第二批、2022 年 2 天考 3 科、2023 年 1 天考 3 科考过】

A. 实行项目经理责任制

B. 落实施工成本管理的组织机构和人员,明确各级施工成本管理人员的任务和职能分工、权利和责任【2011 年、2022 年 2 天考 3 科、2023 年 1 天考 3 科考过】

C. 编制施工成本控制工作计划,确定合理详细的工作流程【2019 年、2020 年、2021 年第二批、2023 年 1 天考 3 科、2024 年考过】

D. 做好施工采购计划,通过生产要素的优化配置、合理使用、动态管理控制实际成本

E. 进行技术经济分析,确定最佳的施工方案【2012 年 6 月、2020 年、2024 年考过】

F. 结合施工方法,进行材料使用的比选,在满足功能要求的前提下,通过代用、改变配合比、使用添加剂等方法降低材料消耗的费用【2016 年、2017 年、2019 年、2020 年、2021 年第一批考过】

G. 确定最合适的施工机械、设备使用方案【2011 年、2019 年、2021 年第二批考过】

H. 结合项目的施工组织设计及自然地理条件,降低材料的库存成本和运输成本

I. 应用先进的施工技术,运用新材料,使用先进的机械设备【2020 年考过】

J. 对施工成本管理目标进行风险分析,并制定防范性对策【2021 年第二批考过】

K. 对各种支出，应做好资金的使用计划，并在施工中严格控制各项开支【2024年考过】

L. 及时准确地记录、收集、整理、核算实际支出的费用

M. 对各种变更，及时做好增减账，及时落实业主签证，及时结算工程款【2012年6月、2016年、2019年、2024年考过】

N. 通过偏差原因分析和未完工工程预测，发现一些潜在的可能引起未完工程成本增加的问题，及时采取预防措施【2016年、2020年考过】

O. 仔细分析合同中的索赔条款【2024年考过】

P. 密切关注对方合同执行情况，以寻求合同索赔的机会【2024年考过】

Q. 密切关注已方履行合同的情况，以防被对方索赔

【答案】A、B、C、D

重点难点专项突破

1. 本考点还可以考核的题目有：

（1）下列施工成本纠偏措施中，属于技术措施的有（E、F、G、H、I）。【2011年、2019年、2020年、2021年第一批考过】

（2）下列施工成本纠偏措施中，属于经济措施的有（J、K、L、M、N）。【2016年、2020年、2024年考过】

（3）下列施工成本纠偏措施中，属于合同措施的有（O、P、Q）。

2. 成本纠偏措施包括组织措施、技术措施、经济措施和合同措施，这也会作为一个采分点考核多项选择题。在这四个措施中，组织措施是其他各类措施的前提和保障。

3. 上述题型是考试的常考题型，还会有另外一种命题形式，就是题干中给出采取的具体措施，判断属于哪种类型，比如：

项目经理部通过在混凝土拌合物中加入添加剂以降低水泥消耗量，属于成本纠偏措施中的（　　）。

A. 组织措施　　　　　　　　B. 技术措施
C. 经济措施　　　　　　　　D. 合同措施

【答案】B

5.5　施工成本分析与管理绩效考核

专项突破1　施工成本分析的依据、内容和步骤

例题：下列施工成本分析依据中，属于既可对已发生的，又可对尚未发生或正在发生的经济活动进行核算的是（　　）。

A. 会计核算　　　　　　　　B. 统计核算
C. 业务核算　　　　　　　　D. 表格核算

【答案】C

重点难点专项突破

1. 本考点还可以考核的题目有：

下列施工成本分析依据中，通过全面调查和抽样调查等特有的方法，不仅能提供绝对数指标，还能提供相对数和平均数指标，可以计算当前的实际水平，还可以确定变动速度以预测发展趋势的核算是（B）。

2. 项选 D 是可能会出现的干扰选项。

3. 本考点还应掌握以下采分点：

(1) 会计核算主要是价值核算。

(2) 业务核算的范围比会计、统计核算要广。

(3) 业务核算的目的在于迅速取得资料，以便在经济活动中及时采取措施进行调整。

(4) 统计核算的计量尺度比会计宽，可以用货币计算，也可以用实物或劳动量计量。

> 这部分内容可能会这样考核：
> 关于工程成本会计核算、业务核算和统计核算区别和联系的说法，正确的是（　　）。
> A. 会计核算是对已发生的经济进行核算，而业务核算和统计核算还对正在进行的经济活动进行核算
> B. 业务核算是价值核算，会计核算的范围比业务核算的范围更广
> C. 统计核算和会计核算必须用货币计量，业务核算可以用实物量或劳动量计量
> D. 统计核算是利用会计核算和业务核算的核算资料把数据按统计方法加以系统整理，发现企业生产经营活动的规律
>
> 【答案】D

4. 成本分析的内容可能会考核多项选择题，包括：（1）时间节点成本分析；（2）工作任务分解单元成本分析；（3）组织单元成本分析；（4）单项指标成本分析；（5）综合项目成本分析。

5. 成本分析的步骤在 2021 年第一批的考试中考核了判断正确顺序的题目，除了这种题型，还会可能会给出某项工作，判断其前面的工作或紧接着应进行的工作。

施工成本分析的主要工作有：①收集成本信息；②选择成本分析方法；③分析成本形成原因；④进行成本数据处理；⑤确定成本结果。正确的步骤是（　　）。【2021年第一批真题】

A. ①—②—④—⑤—③　　　　B. ②—③—①—⑤—④
C. ①—③—②—④—⑤　　　　D. ②—①—④—③—⑤

【答案】D

专项突破 2　施工成本分析的基本方法

例题： 某施工项目经理对商品混凝土的施工成本进行分析，发现其目标成本是 44 万元，实际成本是 48 万元，因此要分析产量、单价、损耗率等因素对混凝土成本的影响程度，最适宜采用的分析方法是(　　)。【2011 年真题题干】

A. 比较法　　　　　　　　　　B. 因素分析法
C. 差额计算法　　　　　　　　D. 比率法

【答案】B

重点难点专项突破

1. 施工成本分析的基本方法包括 4 种，单项选择题、多项选择题都可能会考核。如果考核多项选择题，那么其干扰选项会怎么设置呢？可能会是成本核算的方法，也可能会是偏差分析的方法。本考点还可以考核的题目有：

(1) 下列施工成本分析方法中，通过技术经济指标的对比，检查目标的完成情况，分析产生差异的原因，进而挖掘内部潜力的方法是（A）。

(2) 下列施工成本分析方法中，可以用来分析各种因素对成本影响程度的是（B）。

(3) 下列施工成本分析方法中，利用各个因素的目标值与实际值的差额来计算其对成本影响程度的方法是（C）。

(4) 下列施工成本分析方法中，先把对比分析的数值变成相对数，再观察其相互之间关系的方法是（D）。【2024 年考过】

(5) 工程项目施工成本分析的基本方法有（A、B、C、D）。【2009 年、2023 年 2 天考 3 科考过】

2. 比较法又称指标对比分析法；因素分析法又称连环置换法。

3. 在本考点中还会考核一个非常重要的计算题——利用因素分析法分析各因素对成本影响程度的分析。通过 2018 年真题来讲解：

某单位产品 1 月份成本相关参数见下表，用因素分析法计算，单位产品人工消耗量变动对成本的影响是(　　)元。【2018 年真题】

某单位产品 1 月份成本相关参数表

项目	单位	计划值	实际值
产品产量	件	180	200
单位产品人工消耗量	工日/件	12	11
人工单价	元/工日	100	110

A. −18000　　　　　　　　　　B. −19800
C. −20000　　　　　　　　　　D. −22000

【答案】C

【解析】首先我们来看下因素分析法的计算步骤：

（1）确定分析对象，并计算出实际与目标数的差异。

（2）确定该指标是由哪几个因素组成的，并按其相互关系进行排序（排序规则是：先实物量，后价值量；先绝对值，后相对值）。

（3）以目标数为基础，将各因素的目标数相乘，作为分析替代的基数。

（4）将各个因素的实际数按照上面的排列顺序进行替换计算，并将替换后的实际数保留下来。

（5）将每次替换计算所得的结果，与前一次的计算结果相比较，两者的差异即为该因素对成本的影响程度。

（6）各个因素的影响程度之和，应与分析对象的总差异相等。

本题的解题过程如下：

顺序	连环替代计算	差异（元）	因素分析
目标数	180×12×100=216000		
第一次替代	200×12×100=240000	24000	由于产量增加20件，成本增加24000元
第二次替代	200×11×100=220000	−20000	由于产品人工消耗量减少1工日/件，成本减少20000元
第三次替代	200×11×110=242000	22000	由于人工单价每工日提高10元，成本增加22000元
合计	—	24000−20000+22000=26000	—

4. 再来练习下这类型题目

某商品混凝土目标成本与实际成本对比见下表，关于其成本分析的说法，正确的有（　　）。【2014年真题】

某商品混凝土目标成本与实际成本对比表

项目	单位	目标	实际
产量	m³	600	640
单价	元	715	755
损耗	%	4	3

A. 产量增加使成本增加了28600元

B. 实际成本与目标成本的差额是51536元

C. 单价提高使成本增加了26624元

D. 该商品混凝土目标成本是497696元

E. 损耗率下降使成本减少了4832元

【答案】B、C、E

【解析】本题的计算过程如下：

（1）以目标数600×715×（1+4%）=446160元为分析替代的基础。

① 第一次替代产量因素，以640m³替代600m³，640×715×（1+4%）=475904元。

190

② 第二次替代单价因素，以 755 元/m³ 替代 715 元/m³，并保留上次替代后的值，640×755×（1+4%）=502528 元。

③ 第三次替代损耗率因素，以 3% 替代 4%，并保留上次替代后的值，640×755×（1+3%）=497696 元。

（2）计算差额：

第一次替代与目标数的差额=475904-446160=29744 元。

第二次替代与第一次替代的差额=502528-475904=26624 元。

第三次替代与第二次替代的差额=497696-502528=-4832 元。

（3）产量增加使成本增加了 29744 元，单价提高使成本增加了 26624 元，而损耗率下降使成本减少了 4832 元。实际成本与目标成本的差额=497696-446160=51536 元。

5. 在本考点中还会考核一个计算题——利用差额计算法分析各因素对成本的影响程度。一起来看这个题目：

某施工项目某月的成本数据见下表，应用差额计算法得到预算成本增加对成本的影响是（　　）万元。

某施工项目某月的成本数据表

项目	单位	计划	实际
预算成本	万元	600	640
成本降低率	%	4	5

A. 12.0　　　　　　　　　　　　B. 8.0

C. 6.4　　　　　　　　　　　　　D. 1.6

【答案】D

【解析】预算成本增加对成本降低额的影响程度：(640-600)×4%=1.6 万元。

6. 比率法包括相关比率法、构成比率法、动态比率法，首先可以考核一个多项选择题；其次，考查这三个比率法的作用【2021 年第二批、2022 年 2 天考 3 科考过】；最后还会给出一个成本分析表，利用相关比率法考察经营成本的好坏，或者利用动态比率法计算基期指数。考生可通过以下两个题目学习：

（1）某工程各门窗安装班组的相关经济指标见下表，按照成本分析的比率法，人均效益最好的班组是（　　）。

工程各门窗安装班组的相关经济指标表

项目	班组甲	班组乙	班组丙	班组丁
工程量（m²）	5400	5000	4800	5200
班组人数（人）	50	45	42	43
班组人工费（元）	150000	126000	147000	129000

A. 甲　　　　　　　　　　　　　B. 乙

C. 丙　　　　　　　　　　　　　D. 丁

【答案】 A

【解析】 在一般情况下,都希望以最少的工资支出完成最大的产值。因此,用产值工资率指标来考核人工费的支出水平,可以很好地分析人工成本。经对比甲的人均效益最优。

(2) 某施工项目的成本指标见下表,运用动态比率法进行成本分析时,第四季度的基期指数是( )。

指标动态比率表

指标	第一季度	第二季度	第三季度	第四季度
降低成本(万元)	45.60	47.80	52.50	64.30
基期指数(%)(第一季度=100)	—	104.82	115.13	
环比指数(上一季度=100)	—	104.82	109.83	122.48

A. 109.83% B. 115.13%
C. 122.48% D. 141.01%

【答案】 D

【解析】 第四季度的基期指数=64.30/45.60×100%=141.01%。

专项突破 3 综合成本的分析方法

例题: 综合成本分析方法包括( )。
A. 分部分项工程成本分析 B. 月(季)度成本分析
C. 年度成本分析 D. 竣工成本综合分析

【答案】 A、B、C、D

重点难点专项突破

1. 本考点还可以考核的题目有:

对施工项目进行综合成本分析时,可作为分析基础的是(A)。**【2010年、2014年、2015年、2018年、2020年、2023年1天考3科考过】**

2. 分部分项工程成本分析是考试的重点,应掌握以下采分点:

(1) 分部分项工程成本分析的对象为已完成分部分项工程。**【2010年、2014年考过】**

(2) 分部分项工程成本分析方法是进行预算成本、目标成本和实际成本的"三算"对比。**【2010年、2024年考过】**

(3) 分部分项工程成本分析预算成本来自投标报价成本。**【2019年考过】**

(4) 分部分项工程成本分析目标成本来自施工预算。**【2014年、2019年考过】**

(5) 分部分项工程成本分析实际成本来自施工任务单的实际工程量、实耗人工和限额领料单的实耗材料。**【2019年、2024年考过】**

(6) 没有必要对每一个分部分项工程都进行成本分析。【2010 年考过】

(7) 对于主要分部分项工程必须进行成本分析，可以基本了解项目形成的全过程。【2024 年考过】。

3. 关于年度成本分析，掌握 3 个采分点：

(1) 企业成本要求一年结算一次，不得将本年成本转入下一年度。而项目成本则以项目的寿命周期为结算期，要求从开工到竣工到保修期结束连续计算，最后结算出成本总量及其盈亏。【2019 年考过】

(2) 年度成本分析的依据是年度成本报表。【2019 年、2024 年考过】

(3) 年度成本分析的重点是针对下一年度的施工进展情况制定切实可行的成本管理措施，以保证施工项目成本目标的实现。

4. 单位工程竣工成本分析的内容可能会考核多项选择题，包括 3 方面：(1) 竣工成本分析；(2) 主要资源节超对比分析；(3) 主要技术节约措施及经济效果分析。通过以上分析，可以全面了解单位工程的成本构成和降低成本的来源，为今后同类工程的成本管理提供参考。

5. 本考点还可能会这样命题：

(1) 分部分项工程成本分析的"三算"对比分析，是指（　　）的比较。

A. 预算成本、目标成本、实际成本　　B. 概算成本、预算成本、决算成本
C. 月度成本、季度成本、年度成本　　D. 预算成本、计划成本、目标成本

【答案】A

(2) 在进行月（季）度成本分析时，如果存在"政策性"亏损，则应（　　）。

A. 增加收入，弥补亏损　　B. 降低标准，防止再超支
C. 暂停生产，等待政策调整　　D. 控制支出，压缩超支额

【答案】D

(3) 单位工程竣工成本分析的内容包括（　　）。

A. 专项成本分析　　B. 竣工成本分析
C. 成本总量构成比例分析　　D. 主要资源节超对比分析
E. 主要技术节约措施及经济效果分析

【答案】B、D、E

专项突破 4　成本项目的分析方法

例题：在建设工程项目施工成本分析中，成本项目分析方法包括（　　）。

A. 人工费分析　　B. 材料费分析
C. 施工机具使用费分析　　D. 管理费分析

【答案】A、B、C、D

重点难点专项突破

1. 选项 B，材料费分析包括主要材料和结构件费用的分析、周转材料使用费分析、采购保管费分析、材料储备资金分析。考试时可能会这样命题：

（1）下列成本项目的分析中，属于材料费分析的是（　　）。
A. 分析材料节约将对劳务分包合同的影响
B. 分析材料储备天数对材料储备金的影响
C. 分析施工机械燃料消耗量对施工成本的影响
D. 分析材料检验试验费占企业管理费的比重
【答案】B

（2）关于施工项目材料费分析的说法，正确的是（　　）。
A. 运距长短对于材料费没有直接影响
B. 材料费分析中不应考虑材料的保管费
C. 材料单价、材料储备天数和日平均用量均影响储备资金占用量
D. 租赁周转材料的时间越长，租赁费支出越少
【答案】C

2. 选项 D，管理费分析应通过预算（或计划）数与实际数的比较来进行。

专项突破 5　施工成本管理绩效考核的内容

例题：企业对项目管理机构可控责任成本的考核包括（　　）。
A. 施工成本目标（降低额）完成情况
B. 成本管理工作业绩
C. 项目成本目标和阶段成本目标完成情况
D. 建立以项目经理为核心的成本管理责任制的落实情况
E. 成本计划的编制和落实情况
F. 对各部门、各施工队和班组责任成本的检查和考核情况
G. 成本管理中贯彻责权利相结合原则的执行情况
【答案】C、D、E、F、G

重点难点专项突破

1. 本考点还可以考核的题目有：
企业对项目成本的考核包括（A、B）。
2. 本考点内容较少，掌握上述内容即可。

专项突破 6　施工成本管理绩效考核指标

例题：下列指标中，属于项目管理机构可控责任成本考核指标的有（　　）。

A. 项目施工成本降低额 B. 项目施工成本降低率
C. 项目经理责任目标总成本降低额 D. 项目经理责任目标总成本降低率
E. 施工责任目标成本实际降低额 F. 施工责任目标成本实际降低率
G. 施工计划成本实际降低额 H. 施工计划成本实际降低率

【答案】C、D、E、F、G、H

> **重点难点专项突破**
>
> 1. 本考点还可以考核的题目有：
> 下列指标中，属于企业的项目成本考核指标的有（A、B）。
> 2. 本考点内容较少，掌握上述内容即可。

专项突破 7　施工成本管理绩效考核方法

例题：施工成本管理绩效考核方法包括关键绩效指标、360°反馈法、PDCA 管理循环法、平衡积分卡、目标管理法。其中关键绩效指标（KPLs）的优点有（　　）。

A. 明确管理焦点 B. 提高管理成效
C. 提高考核客观性 D. 指标难界定且缺乏弹性
E. 适用范围有限 F. 实施困难
G. 提高考核准确性 H. 促进个体发展
I. 增强部门合作 J. 考核时间和成本较高
K. 考核标准不明确 L. 存在负面影响
M. 增强部门协作 N. 投入成本高
O. 过于强调计划性 P. 提高管理效率
Q. 促进长期发展 R. 激发个体积极性
S. 实施难度大且缺乏弹性 T. 实施周期长
U. 考核成本较低 V. 目标设定难度大且协调成本高
W. 缺乏过程管理

【答案】A、B、C

> **重点难点专项突破**
>
> 1. 本考点还可以考核的题目有：
> （1）施工成本管理绩效考核方法中，关键绩效指标（KPLs）的缺点有（D、E、F）。
> （2）施工成本管理绩效考核方法中，360°反馈法的优点有（G、H、I）。
> （3）施工成本管理绩效考核方法中，360°反馈法的缺点有（J、K、L）。

(4) 施工成本管理绩效考核方法中，PDCA 管理循环法的优点有（B、M）。

(5) 施工成本管理绩效考核方法中，PDCA 管理循环法的缺点有（N、O）。

(6) 施工成本管理绩效考核方法中，平衡积分卡的优点有（G、P、Q、R）。

(7) 施工成本管理绩效考核方法中，平衡积分卡的优点有（S、T）。

(8) 施工成本管理绩效考核方法中，目标管理法（MBO）的优点有（B、C、U、R）。

(9) 施工成本管理绩效考核方法中，目标管理法（MBO）的缺点有（V、W）。

2. 例题题干部分，施工成本管理绩效考核方法也会作为一个采分点考核多项选择题。

3. 区分五种方法的适用范围，可能会这样命题。

(1) 施工成本管理绩效考核方法中，（关键绩效指标）适用于需要定量化考核且考核周期短的企业，要求企业具有明确的成本管理目标、健全的成本管理流程、完备的成本控制体系，以及较强的数据收集和分析能力。

(2) 施工成本管理绩效考核方法中，适用于需要定性化考核的企业，要求企业具有良好的团队文化、完善的考核指标体系以及较强的数据收集和分析能力，同时部门成员之间相互信任、尊重和共享的是（360°反馈法）。

(3) 施工成本管理绩效考核方法中，适用于需要周期性考核的企业，要求企业具有良好的团队合作精神和健全成本管理流程的是（PDCA 管理循环法）。

(4) 施工成本管理绩效考核方法中，适用于需要定量化考核且考核周期长的企业，要求企业具有明确的成本管理目标、健全的成本管理流程、先进的成本管理水平，以及较强的数据收集和分析能力的是（平衡积分卡）。

(5) 施工成本管理绩效考核方法中，适用于需要定量化考核的企业，要求企业具有明确的成本管理目标、多部门的组织结构、人性化的企业文化，以及较强的数据收集和分析能力的是（目标管理法）。

4. 本考点还要掌握一个采分点——平衡积分卡设定的指标。

(1) 财务绩效指标：成本控制率、成本偏差和利润率等。

(2) 客户满意度指标：项目按预算完成情况和变更管理的效果。

(3) 内部流程效率指标：成本核算流程的准确性、资源利用效率和成本控制流程的执行情况等。

(4) 学习与成长方面的指标：成本分析和预测能力的发展、员工培训和知识管理等。

第6章 施工安全管理

6.1 职业健康安全管理体系

专项突破 1　职业健康安全管理体系标准的特点

例题：下列特点中，属于职业健康安全管理体系标准特点的有（　　）。
A. 系统化管理机制　　　　　　　　B. 法制化和规范化管理手段
C. 广泛的适用性　　　　　　　　　D. 遵循自愿原则
E. 与其他管理体系兼容　　　　　　F. 应用的灵活性
G. 强调预防为主和持续改进
【答案】A、B、C、D、E、F、G

> **重点难点专项突破**
>
> 1. 本考点还可以考核的题目有：
> （1）职业健康安全管理体系标准将职业健康安全管理作为一个系统工程，设计了（A）。
> （2）职业健康安全管理体系标准适用于任何规模、类型和活动的组织，体现了职业健康安全管理体系标准的（C）特点。
> （3）职业健康安全管理体系标准符合国际标准化组织（ISO）对管理体系标准的要求，体现了职业健康安全管理体系标准的（E）特点。
> （4）职业健康安全管理体系标准只对方针、目标和管理体系要素做出要求，既不规定具体的职业健康安全绩效准则，也不提供职业健康安全管理体系的设计规范，体现了职业健康安全管理体系标准的（F）特点。
> （5）职业健康安全管理体系标准要求按照风险管理思想，通过采用不同控制层级，建立、实施和保持用于消除危险源和降低职业健康安全风险的管控过程，体现了职业健康安全管理体系标准的（G）特点。
>
> 2. 本考点的考核形式一般有：
> （1）选择类型的题目：如上述例题中的题干，还可以这样表述"职业健康安全管理体系标准特点包括（　　）"。
> （2）判断正误类型的题目：题干可以这样表述"下列关于职业健康安全管理体系标准特点的说法，正确/错误的是（　　）"。

3. 本考点中还需掌握的细节性内容：

（1）职业健康安全系统化管理通过组织职责系统化、风险管控系统化、管理过程系统化方面实现。

（2）职业健康安全管理体系标准适用于具有通过建立、实施和保持职业健康安全管理体系，以改进健康安全、消除危险源并尽可能降低职业健康安全风险、利用职业健康安全机遇，以及应对与其活动相关的职业健康安全管理体系的不符合愿望的组织。

（3）通过适当方式持续改进职业健康安全管理体系的适宜性、充分性与有效性。

专项突破 2　职业健康安全管理体系标准要素

例题：职业健康安全管理体系标准要素中，组织所处环境的内容包括（　　）。

A. 理解组织及其所处的环境　　B. 理解工作人员和其他相关方的需求和期望
C. 确定职业健康安全管理体系范围　　D. 职业健康安全管理体系
E. 领导作用与承诺　　F. 职业健康安全方针
G. 组织的角色、职责和权限　　H. 工作人员的协商和参与
I. 应对风险和机遇的措施　　J. 职业健康安全目标及其实现的策划
K. 资源　　L. 能力
M. 意识　　N. 沟通
O. 运行策划和控制　　P. 应急准备和响应
Q. 监视、测量、分析和评价绩效　　R. 内部审核
S. 管理评审　　T. 事件、不符合和纠正措施
U. 持续改进

【答案】A、B、C、D

重点难点专项突破

1. 本考点还可以考核的题目有：

（1）职业健康安全管理体系标准要素中，领导作用和工作人员参与的内容包括（E、F、G、H）。

（2）职业健康安全管理体系标准要素中，策划的内容包括（I、J）。

（3）职业健康安全管理体系标准要素中，支持的内容包括（K、L、M、N）。

（4）职业健康安全管理体系标准要素中，运行的内容包括（O、P）。

（5）职业健康安全管理体系标准要素中，绩效评价的内容包括（Q、R、S）。

（6）职业健康安全管理体系标准要素中，改进的内容包括（T、U）。

2. 本考点中，还需掌握组织所处的环境、领导作用和工作人员参与、策划、支持、运行、绩效评价、改进的基本要求，基本要求内容较多，考生自行复习此处内容。关于前述内容的基本要求，可以这样命题：

职业健康安全管理体系标准要素中，关于领导作用和工作人员参与的基本要求，表述正确的是（　　）。

A. 应明确最高管理者证实其在职业健康安全管理体系方面的领导作用和承诺的内容和方式
B. 最高管理者应建立、实施并保持职业健康安全方针，明确职业健康安全方针的要求和内容
C. 最高管理者应确保将职业健康安全管理体系内相关角色的职责和权限分配到组织内各层次并予以沟通，且作为文件化信息予以保持
D. 组织应建立、实施和保持过程，用于在职业健康安全管理体系的开发、策划、实施、绩效评价和改进措施中与所有适用层次和职能的工作人员及其代表的协商和参与
E. 组织应建立、实施和保持用于持续和主动的危险源辨识的过程，以及该过程必须考虑的要素

【答案】A、B、C、D

3. 本考点可以出判断正误类型的题目及选择类型的题目。

专项突破 3　职业健康安全管理体系标准作用

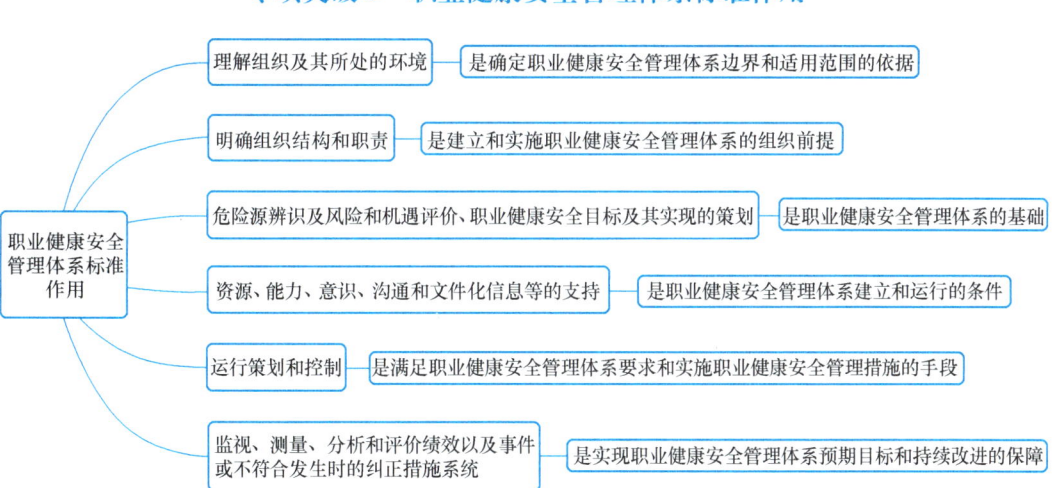

职业健康安全管理体系标准作用：
- 理解组织及其所处的环境 —— 是确定职业健康安全管理体系边界和适用范围的依据
- 明确组织结构和职责 —— 是建立和实施职业健康安全管理体系的组织前提
- 危险源辨识及风险和机遇评价、职业健康安全目标及其实现的策划 —— 是职业健康安全管理体系的基础
- 资源、能力、意识、沟通和文件化信息等的支持 —— 是职业健康安全管理体系建立和运行的条件
- 运行策划和控制 —— 是满足职业健康安全管理体系要求和实施职业健康安全管理措施的手段
- 监视、测量、分析和评价绩效以及事件或不符合发生时的纠正措施系统 —— 是实现职业健康安全管理体系预期目标和持续改进的保障

重点难点专项突破

1. 通过上图可以充分熟悉并掌握本考点的内容，本考点的出题点在于上图中的第二列内容。

2. 本考点的出题形式如下：

（1）可以出判断正误类型的题目：

下列关于职业健康安全管理体系标准作用的说法，正确的是（　　）。

A. 理解组织及其所处的环境是确定职业健康安全管理体系边界和适用范围的依据
B. 明确组织结构和职责是建立和实施职业健康安全管理体系的组织前提
C. 危险源辨识及风险和机遇评价、职业健康安全目标及其实现的策划是职业健康安全管理体系的基础
D. 资源、能力、意识、沟通和文件化信息等的支持是职业健康安全管理体系建立和运行的条件
E. 运行策划和控制是实现职业健康安全管理体系预期目标和持续改进的保障

【答案】A、B、C、D

（2）可以出选择类型的题目：题干可以这样表述：职业健康安全管理体系标准的作用包括（A、B、C、D）；下列作用中，属于职业健康安全管理体系标准作用的是（A、B、C、D）。

（3）可以出挖空类型的题目：确定职业健康安全管理体系边界和适用范围的依据是（理解组织及其所处的环境）。

3. 本考点可以这样记：环境是依据、结构职责是前提、策划是基础、支持是条件、策划和控制是手段、监测评析是保障。

专项突破 4　职业健康安全管理体系标准采用的管理方法

例题：职业健康安全管理体系标准所采用的管理方法是基于 PDCA 循环的管理方法，PDCA 的内容包括（　　）。

A. 策划　　　　　　　　　B. 实施
C. 检查　　　　　　　　　D. 改进
E. 分析　　　　　　　　　F. 评价

【答案】A、B、C、D

重点难点专项突破

1. 本考点还可以考核的题目有：

（1）职业健康安全管理体系标准所采用的管理方法中，（A）是指确定和评价职业健康安全风险、职业健康安全机遇以及其他风险和其他机遇，制定职业健康安全目标并建立所需的过程，以实现与组织职业健康安全方针相一致的结果。

（2）职业健康安全管理体系标准所采用的管理方法中，（C）是指依据职业健康安全方针和目标，对活动和过程进行监视和测量，并报告结果。【2024 年考过】

（3）职业健康安全管理体系标准所采用的管理方法中，采取措施持续（D）职业健康安全绩效，以实现预期结果。

（4）职业健康安全管理体系标准所采用的 PDCA 循环工作原理中，"C"是指（C）。

（5）PDCA 循环中"A"环节指的是（D）。

2. 上述例题中 E、F 选项为干扰选项。

专项突破 5　组织建立职业健康安全管理体系的步骤

1　领导决策和承诺
在十三个方面证实其在职业健康安全管理体系方面的领导作用和承诺

2　成立工作小组，制定总体计划
1. 组织最高管理者—任命健康安全管理者代表，授权—管理者代表建立专门的工作小组
2. 管理者代表职责：负责日常工作，定期汇报运行情况，协调各部门关系
3. 工作小组职责：完成组织职业健康安全初始评审，建立各项任务

3　体系建立前培训
1. 体系建立前培训：管理层、内审员、全体员工的培训
2. 管理层培训目的：统一思想，在推进体系建立工作中给予有力的支持和配合
3. 内审员培训目的：确保工作的能力，根据组织活动职业健康安全管理特点配备人员
4. 全体员工培训目的：了解体系，在今后工作中能够积极主动地参与体系实践

4　进行初始(状态)评审
1. 初始(状态)评审的目的：了解组织的职业健康安全及其管理现状，评价其与职业健康安全管理标准要求的符合性，为组织建立体系搜集信息并提供依据，建立体系的基础工作
2. 评审步骤：准备工作→现状调查→危险源辨识及风险评价→法律法规要求和其他要求适用性评价→现有职业健康安全管理有效性评价→形成初始(状态)评审报告
3. 初评报告作为建立职业健康安全管理体系的基础

5　体系策划和设计
主要工作：制定职业健康安全方针；制定职业健康安全目标和管理方案；设计组织机构和职责；确定职业健康安全管理体系文件结构和各层次文件清单；为建立和实施职业健康安全管理体系准备必要的资源

6　体系文件编写
组织按照体系要求，应文件化的内容：职业健康安全管理方针和目标(含指标)，职业健康安全管理的关键岗位与职责，主要的职业健康安全风险及其预防和控制措施，体系框架内的管理方案、程序、作业指导书和其他内部文件等，以确保所建立的体系在任何情况下(包括各级人员发生变动时)均能得到充分理解和有效运行

7　体系试运行
按照体系的要求开展相应活动，对体系进行试运行，以检验体系策划与文件化规定的充分性、有效性和适宜性

8　体系评审完善
通过对体系试运行的监视、测量、分析和评价绩效，检查与确认体系各要素是否按照计划安排有效运行，是否达到预期目标，并采取改进措施，使所建立的体系得到进一步完善

重点难点专项突破

1. 上图内容为本考点中的重要采分点，熟悉上述内容即可。
2. 对于组织建立职业健康安全管理体系的步骤，考核形式有：可以出判断正误类型的题目：如下述例题（1）；可以出紧前、紧后工序的题目：如下述例题（2）；还可以出选择题类型的题目：如下述例题（3）。

（1）关于组织建立职业健康安全管理体系的步骤，表述正确的是（　　）。
　A. 领导决策和承诺→成立工作小组，制定总体计划→体系建立前培训→进行初始（状态）评审→体系策划和设计
　B. 领导决策和承诺→体系建立前培训→成立工作小组，制定总体计划→进行初始（状态）评审→体系策划和设计
　C. 体系建立前培训→成立工作小组，制定总体计划→领导决策和承诺→体系建立前培训→进行初始（状态）评审→体系策划和设计

D. 进行初始（状态）评审→成立工作小组，制定总体计划→体系建立前培训→领导决策和承诺体系策划和设计

【答案】A

（2）组织建立职业健康安全管理体系的步骤中，体系建立前培训完成之后的步骤是（　　）。

A. 领导决策和承诺　　　　　　B. 成立工作小组，制定总体计划
C. 体系策划和设计　　　　　　D. 进行初始（状态）评审

【答案】D

（3）组织建立职业健康安全管理体系的步骤包括（　　）。

A. 领导决策和承诺　　　　　　B. 体系策划和设计
C. 管理体系文件分发　　　　　D. 体系建立前培训
E. 体系文件编写

【答案】A、B、D、E

3. 对于组织建立职业健康安全管理体系的步骤的细节性内容，可以出判断正误类型的题目、挖空类型的题目。

（1）组织最高管理者应任命健康安全管理者代表，并授权管理者代表建立专门的工作小组。管理者代表职责包括（　　）。

A. 具体负责职业健康安全管理体系的日常工作
B. 向最高管理者定期汇报职业健康安全管理体系的运行情况，供管理评审时使用
C. 协调职业健康安全管理体系建立和运行过程中各部门之间的关系，为最高管理者的决策提供建议
D. 建立职业健康安全管理体系的各项任务
E. 完成组织的职业健康安全初始（状态）评审

【答案】A、B、C

（2）职业健康安全管理体系建立前的培训分类中，（　　）目的是确保他们具备开展初始（状态）评审、编写体系文件和进行审核等工作的能力，应根据组织活动职业健康安全管理特点配备人员。

A. 管理层培训　　　　　　　　B. 内审员培训
C. 全体员工的培训　　　　　　D. 外审员培训

【答案】B

4. 对于组织建立职业健康安全管理体系的步骤中的体系策划和设计，还需掌握体系策划和设计主要工作的内容。

专项突破6　职业健康安全管理体系的运行

例题： 下列步骤中，属于职业健康安全管理体系运行的基本步骤的有（　　）。

A. 管理体系文件培训　　　　　B. 管理体系文件分发
C. 管理方案实施　　　　　　　D. 实施过程信息管理

E. 管理体系评审和维持　　　　　　F. 职业健康安全管理体系改进

【答案】A、B、C、D、E、F

重点难点专项突破

1. 本考点还可以考核的题目有：
(1) 职业健康安全管理体系运行的首要步骤是（A）。
(2) 职业健康安全管理体系运行的基本步骤中，管理体系文件分发完成之后的步骤包括（C、D、E、F）。
2. 本考点可以出判断正误类型的题目：关于职业健康安全管理体系运行的基本步骤，表述正确的是（　　）；可以出紧前、紧后步骤类型的题目：如第1点中的题目（2）。
3. 本考点可以这样记：管培、文发、案施、信管、维评、体改。
4. 本考点中还需掌握各基本步骤的细节性内容，此处不再赘述，考生自行复习考试用书相关内容。

6.2　施工生产危险源与安全管理制度

专项突破1　施工生产危险源分类

例题：第一类危险源是指可能发生意外释放能量（机械能、电能、势能、化学能、热能等）的根源。下列分类中，属于第一类危险源的有（　　）。【2020年、2024年考过】

A. 能量源　　　　　　　　　　　B. 危险物质
C. 物的不安全状态（危险状态）　　D. 人的不安全行为
E. 环境不良（环境不安全条件）　　F. 管理缺陷

【答案】A、B

重点难点专项突破

本考点还可以考核的题目有：
(1) 第二类危险源是指导致能量或危险物质约束或限制措施破坏或失效，以及防护措施缺乏或失效的因素，包括（C、D、E、F）。【2021年第二批考过】
(2) 第一类危险源分类中，（A）包括直接产生、供给能量的装置和设备；具有较高势能的装置、设备、场所，如起重/提升机械、高度差较大的场所；可能发生能量蓄积或突然释放的装置、设备、场所；运行或作业过程中拥有能量的人或物。
(3) 下列危险源分类中，氧化碳、氮气属于第一类危险源中的（B）。
(4) 下列危险源分类中，（C）可能由人的不安全行为、环境不良和管理缺陷引起。
(5) 下列危险源分类中，（D）包括各类违规操作、不安全移动（如攀爬）、违规进入危险区域、行为时注意力不集中等。

(6) 下列危险源分类中，(F) 会导致人的不安全行为和物的不安全状态出现。

(7) 下列危险源分类中，(F) 包括采购管理不当导致个人防护用品安全性能不达标，维修管理不当导致安全装置失效，责任制度不明确和安全交底不清晰导致违章指挥、违规操作等。

专项突破 2　施工生产危险源控制

例题： 下列风险控制的方法中，属于第一类危险源控制的是（　　）。【2015 年、2018 年、2019 年、2021 年第一批真题题干】

　　A. 消除能量源

　　B. 约束或限制能量【2021 年第一批考过】

　　C. 屏蔽隔离【2015 年、2018 年、2019 年、2021 年第一批考过】

　　D. 防护

　　E. 建立健全危险源管理规章制度

　　F. 做好危险源控制管理基础工作，明确责任

　　G. 加强安全教育、危险源的日常管理【2017 年、2021 年第一批考过】

　　H. 定期检查

　　I. 做好危险源控制管理

　　J. 实施考核评价和奖惩

【答案】A、B、C、D

重点难点专项突破

本考点还可以考核的题目有：

第二类危险源主要通过管理手段加以控制，消除人的不安全行为、物的不安全状态，规避环境不良，包括（E、F、G、H、I、J）。【2023 年 1 天考 3 科考过】

专项突破 3　施工生产常见危险源

例题： 凡在坠落高度基准面 2m 及以上的高处作业面，就存在可能发生高处坠落事故的危险源，主要部位和施工过程有（　　）。

　　A. 预留洞口　　　　　　　　　　　B. 作业平台和作业面周边

　　C. 通道与上下跑道两侧　　　　　　D. 物料提升设备及施工电梯进料口

　　E. 攀登作业、交叉作业、悬空作业　F. 高处作业面层

　　G. 高处作业通道　　　　　　　　　H. 垂直运输过程

　　I. 吊装工艺过程　　　　　　　　　J. 自然灾害引发物体坠落或飞溅

　　K. 爆破作业、倾覆坍塌　　　　　　L. 基坑作业、边坡作业

　　M. 人工挖孔桩施工、脚手架/防护架搭拆　　N. 模板工程搭拆、拆除工程施工

　　O. 挡土墙施工、物料提升机　　　　P. 塔式起重机、滑模

Q. 接料平台、移动操作台　　　　　　R. 施工电梯、平刨机
S. 电锯、钢筋加工机械、搅拌机　　　T. 砂浆拌合机、场内运输工具
U. 施工现场涉及用电的机具　　　　　V. 配电箱与开关箱、外电防护
W. 配电室与配电装置、现场照明　　　X. 电杆及支架、用电防护设施
Y. 操作人员的技术熟练程度、操作行为　Z. 配电线路、个人使用安全防护品

【答案】A、B、C、D、E

重点难点专项突破

1. 本考点还可以考核的题目有：
（1）施工现场人员受到物体打击造成伤害事故来源于高处物体坠落及物体飞溅，主要危险部位和施工过程有（F、G、H、J、I、K）、立体交叉作业。
（2）易发生坍塌倾覆事故的主要危险部位和施工过程有（L、M、N、O、P、Q）。
（3）机械伤害事故危险源是指现场施工过程中的各类机具本体、防护设施/措施、违章/违规操作等，包括塔式起重机、（R、S、T）。
（4）易发生触电事故的主要危险源有（U、V、W、X、Y、Z）、接地与接零保护系统。

2. 本考点一般出题形式为：根据某事故选择相应的危险源；根据危险源选择导致的事故类型。

3. 本考点中除了掌握上述例题中阐述的五种施工中易发生事故危险源外，还需掌握易发生火灾事故的危险源，包括易燃可燃材料库房、易燃可燃材料堆场、动火作业场所、变配电设备室、厨房、员工宿舍、各类用电不规范。

4. 本考点包含两个采分点，一是施工生产常见危险源，二是导致施工生产易发事故的主要危险因素。第一个采分点上述内容已经阐述，导致施工生产易发事故的主要危险因素也需考生自行熟悉考试用书相关内容。

专项突破4　危险源辨识与风险评价方法

例题： 常见的危险源辨识与评价方法包括（　　）。
A. 安全检查表法　　　　　　　　　B. 预先危险性分析
C. 危险与可操作性分析　　　　　　D. 事故树分析法
E. LEC 评价法

【答案】A、B、C、D、E

重点难点专项突破

本考点还可以考核的题目有：
（1）下列危险源辨识与评价方法中，（A）的检查项目可以包括场地、周边环境、设施、设备、操作、管理等方面。

(2) 在每项生产活动之前，特别是在设计的开始阶段，对识别和评价对象存在的危险类别、出现条件、事故后果等进行概略分析，尽可能评价出潜在危险性的危险源辨识与评价方法是（B）。

(3) 下列危险源辨识与评价方法中，（C）主要用于生产工艺流程分析。

(4) 下列危险源辨识与评价方法中，（D）从一个可能的事故开始，自下而上、一层层地寻找顶事件的直接原因事件和间接原因事件，直到基本原因事件，并用逻辑图将这些事件之间的逻辑关系表达出来的分析方法。

(5) 下列危险源辨识与评价方法中，（E）侧重于风险评价，该方法用与风险有关的三种因素指标值的乘积来评价操作人员伤亡风险的大小。

专项突破 5　全员安全生产责任制

例题：主要负责人对本单位安全生产工作的法定职责有（　　）。

A. 建立健全并落实本单位全员安全生产责任制，加强安全生产标准化建设

B. 组织制定并实施本单位安全生产规章制度和操作规程

C. 组织制定并实施本单位安全生产教育和培训计划

D. 保证本单位安全生产投入的有效实施

E. 组织建立并落实安全风险分级管控和隐患排查治理双重预防工作机制，督促、检查本单位的安全生产工作，及时消除生产安全事故隐患

F. 组织制定并实施本单位的生产安全事故应急救援预案

G. 及时、如实报告生产安全事故

H. 组织或者参与拟订本单位安全生产规章制度、操作规程和生产安全事故应急救援预案

I. 组织或者参与本单位安全生产教育和培训，如实记录安全生产教育和培训情况

J. 组织开展危险源辨识和评估，督促落实本单位重大危险源的安全管理措施

K. 组织或者参与本单位应急救援演练

L. 检查本单位的安全生产状况，及时排查生产安全事故隐患，提出改进安全生产管理的建议

M. 制止和纠正违章指挥、强令冒险作业、违反操作规程的行为

N. 督促落实本单位安全生产整改措施

O. 在作业过程中，应当遵守安全施工的强制性标准、规章制度和操作规程，服从管理，正确佩戴和使用安全防护用具、规范操作机械设备等

P. 接受安全生产教育培训的义务，掌握必要的施工安全生产知识，熟悉有关的规章制度和安全操作规程，掌握本岗位安全操作技能

Q. 履行施工安全事故报告义务

【答案】A、B、C、D、E、F、G

重点难点专项突破

1. 本考点还可以考核的题目有：

（1）安全生产管理机构及安全生产管理人员的法定职责有（H、I、J、K、L、M、N）。

（2）施工作业人员安全生产职责主要有（O、P、Q）。

2. 本考点包含两个采分点：一是相关从业人员的安全生产职责，二是全国安全生产责任制基本规定。第一个采分点内容上述例题已经阐述，下面阐述并学习第二个采分点。

（1）全员安全生产责任制内容应包括：各岗位的责任人员、责任范围和考核标准。

（2）企业全员安全生产责任制应长期公示。公示内容主要包括：所有层级、所有岗位的安全生产责任、安全生产责任范围、安全生产责任考核标准等。

（3）全员安全生产责任制是企业所有安全生产管理制度的核心，是企业最基本的安全管理制度，其他安全生产管理制度的建立、执行、修订完善，离不开各岗位相关责任的支持。【2021年第二批、2023年2天考3科考过】

（4）全员安全生产责任制应包括所有从业人员的安全生产责任，明确从主要负责人到一线从业人员的安全生产责任、责任范围和考核标准。从人员安全生产责任角度看，要"横向到边、纵向到底"。纵向应包括从最高管理者、管理者代表到项目负责人、技术负责人、专职安全生产人员、专业管理岗位人员（施工员、质量员、材料员等）、班组长和各操作岗位等各级人员的安全生产职责；横向应包括单位所有职能部门（如技术、安全、环保、财务、人事、采购等）管理者和各岗位的安全生产职责。

针对上述内容，看一下历年真题是怎么样考核的：

（1）根据《中华人民共和国安全生产法》，生产经营单位安全生产第一责任人是（　　）。【2023年2天考3科真题】

A. 项目经理　　　　　　　　B. 项目安全生产管理人员
C. 企业主要负责人　　　　　D. 企业安全生产管理机构负责人

【答案】C

（2）施工企业最基本的安全管理制度是（　　）。【2021年第二批真题】

A. 安全生产检查制度　　　　B. 安全生产许可证制度
C. 全员安全生产责任制度　　D. 安全生产教育培训制度

【答案】C

（3）施工企业安全生产责任制度应当覆盖的范围是（　　）。

A. 纵向从最高管理者到专职安全生产管理人员，横向涵盖各职能部门
B. 纵向从最高管理者到专职安全生产管理人员，横向涵盖各项目负责人
C. 纵向从最高管理者到班组长和岗位人员，横向涵盖各职能部门
D. 纵向从最高管理者到班组长和岗位人员，横向涵盖各项目负责人

【答案】C

3. 关于相关从业人员的安全生产职责，可以出选择类型的题目，还可以出判断正误类型的题目。

专项突破6 安全生产费用提取、管理和使用制度

例题： 某城市轨道交通工程，月末按工程进度计算提取企业安全生产费用的标准为建筑安装工程造价的（ ）。

A. 3.5%　　　　　　　　　　　B. 3%
C. 2.5%　　　　　　　　　　　D. 2%
E. 1.5%

【答案】B

重点难点专项突破

1. 本考点还可以考核的题目有：

（1）矿山工程月末按工程进度计算提取企业安全生产费用的标准为建筑安装工程造价的（A）。

（2）铁路工程月末按工程进度计算提取企业安全生产费用的标准为建筑安装工程造价的（B）。

（3）房屋建筑工程房屋建筑工程月末按工程进度计算提取企业安全生产费用的标准为建筑安装工程造价的（B）。

（4）水利水电工程房屋建筑工程月末按工程进度计算提取企业安全生产费用的标准为建筑安装工程造价的（C）。

（5）电力工程按工程进度计算提取企业安全生产费用的标准为建筑安装工程造价的（C）。

（6）冶炼工程月末按工程进度计算提取企业安全生产费用的标准为建筑安装工程造价的（D）。

（7）机电安装工程月末按工程进度计算提取企业安全生产费用的标准为建筑安装工程造价的（D）。

（8）化工石油工程月末按工程进度计算提取企业安全生产费用的标准为建筑安装工程造价的（D）。

（9）通信工程月末按工程进度计算提取企业安全生产费用的标准为建筑安装工程造价的（D）。

（10）市政公用工程月末按工程进度计算提取企业安全生产费用的标准为建筑安装工程造价的（E）。

（11）港口与航道工程月末按工程进度计算提取企业安全生产费用的标准为建筑安装工程造价的（E）。

（12）公路工程月末按工程进度计算提取企业安全生产费用的标准为建筑安装工程造价的（E）。

2. 建设工程施工企业安全生产费用应用支出应熟悉，要注意：企业职工薪酬、福利不得从企业安全生产费用中支出。企业从业人员发现报告事故隐患的奖励支出，应从企业安全生产费用中列支。

专项突破 7 安全生产教育培训制度

例题： 企业主要负责人应接受安全培训，具备与所从事的生产经营活动相适应的安全生产知识和管理能力。企业主要负责人安全培训应包括的内容有（   ）。

A. 国家安全生产方针、政策和有关安全生产的法律、法规、规章及标准

B. 安全生产管理基本知识、安全生产技术、安全生产专业知识

C. 重大危险源管理、重大事故防范、应急管理和救援组织及事故调查处理的有关规定

D. 职业危害及其预防措施

E. 国内外先进的安全生产管理经验

F. 典型事故和应急救援案例分析

G. 本单位安全生产情况及安全生产基本知识

H. 本单位安全生产规章制度和劳动纪律

I. 从业人员安全生产权利和义务

J. 工作环境及危险因素

K. 所从事工种可能遭受的职业伤害和伤亡事故

L. 所从事工种的安全职责、操作技能及强制性标准

M. 自救互救、急救方法、疏散和现场紧急情况的处理

N. 安全设备设施、个人防护用品的使用和维护

O. 本项目安全生产状况及规章制度

P. 岗位安全操作规程

Q. 岗位之间工作衔接配合的安全与职业卫生事项

【答案】A、B、C、D、E、F

重点难点专项突破

1. 本考点还可以考核的题目有：

（1）施工企业其他从业人员，在上岗前必须经过企业、施工项目部、班组三级安全培训教育。其中，企业级岗前安全培训内容应包括（G、H、I）、有关事故案例。

（2）施工项目部级岗前安全培训内容应包括（J、K、L、M、N、O）、预防事故和职业危害的措施及应注意的安全事项、有关事故案例。

（3）下列施工企业新员工上岗前安全教育内容中，属于班组级安全教育内容的是（P、Q）。【2023 年 2 天考 3 科真题题干】

2. 对于企业相关人员的培训，还需掌握企业安全生产管理人员安全培训的内容，包括 7 项内容，与企业主要负责人安全培训内容有相同之处，但考生也要区分不同之处。

3. 对于本考点的考核，还需掌握下述内容：

项目	内容
教育培训目的	（1）保证从业人员具备必要的安全生产知识，熟悉有关的安全生产规章制度和安全操作规程，掌握本岗位的安全操作技能，了解事故应急处理措施，知悉自身在安全生产方面的权利和义务。 （2）未经安全生产教育和培训合格的从业人员，不得上岗作业

续表

项目	内容
教育培训对象	本单位全体从业人员及劳务派遣人员、实习学生
管理要求	（1）企业应将安全培训工作纳入本单位年度工作计划，保证本单位安全培训工作所需资金。 （2）企业主要负责人负责组织制定并实施本单位安全培训计划。 （3）企业应建立健全从业人员安全生产教育和培训档案，由企业安全生产管理机构及安全生产管理人员详细、准确记录培训的时间、内容、参加人员及考核结果等情况
企业主要负责人和安全生产管理人员安全培训	企业主要负责人和安全生产管理人员初次安全培训时间不得少于32学时。每年再培训时间不得少于12学时
从业人员上岗培训	（1）施工企业其他从业人员，在上岗前必须经过企业、施工项目部、班组三级安全培训教育。【2012年10月、2014年考过】 （2）企业新上岗的从业人员，岗前安全培训时间不得少于24学时。 （3）从业人员在本单位内调整工作岗位或离岗一年以上重新上岗时，应重新接受项目部和班组级的安全培训
其他安全生产教育培训	（1）企业采用新工艺、新技术、新材料或者使用新设备时，应对有关从业人员重新进行有针对性的安全培训。 （2）企业特种作业人员，必须按照国家有关法律、法规的规定接受专门的安全培训，经考核合格，取得特种作业操作资格证书后，方可上岗作业。 （3）施工单位的主要负责人、项目负责人、专职安全生产管理人员应经建设行政主管部门或者其他有关部门考核合格后方可任职

4. 针对上表内容，还可能这样考核：

（1）从业人员在本单位内调整工作岗位或离岗一年以上重新上岗时，应重新接受项目部和班组级的安全培训。

A. 企业、施工项目部、班组级　　B. 施工项目部、班组级
C. 企业级　　　　　　　　　　　D. 班组级

【答案】B

（2）企业新上岗的从业人员，岗前安全培训时间不得少于（　　）学时。

A. 12　　　　　　　　　　　　　B. 24
C. 48　　　　　　　　　　　　　D. 72

【答案】A

专项突破8　安全生产许可制度

项目	内容
办法与管理	国务院住房和城乡建设主管部门负责对全国建筑施工企业安全生产许可证的颁发和管理工作进行监督指导
有效期	3年【2020年考过】

续表

项目	内容
延期规定	（1）安全生产许可证有效期满需要延期的，企业应当于期满前3个月向原安全生产许可证颁发管理机关办理延期手续。 （2）企业在安全生产许可证有效期内，严格遵守有关安全生产的法律法规，未发生死亡事故的，安全生产许可证有效期届满时，经原安全生产许可证颁发管理机关同意，不再审查，安全生产许可证有效期延期3年【2020年、2021年第一批考过】
变更规定	建筑施工企业变更名称、地址、法定代表人等，应当在变更后10日内，到原安全生产许可证颁发管理机关办理安全生产许可证变更手续

重点难点专项突破

1. 上表内容为本考点的重要采分点。

2. 本考点可能会这样命题：

（1）安全生产许可证有效期满需要延期的，企业应当于期满前（　　）向原安全生产许可证颁发管理机关办理延期手续。

A. 3个月　　　　　　　　　　B. 半年

C. 1个月　　　　　　　　　　D. 6个月

【答案】A

（2）施工企业在安全生产许可证有效期内，严格遵守有关安全生产的法律法规，未发生死亡事故的，安全生产许可证期满时，经原安全生产许可证的颁发管理机关同意，可不再审查，其有效期延期（　　）年。【2021年第一批真题】

A. 1　　　　　　　　　　　　B. 3

C. 2　　　　　　　　　　　　D. 5

【答案】B

（3）建筑施工企业取得安全生产许可证，应具备的安全生产条件包括（　　）。

A. 保证本单位安全生产条件所需资金的投入

B. 特种作业人员经有关业务主管部门考核合格，但未取得特种作业操作资格证书

C. 管理人员和作业人员每年至少进行一次安全生产教育培训，但可以不用考核

D. 设置安全生产管理机构，按照国家有关规定配备专职安全生产管理人员

E. 生产安全事故应急救援预案、应急救援组织或者应急救援人员，配备必要的应急救援器材、设备

【答案】A、D、E

专项突破9　管理人员及特种作业人员持证上岗制度

例题：特种作业操作证（　　）复审1次。【2014年、2019年、2020年考过】

A. 每3年　　　　　　　　　　B. 每6年

C. 期满前60日　　　　　　　D. 每年

E. 变更后 10 日

【答案】A

重点难点专项突破

1. 本考点还可以考核的题目有：

(1) 特种作业人员在特种作业操作证有效期内，连续从事本工种 10 年以上，严格遵守有关安全生产法律法规的，经原考核发证机关或者从业所在地考核发证机关同意，特种作业操作证的复审时间可以延长至（B）复审 1 次。【2020 年、2024 年考过】

(2) 特种作业操作证需要复审的，应在（C）内，由申请人或者申请人的用人单位向原考核发证机关或者从业所在地考核发证机关提出申请，并提交相关材料。

(3) 企业取得安全生产许可证的条件中，管理人员和作业人员（D）至少进行一次安全生产教育培训并考核合格。

(4) 建筑施工企业变更名称、地址、法定代表人等，应当在（E）内，到原安全生产许可证颁发管理机关办理安全生产许可证变更手续。

2. 本考点中还需掌握的内容：

项目	内容
管理人员持证上岗制度	(1) 施工单位主要负责人、项目负责人、专职安全生产管理人员应经建设行政主管部门或者其他有关部门考核合格后方可任职。 (2) 施工单位应对管理人员和作业人员每年至少进行一次安全生产教育培训，其教育培训情况记入个人工作档案
特种作业人员持证上岗制度	(1) 建筑施工特种作业人员包括：施工单位垂直运输机械作业人员、安装拆卸工、爆破作业人员、起重信号工、登高架设作业人员等。 (2) 特种作业人员必须经专门的安全技术培训并考核合格，取得《中华人民共和国特种作业操作证》(以下简称特种作业操作证) 后，方可上岗作业。特种作业人员应符合下列条件：【2014年考过】 ① 年满 18 周岁，且不超过国家法定退休年龄。 ② 经社区或者县级以上医疗机构体检健康合格，并无妨碍从事相应特种作业的器质性心脏病、癫痫病、美尼尔氏症、眩晕症、癔症、震颤麻痹症、精神病、痴呆症及其他疾病和生理缺陷。 ③ 具有初中及以上文化程度。 ④ 具备必要的安全技术知识与技能。 ⑤ 相应特种作业规定的其他条件。 (3) 特种作业人员应接受与其所从事的特种作业相应的安全技术理论培训和实际操作培训。已经取得职业高中、技工学校及中专以上学历的毕业生从事与其所学专业相应的特种作业，持学历证明经考核发证机关同意，可以免予相关专业的培训。跨省、自治区、直辖市从业的特种作业人员，可以在户籍所在地或者从业所在地参加培训。 (4) 特种作业操作证需要复审的，应在期满前 60 日内，由申请人或者申请人的用人单位向原考核发证机关或者从业所在地考核发证机关提出申请，并提交下列材料：社区或者县级以上医疗机构出具的健康证明；从事特种作业的情况；安全培训考试合格记录。 (5) 特种作业操作证有效期届满需要延期换证的，应按照规定申请延期复审。特种作业操作证申请复审或者延期复审前，特种作业人员应参加必要的安全培训并考试合格。安全培训时间不少于 8 学时，主要培训法律、法规、标准、事故案例和有关新工艺、新技术、新装备等知识

3. 针对上表内容，还可以这样命题：

(1) 关于施工中一般特种作业人员应具备条件的说法，正确的是（   ）。【2014年真题】

A. 年满 16 周岁，且不超过国家法定退休年龄

B. 必须为男性

C. 连续从事本工种10年以上

D. 具有初中及以上文化程度

【答案】D

(2) 特种作业操作证申请复审或者延期复审前，特种作业人员应参加必要的安全培训并考试合格。安全培训时间不少于( )个学时。

A. 24　　　　　　　　　　　B. 12

C. 8　　　　　　　　　　　　D. 32

【答案】C

专项突破 10　重大危险源管理制度

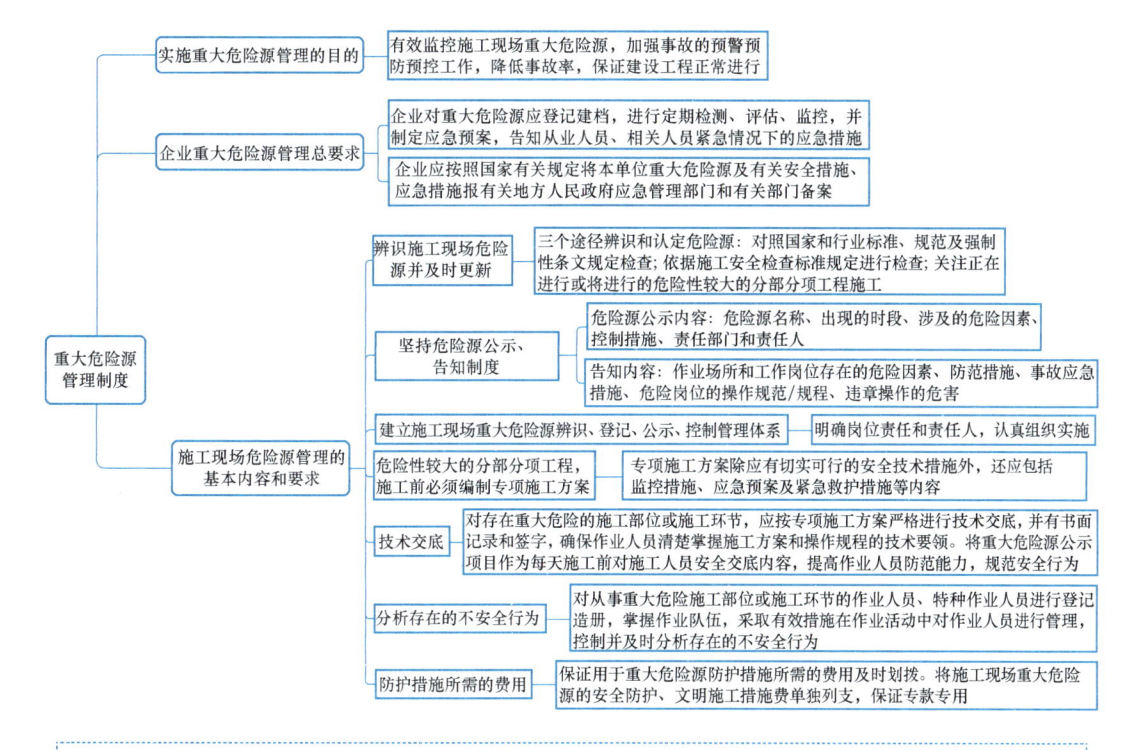

重大危险源管理制度	实施重大危险源管理的目的	有效监控施工现场重大危险源，加强事故的预警预防预控工作，降低事故率，保证建设工程正常进行
	企业重大危险源管理总要求	企业对重大危险源应登记建档，进行定期检测、评估、监控，并制定应急预案，告知从业人员、相关人员紧急情况下的应急措施
		企业应按照国家有关规定将本单位重大危险源及有关安全措施、应急措施报有关地方人民政府应急管理部门和有关部门备案
	辨识施工现场危险源并及时更新	三个途径辨识和认定危险源：对照国家和行业标准、规范及强制性规范文规定进行检查；依据施工安全检查标准规定进行检查；关注正在进行或将进行的危险性较大的分部分项工程施工
	坚持危险源公示、告知制度	危险源公示内容：危险源名称、出现的时段、涉及的危险因素、控制措施、责任部门和责任人
		告知内容：作业场所和工作岗位存在的危险因素、防范措施、事故应急措施、危险岗位的操作规范/规程、违章操作的危害
	施工现场危险源管理的基本内容和要求	建立施工现场重大危险源辨识、登记、公示、控制管理体系：明确岗位责任和责任人，认真组织实施
		危险性较大的分部分项工程，施工前必须编制专项施工方案：专项施工方案除应有切实可行的安全技术措施外，还应包括监控措施、应急预案及紧急救护措施等内容
		技术交底：对存在重大危险的施工部位或施工环节，应按专项施工方案严格进行技术交底，并有书面记录和签字，确保作业人员清楚掌握施工方案和操作规程的技术要领。将重大危险源公示项目作为每天施工前对施工人员安全交底内容，提高作业人员防范能力，规范安全行为
		分析存在的不安全行为：对从事重大危险施工部位或施工环节的作业人员、特种作业人员进行登记造册，掌握作业队伍，采取有效措施在作业活动中对作业人员进行管理，控制并及时分析存在的不安全行为
		防护措施所需的费用：保证用于重大危险源防护措施所需的费用及时划拨。将施工现场重大危险源的安全防护、文明施工措施费单独列支，保证专款专用

重点难点专项突破

1. 上图内容为本考点的重点内容，对于本考点的考核，就在上述知识点中命题。

2. 本考点可能会这样命题：

关于施工现场危险源管理的基本内容和要求，说法正确的有( )。

A. 可从对照国家和行业标准、规范及强制性条文规定检查，依据施工安全检查标准规定进行检查，关注正在进行或将进行的危险性较大的分部分项工程施工三个途径辨识和认定危险源

B. 坚持危险源公示、告知制度
C. 建立施工现场重大危险源辨识、登记、公示、控制管理体系，明确岗位责任和责任人，认真组织实施
D. 对危险性较小的分部分项工程，施工前必须编制专项施工方案
E. 对存在一般危险的施工部位或施工环节，应按专项施工方案严格进行技术交底

【答案】A、B、C

专项突破 11　劳动保护用品使用管理制度

（1）劳动保护用品的发放和管理，坚持"谁用工，谁负责"的原则。
（2）劳动保护用品必须以实物形式发放，不得以货币或其他物品替代。
（3）企业应建立完善劳动保护用品的采购、验收、保管、发放、使用、更换、报废等规章制度。同时，应建立相应的管理台账，管理台账保存期限不得少于 2 年，以保证劳动保护用品的质量具有可追溯性。
（4）企业、施工作业人员，不得采购和使用无安全标记或不符合国家相关标准要求的劳动保护用品。
（5）企业应加强对施工作业人员的教育培训，保证施工作业人员能正确使用劳动保护用品。

重点难点专项突破

1. 上表内容为本考点的重点内容。
2. 本考点可能会这样命题：
（1）劳动保护用品的发放和管理，坚持"（　　）"的原则。

A. 谁用工，谁负责　　　　　　B. 以人为本、依法依规
C. 符合实际、注重实效　　　　D. 先进性、可行性和经济性兼顾

【答案】A

（2）企业采购劳动保护用品时，应（　　），以确保采购劳动保护用品的质量符合安全使用要求。

A. 查验劳动保护用品生产厂家的生产、经营资格
B. 查验劳动保护用品供货商的生产、经营资格
C. 验明商品合格证明
D. 验明商品标识
E. 验明劳动保护用品生产厂家法人的具体情况

【答案】A、B、C、D

专项突破 12　安全生产检查制度

项目	内容
安全生产检查的作用	安全生产检查是发现和消除事故隐患、落实安全措施、预防事故发生的重要手段
安全生产检查形式	包括各管理层的自查、互查及对下级管理层的抽查等；安全检查的类型应包括日常巡查、专项检查、季节性检查、定期检查、不定期抽查等

重点难点专项突破

1. 上表内容为本考点的重点内容。
2. 本考点可能会这样命题：
（1）下列关于安全生产检查管理要求的说法，错误的是(　　)。
A. 安全生产检查管理应包括安全检查的内容、形式、类型、标准、方法、频次、整改、复查等工作内容
B. 施工企业安全生产检查应配备必要的检查、测试器具，对存在的问题和隐患，应定人、定时间、定措施组织整改，并应跟踪复查直至整改完毕
C. 施工企业对安全检查中发现的问题，宜按日期分类记录，定期统计
D. 施工企业应建立并保存安全生产检查资料和记录
【答案】C
（2）安全生产检查的类型包括(　　)。
A. 互查　　　　　　　　　　B. 日常巡查
C. 专项检查　　　　　　　　D. 季节性检查
E. 定期检查
【答案】B、C、D、E

专项突破 13　安全生产会议制度

例题：施工项目安全生产会议包括定期安全生产例会和不定期安全生产会议、班前会议。下列会议中，属于定期安全生产例会的是(　　)。
A. 月度安全生产例会　　　　B. 周安全生产例会
C. 安全生产技术交底会　　　D. 安全生产专题会
E. 安全生产事故分析会　　　F. 安全生产现场会
【答案】A、B

重点难点专项突破

1. 本考点还可以考核的题目有：
（1）下列会议中，属于不定期安全生产会议的是（C、D、E、F）。

(2) 根据施工生产进展情况和需要，对重大安全生产保障措施进行（C）。

(3) 施工企业针对安全生产和特殊季节安全防范的需要，可以适时召开（D）。

【2024年真题题干】

(4) 根据事故发生情况，及时召开（E），教育事故单位，警示其他单位等，防止类似事故的再次发生。

(5) 根据工作需要，结合各类评比活动，适时召开（F），达到树立典型、推动后进，共同提高安全生产管理工作水平。

2. 施工项目安全生产会议除了定期安全生产例会、不定期安全生产会议，还包括班前会议。班前会议应坚持"安全第一、预防为主、综合治理"的方针。班前会议由班组长组织和主持。班前会议结合工作安排和安全技术交底进行。

专项突破14 施工设施、设备和劳动防护用品安全管理制度

例题：施工企业施工设施、设备和劳动防护用品的安全管理应包括（　　）等内容。
A. 购置、租赁　　　　　　　　B. 装拆、验收
C. 检测、使用　　　　　　　　D. 保养、维修
E. 改造、报废　　　　　　　　F. 设计、分析

【答案】A、B、C、D、E

重点难点专项突破

1. 上述例题中，选项F为干扰选项。

2. 本考点还需掌握的内容：

(1) 施工企业应建立并保存施工设施、设备、劳动防护用品及相关的安全检测器具管理档案，并应记录的内容有：①来源、类型、数量、技术性能、使用年限等静态管理信息，以及目前使用地点、使用状态、使用责任人、检测、日常维修保养等动态管理信息；②采购、租赁、改造、报废计划及实施情况。

(2) 施工企业应自行设计或优先选用标准化、定型化、工具化的安全防护设施。

3. 本考点的可能出挖空式的题目、判断正误类型的题目。

专项突破15 安全生产考核和奖惩制度

项目	内容
施工企业安全生产考核和奖惩管理的内容	包括确定对象、制定内容及标准、实施奖惩等
安全生产考核的对象	包括施工企业各管理层的主要负责人、相关职能部门及岗位和工程项目参建人员
安全生产考核内容	①安全目标实现程度；②安全职责履行情况；③安全行为；④安全业绩；⑤施工企业应针对生产经营规模和管理状况，明确安全生产考核的周期，并应及时兑现奖惩

重点难点专项突破

1. 上表内容为本考点的重点内容，考生需熟悉上表内容。
2. 本考点还可以这样命题：

安全生产考核内容包括（　　）。

A. 安全目标实现程度　　　　　　B. 安全职责履行情况
C. 安全行为　　　　　　　　　　D. 安全业绩
E. 安全评价分析报告

【答案】A、B、C、D

6.3　专项施工方案及施工安全技术管理

专项突破1　专项施工方案编制对象

例题： 根据《建设工程安全生产管理条例》，应组织专家进行专项施工方案论证、审查的分部分项工程有（　　）。【2014年、2016年、2019年考过】

A. 基坑支护与降水工程　　　　　B. 土方开挖工程
C. 模板工程　　　　　　　　　　D. 起重吊装工程
E. 脚手架工程　　　　　　　　　F. 拆除、爆破工程
G. 深基坑工程　　　　　　　　　H. 地下暗挖工程
I. 高大模板工程

【答案】G、H、I

重点难点专项突破

1. 本考点还可以考核的题目有：

根据《建设工程安全生产管理条例》，施工单位应编制专项施工方案的分部分项工程有（A、B、C、D、E、F）。

2. 本考点中还需注意掌握的一个采分点是：《建设工程安全生产管理条例》规定，对达到一定规模的危险性较大的分部分项工程，施工单位应编制专项施工方案，并附具安全验算结果【2017年考过】，经施工单位技术负责人、总监理工程师【2016年、2017年、2022年2天考3科、2023年1天考3科考过】签字后实施，由专职安全生产管理人员【2017年考过】进行现场监督。

针对上述要点，下面看一下考核过的历年真题：

（1）根据《建设工程安全生产管理条例》，施工单位针对达到一定规模的危险性较大的分部分项工程编制的专项施工方案，需经（　　）签字后实施。【2023年1天考3科真题】

A. 施工项目经理和建设单位技术负责人
B. 施工单位法定代表人和建设单位技术负责人
C. 施工单位技术负责人和总监理工程师
D. 建设单位技术负责人和总监理工程师

【答案】C

(2) 根据《建设工程安全生产管理条例》，施工单位对达到一定规模的危险性较大的分部分项工程应当编制专项施工方案，并经施工单位技术负责人和（　　）签字后实施。【2022年2天考3科真题】

A. 项目经理　　　　　　　　B. 项目技术负责人
C. 专业监理工程师　　　　　D. 总监理工程师

【答案】D

(3) 根据《建设工程安全生产管理条例》，对达到一定规模的危险性较大的分部分项工程，正确的安全管理做法有（　　）。【2017年真题】

A. 施工单位应当编制专项施工方案，并附具安全验算结果
B. 所有专项施工方案均应组织专家进行论证、审查
C. 专项施工方案由专职安全生产管理人员进行现场监督
D. 专项施工方案经现场监理工程师签字后即可实施
E. 专项施工方案应由企业法定代表人审批

【答案】A、C

专项突破 2　专项施工方案内容

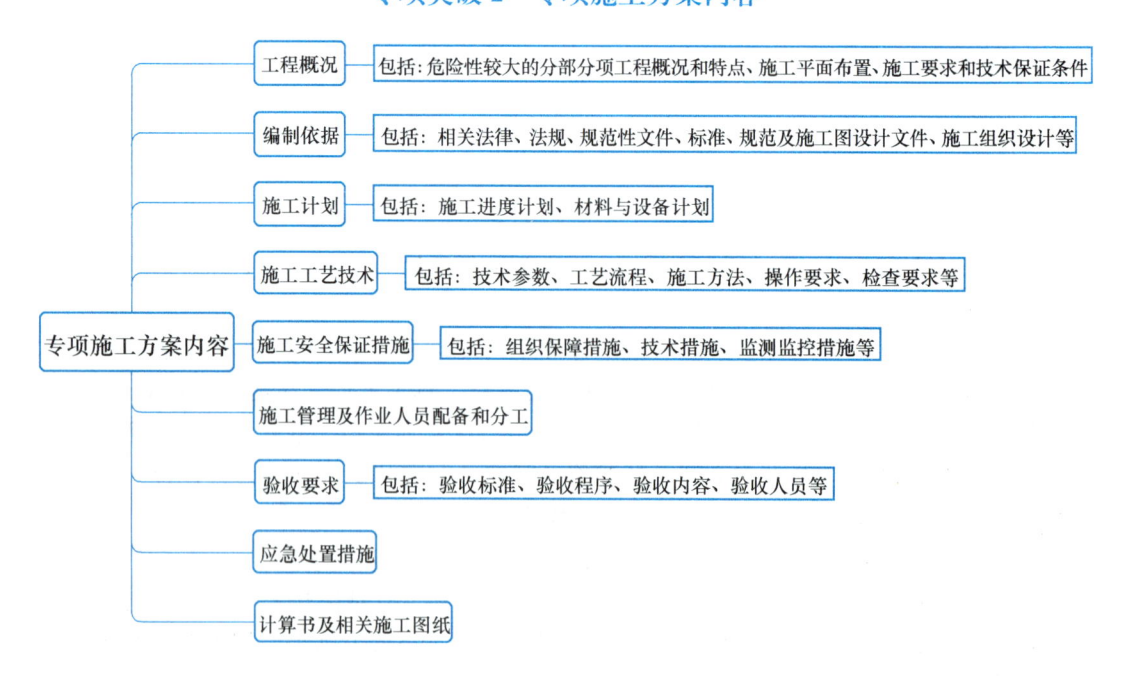

专项施工方案内容：
- 工程概况：包括：危险性较大的分部分项工程概况和特点、施工平面布置、施工要求和技术保证条件
- 编制依据：包括：相关法律、法规、规范性文件、标准、规范及施工图设计文件、施工组织设计等
- 施工计划：包括：施工进度计划、材料与设备计划
- 施工工艺技术：包括：技术参数、工艺流程、施工方法、操作要求、检查要求等
- 施工安全保证措施：包括：组织保障措施、技术措施、监测监控措施等
- 施工管理及作业人员配备和分工
- 验收要求：包括：验收标准、验收程序、验收内容、验收人员等
- 应急处置措施
- 计算书及相关施工图纸

重点难点专项突破

1. 对于本考点的考核,记住上图内容即可。
2. 本考点可能会这样命题:
(1) 危险性较大的分部分项工程专项施工方案的主要内容不包括(　　)。
A. 应急处置措施　　　　　　　　B. 施工工艺技术
C. 施工计划　　　　　　　　　　D. 资源配置计划
【答案】D
(2) 吊装方案编制的主要依据有(　　)。
A. 规程规范　　　　　　　　　　B. 合同条款
C. 施工图设计文件　　　　　　　D. 施工组织设计
E. 工程进度计划
【答案】A、C、D

专项突破 3　专项施工方案编制和审查程序

例题: 下列单位中,(　　)应在危险性较大的分部分项工程施工前,组织工程技术人员编制专项施工方案。
A. 施工单位　　　　　　　　　　B. 施工总承包单位
C. 相关专业分包单位　　　　　　D. 监理单位
E. 建设单位
【答案】A

重点难点专项突破

1. 本考点还可以考核的题目有:
(1) 实行施工总承包的,专项施工方案应由(B)组织编制。
(2) 危险性较大的分部分项工程实行分包的,专项施工方案可由(C)组织编制。
(3) 对于超过一定规模的危险性较大的分部分项工程的专项施工方案,需要由(A)组织召开专家论证会。
(4) 实行施工总承包的,由(B)组织召开专家论证会。
(5) 超过一定规模的危险性较大的分部分项工程专项施工方案经专家论证后结论为"通过"的,(A)可参考专家意见自行修改完善。
(6) 超过一定规模的危险性较大的分部分项工程专项施工方案经专家论证后结论为"修改后通过"的,专家意见要明确具体修改内容,(A)应按照专家意见进行修改,修改情况应及时告知专家。【2024年考过】
(7) 超过一定规模的危险性较大的分部分项工程专项施工方案经论证不通过的,(A)修改后应按照规定的要求重新组织专家论证。

2. 上述例题中，选项 D、E 为干扰选项。

3. 本考点还需掌握的内容如下：

(1) 专家论证的主要内容应包括：①专项施工方案内容是否完整、可行；②专项施工方案计算书和验算依据、施工图是否符合有关标准规范；③专项施工方案是否满足现场实际情况，并能够确保施工安全。

(2) 专家论证会后，应形成论证报告，对专项施工方案提出通过、修改后通过或者不通过的一致意见。专家对论证报告负责并签字确认。

(3) 专项施工方案应由施工单位技术负责人审核签字、加盖单位公章，并由总监理工程师审查签字、加盖执业印章后方可实施。

(4) 危险性较大的分部分项工程实行分包并由分包单位编制专项施工方案的，专项施工方案应由总承包单位技术负责人及分包单位技术负责人共同审核签字并加盖单位公章。

专项突破 4 防高处坠落的安全技术措施

例题：人的坠落易造成坠落伤害，物的坠落易造成物体打击。应针对不同部位和作业采取相应的安全技术措施。坠落高度基准面 2m 及以上进行临边作业时，应（　　）。

A. 在临空一侧设置防护栏杆【2024 年考过】

B. 采用密目式安全立网或工具式栏板封闭【2024 年考过】

C. 当竖向洞口短边边长小于 500mm 时，应采取封堵措施

D. 当垂直洞口短边边长大于或等于 500mm 时，应在临空一侧设置高度不小于 1.2m 的防护栏杆，并应采用密目式安全立网或工具式栏板封闭，设置挡脚板【2024 年考过】

E. 当非竖向洞口短边边长为 25～500mm 时，应采用承载力满足使用要求的盖板覆盖，盖板四周搁置应均衡，且应防止盖板移位

F. 当非竖向洞口短边边长为 500～1500mm 时，应采用盖板覆盖或防护栏杆等措施，并应固定牢固

G. 当非竖向洞口短边边长大于或等于 1500mm 时，应在洞口作业侧设置高度不小于 1.2m 的防护栏杆，洞口应采用安全平网封闭【2024 年考过】

H. 攀登作业设施和用具应牢固可靠；当采用梯子攀爬作用时，踏面荷载不应大于 1.1kN；当梯面上有特殊作业时，应按实际情况进行专项设计

I. 同一梯子上不得两人同时作业；在通道处使用梯子作业时，应有专人监护或设置围栏；脚手架操作层上严禁架设梯子作业

J. 使用单梯时梯面应与水平面成 75°夹角，踏步不得缺失，梯格间距宜为 300mm，不得垫高使用

K. 使用固定式直梯攀登作业时，当攀登高度超过 3m 时，宜加设护笼；当攀登高度超过 8m 时，应设置梯间平台

L. 深基坑施工应设置扶梯、入坑踏步及专用载人设备或斜道等设施；采用斜道时，应加设间距不大于 400mm 的防滑条等防滑措施

M. 作业人员严禁沿坑壁、支撑或乘运土工具上下

N. 作业安全设备、设施本身应满足安全技术要求，同时必须设置安全防护网和防护栏等安全设施

O. 作业所使用的吊篮、平台、脚手板及索具等应经技术鉴定或验证后才可使用

P. 搭设脚手架进行操作时，脚手架应牢固，外侧应设安全网

Q. 安装拆除模板、吊装时，施工人员必须站在操作平台上作业【2024年考过】

R. 立足处的设置应牢固，并应配置登高和防坠落装置和设施，严禁在未固定、无防护设施的构件及管道上进行作业或通行；作业人员必须系好安全带【2024年考过】

S. 作业时，下层作业位置应处于上层作业的坠落半径之外，高空作业坠落半径应按规范要求确定

T. 安全防护棚和警戒隔离区范围的设置应视上层作业高度确定，并应大于坠落半径

U. 作业时，坠落半径内应设置安全防护棚或安全防护网等安全隔离措施。当尚未设置安全隔离措施时，应设置警戒隔离区，人员严禁进入隔离区

V. 处于起重机臂架回转范围内的通道，应搭设安全防护棚

W. 施工现场人员进出的通道口，应搭设安全防护棚

X. 不得在安全防护棚棚顶堆放物料

【答案】A、B

重点难点专项突破

1. 本考点还可以考核的题目有：

（1）洞口作业易发生人和物的坠落，应针对不同部位和作业采取相应的安全技术措施。洞口作业防坠落措施要求包括（C、D、E、F、G）。

（2）登高作业应借助施工通道、梯子及其他攀登设施和用具，技术要求有（H、I、J、K、L、M）。

（3）悬空作业易发生人和物的坠落，应针对不同部位和作业采取相应的安全技术措施。下列关于悬空作业防坠落措施，说法正确的有（N、O、Q、R）。

（4）针对不同情形下的交叉作业，应采取防护措施并保证措施有效。下列交叉作业防坠落措施，说法正确的有（S、T、U、V、W、X）。

2. 本考点中，还需注意掌握上述例题中数值类规定。

专项突破5　防物体打击的安全技术措施

项目		内容
防物体坠落或飞溅的措施	脚手架	（1）施工层应设有1.2m高防护栏杆和18～20cm高挡脚板。 （2）脚手架外侧设置密目式安全网，网间不应有空缺。 （3）脚手架拆除时，拆下的脚手杆、脚手板、钢管、扣件、钢丝绳等材料，应向下传递或用绳吊下，禁止投扔
	材料堆放	材料、构件、料具应按施工组织规定的位置堆放整齐，防止倒塌，做到工完场清

221

续表

项目		内容
防物体坠落或飞溅的措施	物件运送	(1) 物件运送安全应采用安全技术方案。 (2) 运送易滑的钢材，绳结必须系牢。 (3) 起吊物件应使用交互捻制的钢丝绳。钢丝绳如有扭结、变形、断丝、锈蚀等异常现象，应降级使用或报废。 (4) 严禁使用麻绳起吊重物。 (5) 吊装不易放稳的构件或大模板应用卡环，不得用吊钩。禁止将物件放在板形构件上起吊。 (6) 在平台上吊运大模板时，平台上不准堆放无关料具。禁止在吊臂下穿行和停留
	深坑、槽施工	(1) 四周边沿在设计规定范围内，禁止堆放模板、架、材料。 (2) 深坑槽施工所有材料均应采用溜槽运送，严禁抛掷
	工具袋（箱）	(1) 高处作业人员应佩带工具袋，装入小型工具、小材料和配件等，防止坠落伤人。高处作业所有的较大工具，应放入工具箱。 (2) 上下传递物件禁止抛掷
	防飞溅物伤人	圆盘锯上必须设置分割刀和防护罩
	拆除工程	除设置警戒的安全围栏外，拆下的材料要及时清理运走，散碎材料应用溜槽顺槽溜下
	现场清理	清理高处杂物，应集中放在斗车或桶内，及时吊运地面，严禁往外抛掷
防护措施	防护棚	邻近必须通行的道路上方和施工工程出入口处上方，均应搭设坚固、密封的防护棚
	防护隔离层	垂直交叉作业，必须设置隔离层
	设置防护栏杆	起重机械和桩机机械下不准站人或穿行
	安全帽	进入施工现场的所有人员都必须戴好安全帽，并系牢帽带

重点难点专项突破

1. 上表内容为本考点的重要采分点，对于上表内容，一般会以判断正误类型的题目进行考核。

2. 本考点可能会这样命题：

（1）物体打击主要是高处坠落物或地面物体坠落至基坑、槽造成的伤害事故。下列关于防物体坠落的措施，说法错误的是（　　）。

A. 施工层应设有1.2m高防护栏杆和18~20cm高挡脚板
B. 材料、构件、料具应按施工组织规定的位置堆放整齐
C. 起吊物件应使用交互捻制的钢丝绳
D. 深坑槽施工所有材料均应采用溜槽运送，也可以抛掷

【答案】D

（2）物体打击主要是高处坠落物或地面物体坠落至基坑、槽造成的伤害事故。关于防护措施的说法，正确的有（　　）。

A. 施工工程邻近必须通行的道路上方，应搭设坚固、密封的防护棚

B. 垂直交叉作业时,必须设置有效地隔离层
C. 起重机械和桩机机械下不准站人或穿行
D. 施工工程出入口处上方,可不搭设防护棚
E. 进入施工现场的所有人员都必须戴好符合安全标准、具有检验合格证的安全帽,并系牢帽带

【答案】A、B、C、E

专项突破6 防坍塌倾覆的安全技术措施

安全技术措施	具体内容
编制施工方案	基坑(槽)、边坡、基础桩、模板和临时建筑作业前,施工单位应按设计单位要求,编制施工方案,单位分管负责人审批签字,项目分管负责人组织有关部门验收,经验收合格签字后,方可作业
实施施工监测	监测应包括对相邻建(构)筑物、道路的沉降和位移情况进行观测
采取排水降水措施	(1)作好施工区域内临时排水系统规划,临时排水不得破坏相邻建(构)筑物的地基和挖、填土方的边坡。 (2)地形、地质条件复杂,可能发生滑坡、坍塌地段挖方时,由设计单位确定排水方案。 (3)场地周围出现地表水汇流、排泻或地下水管渗漏时,施工单位应组织排水,对基坑采取保护措施。 (4)开挖低于地下水位的基坑(槽)、边坡和基础桩时,施工单位应采取降水措施降低地下水位
做好基坑支护	(1)基坑(槽)、边坡设置坑(槽)壁支撑时,应设计支撑。 (2)拆除支撑时,应按基坑(槽)回填顺序自下而上逐层拆除,随拆随填,必要时应采取加固措施
保证临边堆码及施工作业安全距离	各类施工机械距基坑(槽)、边坡和基础桩孔边的距离,不得小于1.5m
按顺序组织施工	(1)施工时应遵循自上而下的开挖顺序,严禁先切除坡脚。 (2)地质灾害易发区内施工时,施工单位应根据地质勘察资料编制施工方案
防止地面水侵蚀	(1)基坑(槽)开挖后,应及时进行地下结构和安装工程施工,基坑(槽)开挖或回填应连续进行。 (2)在施工过程中,应随时检查坑(槽)壁的稳定情况
按规范搭设模板支撑系统,控制施工荷载	(1)对模板支撑宜采用钢支撑材料作支撑立柱,不得使用严重锈蚀、变形、断裂、脱焊、螺栓松动的钢支撑材料和竹材作立柱。 (2)支撑立柱基础应牢固,并按设计计算,严格控制模板支撑系统的沉降量。 (3)支撑立柱基础为泥土地面时,应采取排水措施,对地面平整、夯实,并加设满足支撑承载力要求的垫板后,方可用以支撑立柱。 (4)斜支撑和立柱应牢固拉接,形成整体。 (5)严格控制模板支架、脚手架等承受的荷载,模板、脚手架及其支撑体系的施工荷载应做到均匀分布,并不得超过设计要求。严禁超载、对构筑物进行外力冲击或偏心载荷

续表

安全技术措施	具体内容
采取措施保证起重等设备自身安全	(1) 加强起重设备的采购管理，严禁使用不合格的设备，定期检测。 (2) 加强设备的安装、拆除管理。 (3) 加强设备的使用管理，严禁超载、碰撞或违章操作。 (4) 加强对设备操作人员、指挥人员、安拆人员的安全教育培训，考核合格后持证上岗
施工现场使用的组装式活动房屋应有产品合格证	(1) 施工单位在组装后进行验收，经验收合格签字后，方能使用。 (2) 对搭设在空旷、山脚等处的活动房应采取防风、防洪和防暴雨等措施
采取临时加固和防护措施	(1) 临时建筑外侧为街道或行人通道的，应采取加固措施；禁止在施工围墙墙体上方或紧靠施工围墙架设广告或宣传标牌；施工围墙外侧应有禁止人群停留、聚集和堆砌土方、货物等的警示；雨期施工，施工单位应对施工现场的排水系统进行检查和维护，保证排水畅通。 (2) 在傍山、沿河地区施工时，应采取防洪、防泥石流措施；深基坑特别是稳定性差的土质边坡、顺向坡，施工方案应充分考虑雨季施工等诱发因素，提出预案措施；冬季解冻期施工时，应对基坑（槽）和基础桩支护进行检查，无异常情况后，方可施工；收集天气预报资料，遇降雨时间较长、降雨量较大时，应提前对已开挖未支护基坑的侧壁采取覆盖措施，并应及时排除基坑内积水；对于不能及时进行后续施工的高边坡、高切坡采取临时固化措施等

重点难点专项突破

1. 上表内容为本考点的重要采分点，对于上表内容，一般会以判断正误类型的题目、选择类型的题目进行考核。

2. 本考点可能会这样命题：

(1) 保证临边堆码及施工作业安全距离为防坍塌倾覆的安全技术措施之一。各类施工机械距基坑（槽）、边坡和基础桩孔边的距离，不得小于( )m。

  A. 5   B. 10
  C. 15   D. 20

【答案】C

(2) 防坍塌倾覆的安全技术措施中，关于采取临时加固和防护措施的说法，正确的有( )。

  A. 临时建筑外侧为街道或行人通道的，应采取加固措施
  B. 禁止在施工围墙墙体上方架设广告或宣传标牌，但在紧靠施工围墙可以架设
  C. 施工围墙外侧应有禁止人群停留、聚集和堆砌土方、货物等的警示
  D. 雨期施工，施工单位应对施工现场的排水系统进行检查和维护，保证排水畅通
  E. 冬季解冻期施工时，应对基坑（槽）和基础桩支护进行检查，无异常情况后，方可施工

【答案】A、C、D、E

专项突破 7　防机械伤害的安全技术措施

例题： 下列安全技术措施中，属于防机械伤害的机械本体安全技术措施的有（　　）。

A. 机械必须按出厂使用说明书规定的技术性能、承载能力和使用条件，正确操作，合理使用，严禁超载、超速作业或任意扩大使用范围

B. 机械上的各种安全防护和保险装置及各种安全信息装置必须齐全有效

C. 机械供电的导线必须正确安装，不得有任何破损和漏电的地方；电机绝缘应良好，其接线板应有盖板防护

D. 开关、按钮等应完好无损，其带电部分不得裸露在外；局部照明应采用安全电压，禁止使用110V或220V的电压

E. 机械设备的地基基础承载力应满足安全使用要求，机械安装、试机、拆卸应按使用说明书的要求进行，使用前应经专业技术人员验收合格

F. 新机械、经过大修或技术改造的机械，应按出厂使用说明书的要求和相关标准规定进行测试和试运转

G. 应为机械提供道路、水电、作业棚及停放场地等作业条件，并应消除各种安全隐患；夜间作业应提供充足的照明

H. 易燃易爆场所，挖掘机、起重机、打桩机等易发生安全事故的施工现场，应设置警戒区域，悬挂警示标志，非工作人员不得入内

I. 在机械产生对人体有害的场所，应配置相应的安全保护设施、监测设备（仪器）、废品处理装置

J. 在狭小空间施工时，应采取措施，使有害物控制在规定的限度内

K. 机械使用的润滑油（脂）的性能应符合出厂使用说明书的规定，并应按时更换

L. 清洁、保养、维修机械或电气装置前，必须先切断电源，等机械停稳后再进行操作

M. 严禁带电或采用预约停送电时间的方式进行检修；检修前，应悬挂"禁止合闸，有人工作"的警示牌

N. 设置机械设备隔离护栏和机械防撞防护围栏、防护棚

O. 特种设备操作人员应经过专业培训、考核合格取得相关主管部门颁发的操作证，并应经过安全技术交底后持证上岗

P. 机械作业前，施工技术人员应向操作人员进行安全技术交底；操作人员应熟悉作业环境和施工条件，并应听从指挥，遵守现场安全管理规定

Q. 机械使用前，应对机械进行检查、试运转

R. 在工作中，应按规定使用劳动保护用品

S. 操作人员在作业过程中，应集中精力，正确操作，并应检查机械工况，不得擅自离开工作岗位或将机械交给其他无证人员操作；无关人员不得进入作业区或操作室内

T. 操作人员应根据机械有关保养维修规定，认真及时做好机械保养维修工作，保持机械的完好状态，并应做好维修保养记录

U. 实行多班作业的机械，应执行交接班制度，填写交接班记录，接班人员上岗前应认真检查

【答案】A、B、C、D、E、F、G、H、I、J、K、L、M、N

> **重点难点专项突破**
>
> 1. 本考点还可以考核的题目有：
> 下列安全技术措施中，属于防机械伤害的机械安全操作技术要求的是（O、P、Q、R、S、T、U）。
> 2. 本考点中，还需掌握的内容：
> （1）造成机械伤害事故的原因有：设备缺陷发生在故障、设备因无安全防护措施、有防护装置搁置不用、违章指挥、操作者技术不熟练和缺乏安全知识、操作者发生操作失误或违章操作等。
> （2）将机械伤害预防措施归纳："四必有"（有轴必有套、有轮必有罩、有台必有栏、有洞必有盖）；"四不修"（带电不修、带压不修、高温过冷不修、无专用工具不修）；"四停用"（无联锁防护停用、无接地漏电保护停用、无岗前培训停用、无安全操作规程停用）。

专项突破 8 防触电技术措施

安全技术措施	具体内容
按规范设置配供电系统	（1）施工现场临时用电必须执行相关标准，线路采用 TN-S 系统，现场用电必须使用便桥标准闸箱，执行"三级控制、两极保护""一机、一闸、一漏、一箱"规定。工作接零与保护接地不允许混接，现场机具设备进场前必须进行验收，验收合格后方可使用。 （2）现场照明要和动力照明分开，现场移动式灯具采用便桥防水灯具，设备外皮做好保护接地，灯具距地面高度不小于 3m，生活区民工住宿达不到标准的必须使用 36V 安全电压；在整改过程中必须两人进行，应关闭上级开关方可作业，一人操作、一人监护，现场不得带电作业并做好记录等
保护接地	在电气设备的金属外壳或构架等与接地体之间所作的良好的连接
保护接零	将电气设备的金属外壳与电网的零线相连接
工作接地	是指将电力系统中某一点直接或经特殊设备与地作金属连接。 工作接地主要指的是变压器中性点或中性线接地，N 线必须用铜芯绝缘线
装设漏电保护器	—
绝缘安全用具	（1）采用绝缘安全用具使人与地面，或使人与工具的金属外壳，其中包括与相连的金属导体隔离开来。 （2）常用的绝缘安全用具有：绝缘手套、绝缘靴、绝缘鞋、绝缘垫和绝缘台等。 （3）绝缘安全用具可分为基本安全用具和辅助安全用具

> **重点难点专项突破**
>
> 1. 上表内容为本考点的重要采分点，对于上表内容，一般会以判断正误类型的题目进行考核。

2. 本考点可能会这样命题：
下列安全技术措施中，属于防触电技术措施的有（   ）。
A. 将消防相关条件纳入施工总平面布局
B. 生活区民工住宿达不到标准的必须使用 36V 安全电压
C. 将电气设备的金属外壳与电网的零线相连接
D. 采用绝缘安全用具使人与地面，或使人与工具的金属外壳隔离开来
E. 装设漏电保护器
【答案】B、C、D、E

专项突破 9　防火技术措施

安全技术措施	具体内容
将消防相关条件纳入施工总平面布局	—
合理设置消防扑救通道	（1）施工现场出入口宜布置在不同方向，其数量不宜少于 2 个。当确有困难只能设置 1 个出入口时，应在施工现场内设置环形道路。 （2）施工现场内设置临时消防车道，临时消防车道与在建工程、临时用房、可燃材料堆场及其加工场的距离，不宜小于 5m，且不宜大于 40m；施工现场内可不设置临时消防车道
保证防火间距	与在建工程的防火间距：易燃易爆危险品库房，不应小于 15m；可燃材料堆场及其加工场、固定动火作业场，不应小于 10m；其他临时用房、临时设施，不应小于 6m
按规范进行临时用房防火设计和搭设	—
配置临时消防设施	（1）临时消防设施设置：应与在建工程的施工同步设置，施工现场在建工程可利用已具备使用条件的永久性消防设施作为临时消防设施，当永久性消防设施无法满足使用要求时，应增设临时消防设施；施工现场的消火栓泵应采用专用消防配电线路，专用消防配电线路应自施工现场总配电箱的总断路器上端接入，且应保持不间断供电；地下工程的施工作业场所宜配备防毒面具；临时消防给水系统的贮水池、消火栓泵、室内消防竖管及水泵接合器等，应设有醒目标识。 （2）在建工程及临时用房应配置灭火器的场所：易燃易爆危险品存放及使用场所；动火作业场所；可燃材料存放、加工及使用场所；厨房操作间、锅炉房、发电机房、变配电房、设备用房、办公用房、宿舍等临时用房；其他具有火灾危险的场所。 （3）临时消防给水系统 ① 施工现场或其附近应设置稳定、可靠的水源，并应能满足施工现场临时消防用水的需要；消防水源可采用市政给水管网或天然水源。 ② 当采用天然水源时，应采取措施确保冰冻季节、枯水期最低水位时顺利取水，并满足临时消防用水量的要求；临时消防用水量应为临时室外消防用水量与临时室内消防用水量之和；临时室外消防用水量应按临时用房和在建工程的临时室外消防用水量的较大者确定，施工现场火灾次数可按同时发生 1 次确定；临时用房建筑面积之和大于 1000m² 或在建工程单体体积大于 10000m³ 时，应设置临时室外消防给水系统。 ③ 当施工现场处于市政消火栓 150m 保护范围内且市政消火栓的数量满足室外消防用水量要求时，可不设置临时室外消防给水系统

重点难点专项突破

1. 上表内容为本考点的重要采分点,对于上表内容,一般会以判断正误类型的题目进行考核。

2. 本考点可能会这样命题:

下列安全技术措施中,属于防火技术措施的有(　　)。

A. 现场用电必须使用便桥标准闸箱,执行"三级控制、两极保护","一机、一闸、一漏、一箱"规定

B. 生活区民工住宿达不到标准的必须使用 36V 安全电压

C. 施工现场出入口的设置应满足消防车通行的要求,并宜布置在不同方向,其数量不宜少于 2 个

D. 临时消防车道与在建工程、临时用房、可燃材料堆场及其加工场的距离,不宜小于 5m,且不宜大于 40m

E. 施工现场的消火栓泵应采用专用消防配电线路,专用消防配电线路应自施工现场总配电箱的总断路器上端接入,且应保持不间断供电

【答案】C、D、E

专项突破 10　安全防护设施技术要求

安全防护设施	技术要求
防火栏杆	(1) 防护栏杆应为两道横杆,上杆距地面高度应为 1.2m,下杆应在上杆和挡脚板中间设置。 (2) 当防护栏杆高度大于 1.2m 时,应增设横杆,横杆间距不应大于 600mm。 (3) 防护栏杆立杆间距不应大于 2m。 (4) 挡脚板高度不应小于 180mm
操作平台	(1) 应通过设计计算,并应编制专项方案。 (2) 架体结构应采用钢管、型钢及其他等效性能材料组装。平台面铺设的钢、木或竹胶合板等材质的脚手板,并平整满铺及可靠固定。 (3) 操作平台临边应设置防护栏杆,单独设置的操作平台应设置供人上下、踏步间距不大于 400mm 的扶梯。 (4) 应在操作平台明显位置设置标明允许负载值的限载牌及限定允许的作业人数,物料应及时转运,不得超重、超高堆放。 (5) 操作平台使用中应每月不少于 1 次定期检查,专人日常维护工作,及时消除安全隐患
防护棚与警示标志	(1) 进出建筑物主体通道口应搭设防护棚。棚宽大于道口,两端各长出 1m,进深尺寸应符合高处作业安全防护范围。坠落半径(R)分别为:当坠落物高度为 2~5m 时,R 为 3m;当坠落物高度为 5~15m 时,R 为 4m;当坠落物高度为 15~30m 时,R 为 5m;当坠落物高度大于 30m 时,R 为 6m。 (2) 内(外)道路边线与建筑物(或外脚手架)边缘距离分别小于坠落半径的,应搭设安全通道。 (3) 木工加工场地、钢筋加工场地等上方有可能坠落物件或处于起重机调杆回转范围之内,应搭设双层防护棚。 (4) 安全防护棚应采用双层保护方式,当采用脚手片时,层间距 600mm,铺设方向应互相垂直。 (5) 各类防护棚应有单独的支撑体系,固定可靠安全。严禁用毛竹搭设,且不得悬挑在外架上。 (6) 非通道口应设置禁行标志,禁止出入。配电箱应有单独的工作防护棚,禁止非操作人员出入。 (7) 塔式起重机、施工电梯底部都要配套独立的工作防护棚,禁止非操作人员出入。 (8) 机械设备设置隔离护栏和机械防撞防护围栏、防护棚

重点难点专项突破

1. 上表内容为本考点的重要采分点,对于上表内容,一般会以判断正误类型的题目、挖空式的题目进行考核。

2. 本考点可能会这样命题:

(1) 临边作业防护栏杆应由横杆、立杆及挡脚板组成。关于防护栏杆应符合的规定,说法错误的是( )。

A. 防护栏杆应为两道横杆,上杆距地面高度应为1.0m,下杆应在上杆和挡脚板中间设置

B. 当防护栏杆高度大于1.2m时,应增设横杆,横杆间距不应大于600mm

C. 防护栏杆立杆间距不应大于2m

D. 挡脚板高度不应小于180mm

【答案】A

(2) 进出建筑物主体通道口应搭设防护棚。棚宽大于道口,两端各长出1m,进深尺寸应符合高处作业安全防护范围。当坠落物高度为2~5m时,坠落半径R为( )m。

A. 3 B. 4
C. 5 D. 6

【答案】A

专项突破11 安全防护用品安全技术要求

例题:下列安全防护用品中,( )的网目密度应为10cm×10cm,面积大于或等于2000目。

A. 密目式安全立网 B. 围杆作业安全带
C. 区域限制安全带 D. 坠落悬挂式安全带
E. 安全帽

【答案】A

重点难点专项突破

1. 本考点还可以考核的题目有:

(1) 下列安全防护用品中,(A) 使用前,应检查产品分类标记、产品合格证、网目数及网体重量,确认合格方可使用。

(2) 按照其种类不同,安全带可分为(B、C、D)。

(3) 下列安全防护用品中,(D) 的冲击作用力峰值应小于或等于6kN。

(4) 下列安全防护用品中,(D) 的织带或绳在各调节扣内的最大滑移应小于或等于25mm。

(5) 下列安全防护用品中,(E)的基本技术性能的要求包括冲击吸收性能、耐穿刺性能、侧向刚性、电绝缘性、阻燃性、耐温性能等。

(6) 下列安全防护用品中,(E)是防止冲击物伤害头部的防护用品。

2. 本考点中,安全带、安全帽的技术性能了解一下,施工安全网的搭设要求熟悉一下即可。

专项突破 12　施工安全技术交底

例题： 施工安全技术交底的主要内容包括(　　)。

A. 工程项目和分部分项工程的概况
B. 施工项目的施工作业特点和危险点
C. 针对危险点的具体预防措施
D. 作业中应遵守的安全操作规程及应注意的安全事项
E. 作业人员发现事故隐患应采取的措施
F. 发生事故后应及时采取的避难和急救措施

【答案】A、B、C、D、E、F

重点难点专项突破

1. 本考点包含三个采分点：一是施工安全技术交底的作用,二是施工安全技术交底的要求,三是施工安全技术交底的主要内容。

2. 第一个采分点,了解即可,重点掌握第二、三个采分点。上述例题已经学习第三个采分点,下面学习第二个采分点：

施工安全技术交底的要求：

(1) 施工项目部必须实行逐级安全技术交底制度,纵向延伸到班组全体作业人员。

(2) 应将工程概况、施工方法、施工程序、安全技术措施等向施工员、班组长进行详细交底,应将安全技术措施、安全操作规程、防护用品用具使用等向操作人员进行详细交底。

(3) 技术交底的内容应针对分部分项工程施工中给作业人员带来的潜在危险因素和存在问题。

(4) 应优先采用新的安全技术措施。

(5) 应定期向由两个以上作业班组和/或多工种进行交叉施工的作业班组进行书面交底。

(6) 应保存书面安全技术交底签字记录并归档。

6.4 施工安全事故应急预案和调查处理

专项突破 1 安全风险分级管控

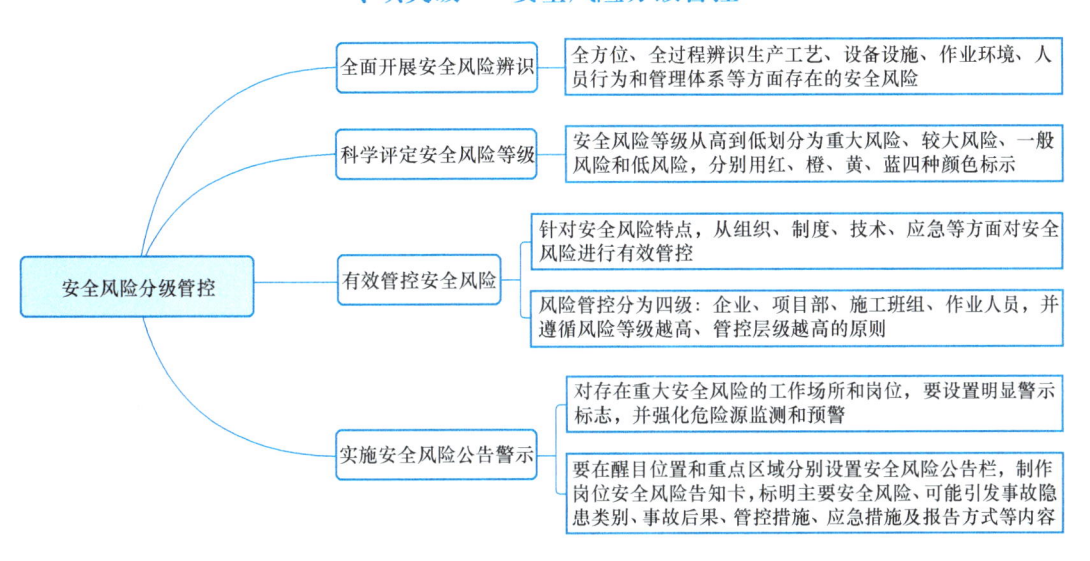

```
安全风险分级管控
├─ 全面开展安全风险辨识 ── 全方位、全过程辨识生产工艺、设备设施、作业环境、人员行为和管理体系等方面存在的安全风险
├─ 科学评定安全风险等级 ── 安全风险等级从高到低划分为重大风险、较大风险、一般风险和低风险，分别用红、橙、黄、蓝四种颜色标示
├─ 有效管控安全风险 ──┬─ 针对安全风险特点，从组织、制度、技术、应急等方面对安全风险进行有效管控
│                    └─ 风险管控分为四级：企业、项目部、施工班组、作业人员，并遵循风险等级越高、管控层级越高的原则
└─ 实施安全风险公告警示 ──┬─ 对存在重大安全风险的工作场所和岗位，要设置明显警示标志，并强化危险源监测和预警
                        └─ 要在醒目位置和重点区域分别设置安全风险公告栏，制作岗位安全风险告知卡，标明主要安全风险、可能引发事故隐患类别、事故后果、管控措施、应急措施及报告方式等内容
```

重点难点专项突破

1. 上图内容为本考点的重要采分点，一般会出判断正误类型的题目、挖空式的题来进行考核。

2. 本考点可能会这样命题：

施工企业要建立完善安全风险公告制度，要在醒目位置和重点区域分别设置安全风险公告栏，制作岗位安全风险告知卡，标明（   ），应急措施及报告方式等内容。

A. 主要安全风险　　　　　　B. 可能引发事故隐患类别
C. 事故后果　　　　　　　　D. 管控措施
E. 项目可能性分析

【答案】A、B、C、D

专项突破 2 安全事故隐患治理体系

项目	基本内容和要求
责任主体	企业是事故隐患排查、治理和防控的责任主体。企业主要负责人对本单位事故隐患排查治理工作全面负责
事故隐患排查治理和建档监控等制度	企业应建立健全事故隐患排查治理和建档监控等制度，逐级建立并落实从主要负责人到每个从业人员的隐患排查治理和监控责任制
资金使用专项制度	企业应保证事故隐患排查治理所需的资金，建立资金使用专项制度

续表

项目	基本内容和要求
定期排查	企业应定期组织安全生产管理人员、工程技术人员和其他相关人员排查本单位的事故隐患。对排查出的事故隐患，应按照事故隐患的等级进行登记，建立事故隐患信息档案，并按照职责分工实施监控治理
安全生产管理协议	企业将生产经营项目、场所、设备发包、出租的，应与承包、承租单位签订安全生产管理协议，并在协议中明确各方对事故隐患排查、治理和防控的管理职责
事故隐患报告和举报奖励制度	企业应建立事故隐患报告和举报奖励制度，鼓励、发动职工发现和排除事故隐患，鼓励社会公众举报
监督检查	安全监管监察部门和有关部门的监督检查人员依法履行事故隐患监督检查职责时，企业应积极配合，不得拒绝和阻挠
隐患排查治理信息系统	要通过与政府部门互联互通的隐患排查治理信息系统，全过程记录报告隐患排查治理情况。 重大事故隐患报告内容应包括：①隐患的现状及其产生原因；②隐患的危害程度和整改难易程度分析；③隐患的治理方案
组织整改	对于一般事故隐患，由企业负责人或者有关人员立即组织整改。对于重大事故隐患，由企业主要负责人组织制定并实施事故隐患治理方案。 重大事故隐患治理方案应当包括以下内容：①治理的目标和任务；②采取的方法和措施；③经费和物资的落实；④负责治理的机构和人员；⑤治理的时限和要求；⑥安全措施和应急预案
安全防范措施	（1）事故隐患排除前或者排除过程中无法保证安全的，应当从危险区域内撤出作业人员，并疏散可能危及的其他人员，设置警戒标志，暂时停产停业或者停止使用。 （2）对暂时难以停产或者停止使用的相关生产储存装置、设施、设备，应当加强维护和保养
自然灾害的预防	（1）因自然灾害可能导致事故灾难的隐患，应按照要求排查治理，采取预防措施，制定应急预案。 （2）在接到灾害预报时，及时向下属单位发出预警通知；发生自然灾害可能危及企业和人员安全的情况时，应采取撤离人员、停止作业、加强监测等安全措施，并及时向当地人民政府及其有关部门报告
记录、通报	事故隐患排查治理情况应如实记录，并通过职工大会或者职工代表大会、信息公示栏等方式向从业人员通报

> **重点难点专项突破**
>
> 1. 上表内容为本考点的重要采分点，一般会出判断正误类型的题目、挖空式的题目来进行考核。
> 2. 本考点可能会这样命题：
> （1）对本单位事故隐患排查治理工作全面负责的是（　　）。

A. 项目经理 　　　　　　　　　B. 项目安全生产管理人员
C. 企业主要负责人 　　　　　　D. 企业安全生产管理机构负责人
【答案】C

（2）重大事故隐患报告内容应包括（　　）。
A. 社会可行性分析 　　　　　　B. 环境影响评价分析
C. 隐患的现状及其产生原因 　　D. 隐患的危害程度和整改难易程度分析
E. 隐患的治理方案
【答案】C、D、E

专项突破 3　安全事故隐患治理"五落实"

例题：安全事故隐患治理"五落实"的内容包括（　　）。
A. 落实隐患排查治理责任 　　　B. 落实隐患排查治理措施
C. 落实隐患排查治理资金 　　　D. 落实隐患排查治理时限
E. 落实隐患排查治理预案
【答案】A、B、C、D、E

重点难点专项突破

1. 本考点内容较为简单，一般考核判断正误类型题目、选择类型题目。
2. 本考点可以这样记：施责金石（时）安（案）。

专项突破 4　应急预案的分类

例题：根据应急预案体系的构成，针对深基坑开挖编制的应急预案属于（　　）。
【2019 年、2021 年第二批考过】
A. 专项应急预案【2016 年、2018 年、2019 年、2020 年、2021 年第二批考过】
B. 现场处置方案【2014 年、2016 年、2018 年、2019 年、2020 年、2021 年第二批考过】
C. 综合应急预案【2016 年、2018 年、2019 年、2020 年、2021 年第二批考过】
D. 危大工程预案【2019 年、2021 年第二批考过】
E. 专项施工方案【2019 年、2021 年第二批考过】
F. 项目应急预案【2020 年考过】
G. 职能部门应急预案【2020 年考过】
H. 人员应急预案【2020 年考过】
I. 单项应急预案【2020 年考过】
J. 重点应急预案【2020 年考过】
K. 现场应急预案【2016 年、2018 年、2019 年考过】
【答案】A

重点难点专项突破

本考点还可以考核的题目有：
（1）某建设工程生产安全事故应急预案中，针对脚手架拆除可能发生的事故、相关危险源和应急保障而制定的方案，从性质上属于（A）。【2018年真题题干】
（2）某项目部针对现场脚手架拆除作业而制定的事故应急预案称为（A）。【2016年真题题干】
（3）施工生产安全事故应急预案体系由（A、B、C）构成。【2020年真题题干】
（4）企业风险种类多、可能发生多种类型事故的，应当组织编制（C）。
（5）下列预案中，（C）应当规定应急组织机构及其职责、应急预案体系、事故风险描述、预警及信息报告、应急响应、保障措施、应急预案管理等内容。
（6）下列预案中，（C）是本单位应对生产安全事故的总体工作程序、措施和应急预案体系的总纲。
（7）下列预案中，（A）是企业为应对某一种或者多种类型生产安全事故而制定的专项性工作方案。
（8）下列预案中，（A）应当规定应急指挥机构与职责、处置程序和措施等内容。
（9）生产规模小、危险因素少的施工单位，其生产安全事故应急预案体系可以只编制（B）。【2014年考过】
（10）下列预案中，（B）重点规范事故风险描述、应急工作职责、应急处置措施和注意事项，应体现自救互救、信息报告和先期处置的特点。

专项突破5　应急预案的编制

项目	内容
编制工作小组	编制应急预案应当成立编制工作小组，由本单位有关负责人任组长，吸收与应急预案有关的职能部门和单位的人员，以及有现场处置经验的人员参加
编制前工作	编制应急预案前，编制单位应当进行事故风险辨识、评估和应急资源调查
编制预案原则	应遵循以人为本、依法依规、符合实际、注重实效的原则，以应急处置为核心，明确应急职责、规范应急程序、细化保障措施
编制要求	（1）有关法律、法规、规章和标准的规定。 （2）本单位的安全生产实际情况。 （3）本单位的危险性分析情况。 （4）应急组织和人员的职责分工明确，并有具体的落实措施。 （5）有明确、具体的应急程序和处置措施，并与应急能力相适应。 （6）有明确的应急保障措施，满足应急工作需要。 （7）应急预案基本要素齐全、完整，应急预案附件提供的信息准确。 （8）应急预案内容与相关应急预案相互衔接

续表

项目	内容
企业应急预案	应包括向上级应急管理机构报告的内容、应急组织机构和人员的联系方式、应急物资储备清单等附件信息

重点难点专项突破

1. 本考点只需掌握上表内容即可，一般考核判断正误类型题目。
2. 本考点可能会这样命题：
   应急预案的编制应遵循（　　）的原则，以应急处置为核心，明确应急职责、规范应急程序、细化保障措施。
   A. 精简效能　　　　　　　　B. 注重实效
   C. 以人为本　　　　　　　　D. 依法依规
   E. 符合实际
   【答案】B、C、D、E

专项突破6　安全事故应急预案

项目	内容
评审形式	应急预案编制完成后，企业应按法律法规有关规定组织评审或论证。参加应急预案评审的人员可包括有关安全生产及应急管理方面的、有现场处置经验的专家
论证	预案论证可通过推演的方式开展
评审内容	风险评估和应急资源调查的全面性、应急预案体系设计的针对性、应急组织体系的合理性、应急响应程序和措施的科学性、应急保障措施的可行性、应急预案的衔接性
批准	预案经评审或者论证后，由本单位主要负责人签署，向本单位从业人员公布，并及时发放到本单位有关部门、岗位和相关应急救援队伍
备案	企业应在应急预案公布之日起20个工作日内，按照分级属地原则，向县级以上人民政府应急管理部门和其他负有安全生产监督管理职责的部门进行备案，并依法向社会公布
培训	应急培训的时间、地点、内容、师资、参加人员和考核结果等情况应当如实记入本单位的安全生产教育和培训档案
演练	建筑施工单位应至少每半年组织一次生产安全事故应急预案演练，并将演练情况报送所在地县级以上地方人民政府负有安全生产监督管理职责的部门
评估	建筑施工企业应当每三年进行一次应急预案评估。应急预案评估可以邀请相关专业机构或者有关专家、有实际应急救援工作经验的人员参加，必要时可以委托安全生产技术服务机构实施

重点难点专项突破

1. 本考点只需掌握上表内容即可，一般考核判断正误类型题目、挖空式题目。
2. 本考点可能会这样命题：

(1) 施工单位的生产安全事故应急预案经评审或论证后，应由（　　）向本单位从业人员公布。

A. 施工单位所在地应急管理部门　　B. 施工单位主要负责人

C. 施工单位法定代表人　　D. 施工单位生产安全管理部门负责人

【答案】B

(2) 下列关于安全事故应急预案的说法，正确的有（　　）。

A. 建筑施工企业应当每两年进行一次应急预案评估

B. 建筑施工单位应至少每年组织一次生产安全事故应急预案演练，并将演练情况报送所在地县级以上地方人民政府负有安全生产监督管理职责的部门

C. 企业应在应急预案公布之日起10个工作日内，按照分级属地原则，向县级以上人民政府应急管理部门和其他负有安全生产监督管理职责的部门进行备案

D. 企业应急预案经评审或者论证后，由本单位主要负责人签署，向本单位从业人员公布，并及时发放到本单位有关部门、岗位和相关应急救援队伍

E. 应急预案论证可通过推演的方式开展

【答案】D、E

专项突破7　施工安全事故等级

例题：某施工生产安全事故，造成2人死亡，11人重伤，直接经济损失5500万元，则该事故属于（　　）。【2022年2天考3科真题】

A. 特别重大事故　　B. 重大事故

C. 较大事故　　D. 一般事故

【答案】B

重点难点专项突破

1. 本考点还可以考核的题目有：

(1) 根据《生产安全事故报告和调查处理条例》，某工程因提前拆模导致垮塌，造成74人死亡，2人受伤的事故。该事故属于（A）。【2017年真题题干】

(2) 根据《生产安全事故报告和调查处理条例》，致使120名操作工人急性工业中毒的生产安全事故属于（A）。【2012年6月真题题干】

(3) 根据《生产安全事故报告和调查处理条例》，造成20人死亡、直接经济损失3000万元的生产安全事故，属于（B）。【2012年10月真题题干】

(4) 某桥梁工程桩基施工过程中，由于操作平台整体倒塌导致6人死亡，52人重伤，直接经济损失118万元。根据安全事故造成的后果，该事故属于（B）。【2010年真题题干】

(5) 某在建工程由于脚手架倒塌造成一次性死亡11人的安全事故，该安全事故等级为（B）。

(6) 根据《生产安全事故报告和调查处理条例》，造成 2 人死亡的生产安全事故属于（D）。【2011 年真题题干】

2. 本考点属于高频考点，一般出题形式有：

(1) 根据事故情形选择相应的事故等级，如上述例题。

(2) 根据事故等级选择相应的事故情形，下面列举还有可能考核的题目：

①根据《生产安全事故报告和调查处理条例》，下列建设工程施工生产安全事故中，属于重大事故的是（　　）。【2018 年真题】

A. 某基坑发生透水事件，造成直接经济损失 5000 万元，没有人员伤亡

B. 某拆除工程安全事故，造成直接经济损失 1000 万元，45 人重伤

C. 某建设工程脚手架倒塌，造成直接经济损失 960 万元，8 人重伤

D. 某建设工程提前拆模，导致结构坍塌，造成 35 人死亡，直接经济损失 4500 万元

【答案】A

②根据《生产安全事故报告和调查处理条例》，下列安全事故中，属于重大事故的是（　　）。

A. 10 人死亡，直接经济损失 1000 万元的事故

B. 3 人死亡，10 人重伤，直接经济损失 2000 万元的事故

C. 30 人死亡，直接经济损失 6000 万元的事故

D. 100 人重伤，直接经济损失 1.2 亿元的事故

【答案】A

3. 考生可以通过下图能更容易、简洁的理解并记忆该考点。

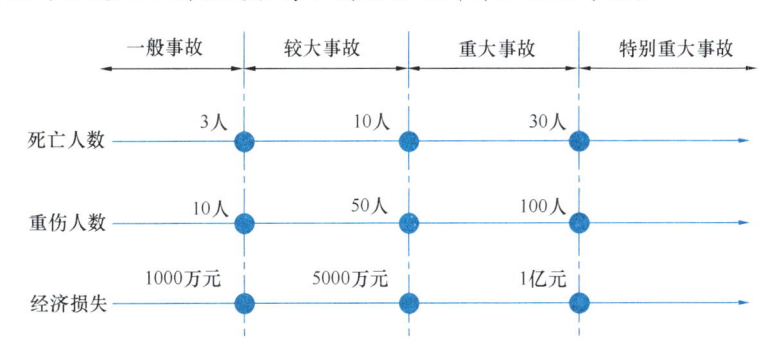

	一般事故	较大事故	重大事故	特别重大事故
死亡人数	3人	10人	30人	
重伤人数	10人	50人	100人	
经济损失	1000万元	5000万元	1亿元	

注意：(1) 除一般事故区间外，其余区间都包括其下限，不包括其上限。

(2) 从重不从轻原则：若经济损失或死亡人数不在同一级别，则取级别较高者。

专项突破 8　施工安全事故应急救援

项目	内容
应急救援任务	(1) 立即组织营救受害人员，组织撤离或者采取其他措施保护危害区域内的其他人员【2024 年考过】。抢救受害人员是应急救援的首要任务，在应急救援行动中，快速、有序、有效地实施现场急救与安全转送伤员是降低伤亡率，减少事故损失的关键。

续表

项目	内容
应急救援任务	（2）迅速控制事态，及时控制住造成事故的危险源是应急救援工作的重要任务。【2024年考过】 （3）消除危害后果，做好现场恢复。针对事故造成的现实危害和可能的危害，迅速采取封闭、隔离、洗消、监测等措施。 （4）及时调查事故发生的原因和事故性质，评估出事故的危害范围和危害程度【2024年考过】
地方人民政府应急救援实施	（1）有关地方人民政府不能有效控制生产安全事故的，应当及时向上级人民政府报告。 （2）有关人民政府认为有必要的，可以设立由本级人民政府及其有关部门负责人、应急救援专家、应急救援队伍负责人、事故发生单位负责人等人员组成的应急救援现场指挥部，并指定现场指挥部总指挥。现场指挥部实行总指挥负责制。 （3）应急救援队伍接到有关人民政府及其部门的救援命令或者签有应急救援协议的生产经营单位的救援请求后，应当立即参加生产安全事故应急救援

重点难点专项突破

1. 本考点只需掌握上表内容即可，一般考核判断正误类型题目、挖空式题目。
2. 本考点可能会这样命题：

应急救援任务包括（　　）。

A. 立即组织营救受害人员，组织撤离或者采取其他措施保护危害区域内的其他人员
B. 迅速控制事态，及时控制住造成事故的危险源
C. 消除危害后果，做好现场恢复
D. 查清事故原因，评估危害程度
E. 及时做好环境影响评价分析

【答案】A、B、C、D

3. 本考点中，关于应急救援准备的内容、企业应急救援措施、有关地方人民政府及其部门采取的应急救援措施，考生在熟悉考试用书多熟悉时，多通读几遍，做到考试时有个印象即可。

专项突破9　施工安全事故报告

例题： 根据《生产安全事故报告和调查处理条例》，（　　）逐级上报至国务院应急管理部门和负有安全生产监督管理职责的有关部门。【2009年、2015年考过】

A. 特别重大事故　　　　　　　B. 重大事故
C. 较大事故　　　　　　　　　D. 一般事故

【答案】A、B

重点难点专项突破

1. 本考点还可以考核的题目有：

(1) 根据《生产安全事故报告和调查处理条例》，（C）逐级上报至省、自治区、直辖市人民政府应急管理部门和负有安全生产监督管理职责的有关部门。

(2) 根据《生产安全事故报告和调查处理条例》，（D）上报至设区的市级人民政府应急管理部门和负有安全生产监督管理职责的有关部门。【2015年考过】

2. 本考点包含两个采分点：一是事故单位上报，二是主管部门报告。上述例题阐述了主管部门报告这个采分点中部分内容，下面阐述本考点中其余重点内容。

项目	内容
事故单位上报	(1) 事故发生后，事故现场有关人员应当立即向本单位负责人报告；单位负责人接到报告后，应当于1h内向事故发生地县级以上人民政府应急管理部门和负有安全生产监督管理职责的有关部门报告。【2009年、2010年考过】 (2) 实行施工总承包的建设工程，由总承包单位负责上报事故。【2012年6月、2015年考过】 (3) 情况紧急时，事故现场有关人员可以直接向事故发生地县级以上人民政府应急管理部门和负有安全生产监督管理职责的有关部门报告【2015年考过】
主管部门报告	必要时，应急管理部门和负有安全生产监督管理职责的有关部门可以越级上报事故情况。【2009年考过】 应急管理部门和负有安全生产监督管理职责的有关部门逐级上报事故情况，每级上报的时间不得超过2h【2016年、2023年1天考3科考过】

3. 本考点为高频考点内容，考生要熟记上表内容。针对上表内容，下面列举两道考核过的典型真题：

(1) 关于施工单位事故报告的说法，正确的是（   ）。【2023年1天考3科真题】

A. 施工单位负责人在接到安全事故报告后，应当在24h内向有关部门报告
B. 安全事故发生后，最先发现事故的人员应立即向施工单位负责人报告
C. 实行施工总承包的建设工程，由建设单位负责上报事故
D. 安全事故发生后情况紧急时，事故现场人员可直接向建设单位负责人报告

【答案】B

(2) 建设主管部门按照规定逐级上报安全事故情况时，每一级上报的时间不得超过（   ）h。【2023年1天考3科真题】

A. 12
B. 24
C. 48
D. 2

【答案】D

4. 要注意上述规定中的时间规定（1h、2h）、施工安全事故类别各自上报的部门。

专项突破 10 报告施工安全事故、施工安全事故调查报告的内容

例题： 施工现场生产安全事故调查报告应包括的内容有（　　）。【2012年6月、2020年真题题干】

A. 事故发生单位概况【2012年6月、2020年考过】
B. 事故发生的原因和事故性质【2012年6月、2020年考过】
C. 事故责任的认定【2020年考过】
D. 事故发生的经过和救援情况【2020年考过】
E. 事故造成的人员伤亡和直接经济损失【2012年6月考过】
F. 对事故责任者的处理建议
G. 事故防范和整改措施【2012年6月考过】
H. 事故发生的时间、地点以及事故现场情况
I. 事故已经造成或者可能造成的伤亡人数（包括下落不明的人数）和初步估计的直接经济损失
J. 已经采取的措施
K. 事故报告单位或报告人员【2012年6月考过】
L. 对事故责任者处理决定【2020年考过】

【答案】A、B、C、D、E、F、G

重点难点专项突破

1. 本考点还可以考核的题目有：

根据《生产安全事故报告和调查处理条例》，报告施工安全事故应包括的内容有（A、H、I、J）、事故的简要经过。

2. 上述例题中，选项K、L为干扰选项。

专项突破 11 施工安全事故调查、处理

例题： 自施工安全事故发生之日起（　　）内，因事故伤亡人数变化导致事故等级发生变化应当由上级人民政府负责调查的，上级人民政府可以另行组织事故调查组进行调查。

A. 30日　　　　　　　　　　B. 60日
C. 15日　　　　　　　　　　D. 7日

【答案】A

重点难点专项突破

1. 本考点还可以考核的题目有：
（1）施工安全事故调查组应当自事故发生之日起（B）内提交事故调查报告。
（2）特殊情况下，经负责事故调查的人民政府批准，提交事故调查报告的期限可以适当延长，但延长的期限最长不超过（B）。

(3) 重大事故、较大事故、一般事故，负责事故调查的人民政府应当自收到事故调查报告之日起（C）内做出批复。

(4) 事故报告后出现新情况的，应当及时补报。自事故发生之日起（A）内，事故造成的伤亡人数发生变化的，应当及时补报。

(5) 道路交通事故、火灾事故自发生之日起（D）内，事故造成的伤亡人数发生变化的，应当及时补报。

2. 本考点中，还需熟悉的就是各施工安全事故等级的调查部门。其余内容可以第一遍熟悉考试用书时，浏览一遍即可，做到考试做题时有个印象即可。

专项突破 12　施工安全事故罚款处罚

例题： 根据《生产安全事故罚款处罚规定》，对事故发生单位主要负责人处上1年年收入60%~80%罚款的违法行为有（　　）。

A. 不立即组织事故抢救
B. 在事故调查处理期间擅离职守
C. 瞒报、谎报事故
D. 迟报事故
E. 事故发生后逃匿的
F. 漏报事故
G. 伪造、故意破坏事故现场
H. 转移、隐匿资金、财产、销毁有关证据、资料
I. 拒绝接受调查
J. 拒绝提供有关情况和资料
K. 在事故调查中作伪证
L. 指使他人作伪证

【答案】A、B、C、D、E、G、H、I、J、K、L

重点难点专项突破

1. 本考点还可以考核的题目有：

(1) 根据《生产安全事故罚款处罚规定》，贻误事故抢救或者造成事故扩大或者影响事故调查或者造成重大社会影响，对事故发生单位主要负责人处上1年年收入80%~100%罚款的违法行为有（A、B、C、D、E、G、H、I、J、K、L）。

(2) 根据《生产安全事故罚款处罚规定》，对事故发生单位主要负责人处上1年年收入40%~60%罚款的违法行为是（F）。

(3) 根据《生产安全事故罚款处罚规定》，贻误事故抢救或者造成事故扩大或者影响事故调查或者造成重大社会影响，对事故发生单位主要负责人处上1年年收入60%~80%罚款的违法行为是（F）。

(4) 根据《生产安全事故罚款处罚规定》，对事故发生单位直接负责的主管人员和其他直接责任人员处上1年年收入60%至80%罚款的违法行为有（C、E、G、H、I、J、K、L）。

(5) 根据《生产安全事故罚款处罚规定》，事故发生单位有（C、G、H、I、J、K、L）行为的，发生一般事故的，处100万元以上150万元以下的罚款。

(6) 根据《生产安全事故罚款处罚规定》，事故发生单位有（C、G、H、I、J、K、L）行为的，发生较大事故的，处150万元以上200万元以下的罚款。

(7) 根据《生产安全事故罚款处罚规定》，事故发生单位有（C、G、H、I、J、K、L）行为的，发生重大事故的，处200万元以上250万元以下的罚款。

(8) 根据《生产安全事故罚款处罚规定》，事故发生单位有（C、G、H、I、J、K、L）行为的，发生特别重大事故的，处250万元以上300万元以下的罚款。

2. 本考点在考试时除了上述题型外，还会逆向命题，比如：

某施工企业瞒报生产安全事故，对事故发生单位主要负责人处上1年年收入（　　）的罚款。

3. 事故发生单位对事故发生负有责任的罚款及事故发生单位主要负责人及其他人员未依法履行职责的罚款应熟悉。

第7章　绿色施工及环境管理

7.1　绿色施工管理

专项突破1　绿色施工的基本内容、相关理念原则和方法

项目		内容
基本内容		节材与材料资源利用、节水与水资源利用、节能与能源利用、节地与施工用地保护、环境保护
可持续发展理念和清洁生产理念	可持续发展理念	概念：指既满足当代人需求，又不损害后代人满足其需求能力的发展。 可持续性涵盖内容：经济可持续性、社会可持续性、环境可持续性。 主要考量：资源的永续利用、环境容量的承载能力。 基本原则：公平性、持续性和共同性
	清洁生产理念	主要内容可归纳为"三清一控"：①清洁的原料与能源；②清洁的生产过程；③清洁的产品；④贯穿于清洁生产的全过程控制
	环境伦理要求	（1）整体性要求：人的行为正确与否，取决于是否遵从环境利益与人类利益相协调，而非仅仅依据人的意愿和需要这一立场。 （2）不损害性要求：那种以严重损害自然环境的健康为代价的行为一定是错误的。 （3）补偿性要求：若有对自然环境造成损害的行为，责任人必须做出必要的补偿，以恢复自然环境的健康状态
循环经济"3R"原则		减量化、再利用、再循环（原级再循环、次级再循环）原则
生命周期评估方法（LCA）		LCA方法应用四阶段：目的与范围确定、清单分析、影响评估、解释说明

重点难点专项突破

1. 本考点内容只需熟悉上表内容即可，可考点较少，不用花费太多时间。
2. 本考点可能会这样命题：
绿色施工循环经济"3R"原则包括(　　)。

243

A. 减量化原则、再利用原则、再循环原则
B. 平均先进原则、再利用原则、再循环原则
C. 减量化原则、简明适用原则、再循环原则
D. 减量化原则、再利用原则、精简化原则

【答案】A

专项突破 2　各方主体绿色施工具体职责

例题： 根据《建筑工程绿色施工规范》GB/T 50905—2014，下列职责中，属于建设单位绿色施工职责的有(　　)。

A. 在编制工程概算和招标文件时，应明确绿色施工的要求，并提供包括场地、环境、工期、资金等方面的条件保障

B. 应向施工单位提供建设工程绿色施工的设计文件、产品要求等相关资料，保证资料的真实性和完整性

C. 应建立建设工程绿色施工的协调机制

D. 应按国家现行有关标准和建设单位的要求进行工程的绿色设计

E. 应协助、支持、配合施工单位做好建设工程绿色施工的有关设计工作

F. 应对建设工程绿色施工承担监理责任

G. 应审查绿色施工组织设计、绿色施工方案或绿色施工专项方案，并在实施过程中做好监督检查工作

H. 绿色施工组织设计、绿色施工方案或绿色施工专项方案编制前，应进行绿色施工影响因素分析，并据此制定实施对策和绿色施工评价方案

I. 是建设工程绿色施工的实施主体，应组织绿色施工的全面实施

J. 实行总承包管理的建设工程，总承包单位应对绿色施工负总责

K. 总承包单位应对专业承包单位的绿色施工实施管理，专业承包单位应对工程承包范围的绿色施工负责

L. 应建立以项目经理为第一责任人的绿色施工管理体系，制定绿色施工管理制度，负责绿色施工的组织实施，进行绿色施工教育培训，定期开展自检、联检和评价工作

【答案】A、B、C

重点难点专项突破

1. 本考点还可以考核的题目有：

(1) 根据《建筑工程绿色施工规范》GB/T 50905—2014，下列职责中，属于设计单位绿色施工职责的有（D、E）。

(2) 根据《建筑工程绿色施工规范》GB/T 50905—2014，下列职责中，属于工程监理单位绿色施工职责的有（F、G）。

（3）根据《建筑工程绿色施工规范》GB/T 50905—2014，下列职责中，属于施工单位绿色施工职责的有（H、I、J、K、L）。

2. 本考点一般考查判断正误、选择类型的题目。

专项突破 3　绿色施工管理措施

项目	具体内容
绿色施工组织设计和绿色施工方案	绿色施工方案应在施工组织设计中独立成章，应包括以下内容：节材措施（节材优化，建筑垃圾减量化，尽量利用可循环材料）；节水措施；节能措施；节地与施工用地保护措施（制定临时用地指标、施工总平面布置规划及临时用地节地措施等）；环境保护措施（制定环境管理计划及应急救援预案，采取有效措施，降低环境负荷，保护地下设施和文物等资源）
人员安全与健康管理	（1）制定施工防尘、防毒、防辐射等职业危害措施，保障施工人员的长期职业健康。 （2）合理布置施工场地，保护生活及办公区不受施工活动的有害影响。施工现场建立卫生急救、保健防疫制度，在安全事故和疾病疫情出现时提供及时救助。 （3）提供卫生、健康的工作与生活环境，加强对施工人员的住宿、膳食、饮用水等生活与环境卫生等管理，明显改善施工人员的生活条件
设备材料管理	（1）施工现场应建立机械设备保养、限额领料、建筑垃圾再利用的台账和清单，制定工程材料和机械设备的存放、运输保护措施，使现场材料堆放有序，储存环境适宜，措施得当。要健全保管制度并落实责任。 （2）要建立施工机械设备管理制度，开展用电、用油计量，完善设备档案，及时做好维修保养工作，使机械设备保持低耗、高效的状态
用能用水管理	（1）应制定合理的施工能耗指标，明确节能措施，提高施工能源利用率。施工现场分别设定生产、生活、办公和施工设备的用电控制指标，定期进行计量、核算、对比分析，并有预防与纠正措施。 （2）施工现场应分别对生活用水与工程用水确定用水定额指标，并分别计量管理。大型工程的不同单项工程、不同标段、不同分包生活区，凡具备条件的应分别计量用水量。在签订不同标段分包或劳务合同时，将节水定额指标纳入合同条款，进行计量考核
排放和减量化管理	（1）规范施工污染排放和资源消耗管理，进行定期检查或测量，实施预控和纠偏措施，保持现场良好的作业环境和卫生条件。 （2）施工单位应制定建筑垃圾减量化计划，如每万平方米住宅建筑的建筑垃圾不宜超过400t；编制建筑垃圾处理方案，采取污染防治措施，设专人按规定处置有毒有害物质
环境监测管理	常规环境监测包括环境质量监测、污染源监测、生态环境监测；特殊目的监测包括研究型监测、污染事故监测和仲裁监测

重点难点专项突破

1. 本考点内容只需熟悉上表内容即可，可能会以判断正误类型、选择类型的题目考核本考点内容。

2. 本考点可能会这样命题：
下列绿色施工管理措施中，属于人员安全与健康管理措施的有（　　）。
A. 提供卫生、健康的工作与生活环境，加强对施工人员的住宿、膳食、饮用水等生活与环境卫生等管理
B. 制定施工防尘、防毒、防辐射等职业危害措施，保障施工人员的长期职业健康
C. 施工现场建立卫生急救、保健防疫制度
D. 环境质量监测、污染源监测
E. 施工单位应制定建筑垃圾减量化计划

【答案】A、B、C

专项突破 4　绿色施工技术措施

项目		具体内容
节材与材料资源利用	结构材料利用	（1）推广使用高强度钢筋和高性能混凝土；推广使用预拌混凝土和商品砂浆；利用粉煤灰、矿渣、外加剂及新材料，减少水泥用量；推广钢筋专业化加工和配送。 （2）优化钢筋配料和钢构件下料方案，钢筋及钢结构制作前应对下料单及样品进行复核，无误后方可批量下料。优化钢结构制作和安装方法，大型钢结构宜采用工厂制作，现场拼装。宜采用分段吊装、整体提升、滑移、顶升等安装方法
	围护材料利用	（1）门窗采用密封性、保温隔热性能、隔声性能良好的型材和玻璃等材料；屋面、外墙采用具有良好的防水性能和保温隔热性能的材料。屋面或墙体等部位采用基层加设保温隔热系统的方式施工时，应选择高效节能、耐久性好的保温隔热材料。 （2）要加强保温隔热系统与围护结构的节点处理，降低热桥效应
	装饰装修材料利用	（1）采用非木质的新材料或人造板材代替木质板材；木制品及木装饰用料、玻璃等各类板材等宜在工厂采购或定制。 （2）贴面类材料在施工前，进行总体排版策划
	周转材料利用	（1）模板推广使用定型钢模、钢框竹模、竹胶板；推广采用外墙保温板替代混凝土施工模板的技术。施工前应对模板工程的方案进行优化，多层、高层建筑使用可重复利用的模板体系，模板支撑宜采用工具式支撑。优先选用制作、安装、拆除一体化的专业队伍进行模板工程施工。 （2）现场办公和生活用房采用周转式活动房。现场围挡应最大限度地利用已有围墙，或采用装配式可重复使用围挡封闭。力争工地临房、临时围挡材料的可重复使用率达到70％
	节材措施	鼓励就地取材，施工现场500km以内生产的建筑材料用量占建筑材料总重量的70％以上，宜优先选用获得绿色建材评价认证标识的建筑材料和产品

续表

项目		具体内容
节水与水资源利用	提高用水节水效率	（1）施工现场应建立可再利用水的收集处理系统。现场机具、设备、车辆冲洗用水必须设立循环用水装置。施工现场办公区、生活区的生活用水应采用节水系统和节水器具。项目临时用水应使用节水型产品，安装计量装置。 （2）现场搅拌用水、养护用水，优先采用中水搅拌、中水养护，有条件的地区和工程应收集雨水养护。处于基坑降水阶段的工地，宜优先采用地下水作为混凝土搅拌用水、养护用水、冲洗用水和部分生活用水。现场机具、设备、车辆冲洗、喷洒路面、绿化浇灌等用水，优先采用非传统水源，尽量不使用市政自来水。力争施工中非传统水源和循环水的再利用量大于30%
	保证用水安全	制定水质检测与卫生保障措施
节能与能源利用	可再生能源利用及设备节能	（1）充分利用太阳能、地热、风能等可再生能源。 （2）选用变频技术的节能施工设备等。安排施工工艺时，应优先考虑耗用电能的或其他能耗较少的施工工艺。应选择功率与负载相匹配的施工机械设备。机电安装可采用逆变式电焊机和能耗低、效率高的手持电动工具等。机械设备宜使用节能型油料添加剂
	生产、生活及办公临时设施节能	（1）合理设计生产、生活及办公临时设施的体形、朝向、间距和窗墙面积比。 （2）南方地区外墙窗设遮阳设施；严寒和寒冷地区外门采取防寒措施。 （3）办公和生活临时用房应采用可重复利用的房屋
	施工用电及照明节能	临电设备宜采用自动控制装置。采用声控、光控等节能照明灯具。照明照度宜按最低合理照度设计。照度不应超过最低照度的20%。施工现场宜错峰用电
节地与施工用地保护	临时用地	（1）临时设施的占地面积应按用地指标所需的最低面积设计。 （2）可能减少废弃地和死角，临时设施占地面积有效利用率大于90%
	临时用地保护	（1）深基坑施工方案优化，减少土方开挖和回填量。 （2）红线外临时占地应尽量使用荒地、废地，少占用农田和耕地。对红线外占地恢复原地形、地貌。利用和保护施工用地范围内原有绿色植被
	施工总平面布置和临时设施	（1）施工现场搅拌站、仓库、加工厂、作业棚、材料堆场等布置应尽量靠近已有交通线路或即将修建的正式或临时交通线路。 （2）施工现场的强噪声机械设备宜远离噪声敏感区。 （3）塔式起重机等垂直运输设施基座宜采用可重复利用的装配式基座或利用在建工程的结构。 （4）临时办公和生活用房应采用多层轻钢活动板房、钢骨架水泥活动板房等标准化装配式结构。 （5）生活区与生产区应分开布置。 （6）施工现场大门、围挡和围墙宜采用可重复利用的材料和部件。施工现场入口应设置绿色施工制度图牌。施工现场围墙、大门和施工道路周边宜设置绿化隔离带。施工现场内形成环形通路。施工现场主要道路的硬化处理宜采用可周转使用的材料和构件

续表

项目		具体内容
环境保护	扬尘控制	（1）施工现场宜搭设封闭式垃圾站。运输容易散落、飞扬、流漏的物料车辆，必须封闭严密。施工现场出口应设置洗车槽。 （2）对现场易飞扬物质：洒水、地面硬化、围挡、密网覆盖、封闭等，防止扬尘产生。土方作业阶段应洒水、覆盖，达到作业区目测扬尘高度小于1.5m。【2024年考过】 （3）结构施工、安装装饰装修阶段，作业区目测扬尘高度小于0.5m。对易产生扬尘的堆放材料应覆盖；对粉末状材料应封闭存放；场区内可能引起扬尘的材料及建筑垃圾搬运应覆盖、洒水等；浇筑混凝土前清理灰尘和垃圾时尽量使用吸尘器，避免使用吹风器等易产生扬尘的设备；机械剔凿作业时采用局部遮挡、掩盖、水淋等措施；高层或多层建筑清理垃圾应搭设封闭性临时专用道或采用容器吊运
	噪声与振动控制	（1）昼间场界环境噪声不得超过70dB（A）【2024年考过】，夜间场界环境噪声不得超过55dB（A）。夜间噪声最大声级超过限值的幅度不得高于15dB（A）。【2013年考过】 （2）施工现场应使用低噪声、低振动的机具，采取隔声与隔振措施
	光污染控制	采取限时施工、遮光和全封闭等措施。夜间室外照明灯加设灯罩
	水污染控制	（1）食堂、盥洗室、淋浴间的下水管线应设置过滤网，食堂应另设隔油池；施工现场宜采用移动式厕所，固定厕所应设化粪池；隔油池和化粪池做防渗处理，定期清运和消毒。 （2）施工现场存放的油料和化学溶剂等物品应设专门库房，地面应做防渗漏处理。易挥发、易污染的液态材料，应使用密闭容器存放
	土壤保护	施工后应恢复施工活动破坏的植被（一般指临时占地内）
	垃圾回收利用和处置	力争使建筑垃圾的再利用和回收率达到30%，建筑物拆除产生的废弃物再利用和回收率大于40%，对于碎石类、土石方类建筑垃圾，可采用地基填埋、铺路等方式提高再利用率，力争再利用率大于50%。 施工现场生活区设置封闭式垃圾容器，施工场地生活垃圾实行袋装化
发展绿色施工"四新"技术		国家鼓励各地区开展绿色施工的政策与技术研究，开发应用绿色施工的新技术、新设备、新材料与新工艺，推行应用示范工程

重点难点专项突破

1. 本考点内容占考试用书篇幅较多，其中的可考点也较多，上表选取了一些较为典型的绿色施工技术措施，建议考生在学习本考点时，对于考试用书中涉及此处内容时多熟悉几遍。

2. 本考点可能会有以判断正误、选择类型的题目进行考核。

3. 本考点可能会这样命题：

（1）下列绿色施工技术措施中，属于扬尘控制措施的是（　　）。

A. 土方作业阶段应洒水、覆盖，达到作业区目测扬尘高度小于1.5m

B. 施工现场应使用低噪声、低振动的机具

C. 夜间室外照明灯加设灯罩
D. 施工现场生活区设置封闭式垃圾容器
【答案】A

（2）根据《建筑施工场界环境噪声排放标准》GB 12523—2011，推土机在夜间施工时的施工噪声限值是(　　)dB。
A. 65
B. 75
C. 85
D. 55
【答案】D

7.2 施工现场环境管理

专项突破1　环境管理体系的基本理念和核心内容

项目		内容
基本理念		持续改进、法律合规、风险管理、绩效评估、沟通与参与、资源管理、培训和意识
核心内容	组织所处环境	理解组织所处环境包括的内容：理解组织及其所处的环境；理解相关方的需求和期望；确定环境管理体系的范围；环境管理体系
	领导作用	包括的内容：领导作用和承诺；环境方针；组织的角色、职责和权限【2024年考过】
	策划	包括的内容：应对风险和机遇的措施；环境目标及其实现的策划
	支持	包括的内容：资源；能力；意识；信息交流；文件化信息
	运行	包括的内容：运行策划和控制；应急准备和响应
	绩效评价	包括的内容：监视、测量、分析和评价；内部审核；管理评审
	改进	环境管理体系对改进提出要求，充分体现了组织建立环境管理体系的最终目的是持续改进环境管理体系的适宜性、充分性和有效性。 包括的内容：总则；不符合和纠正措施；持续改进

重点难点专项突破

1. 本考点重点内容为上表内容，考生需熟悉上表内容。
2. 本考点可能会这样命题：
环境管理体系的基本理念包括(　　)。
A. 精简效能
B. 绩效评估
C. 法律合规
D. 风险管理
E. 持续改进
【答案】B、C、D、E

专项突破 2　环境管理体系的建立

项目		内容
准备工作	最高管理者的承诺、责任和领导	最高管理者对环境管理体系的有效性负责，其承诺、责任和领导是环境管理体系建立和实施成功的关键，包括实现预期结果的能力
	组建工作班子，制定计划和人员培训	工作班子应明确人员分工并就环境管理体系的建立制定详细的工作计划，包括目标要求、措施方案、时间进度等
初始环境评审	确定企业环境和确定相关方要求	（1）确定企业环境。建筑企业外部问题包括：政治、经济、社会、市场、金融、技术、竞争、文化、司法和自然环境等。建筑企业内部问题包括：企业组织结构，企业战略方向，企业活动、产品和服务的性质、规模和环境影响，企业司法记录、现状及趋势，企业能力，企业信息系统，企业文化，企业管理制度，企业与相关方的合作等。 （2）确定相关方要求 ① 影响建筑企业活动和决策的相关方，要求必须遵守法律法规、建设环境友好的企业。 ② 受建筑企业活动和决策影响的相关方，要求企业积极保护环境，防治污染，稳定运行。 ③ 自身感到受建筑企业活动和决策影响的相关方，要求企业提供绿色消费，提升环境绩效，实现持续发展
	确定环境管理体系范围	—
	确定环境管理体系过程	—
	制定方针，确定岗位职责权限	环境方针是建筑企业承担环境责任和义务的公开声明和承诺，是建筑企业环境管理的纲领性文件。建筑企业应将对相关岗位职责和权限的确定结果形成文件化信息
环境管理体系策划及体系文件编制	体系策划	内容包括：风险和机遇确定及应对措施策划；环境因素确定及控制措施策划；合规义务确定及履行措施策划；环境目标确定及实现措施策划
	体系文件编制	《环境管理体系 要求及使用指南》GB/T 24001—2016 要求保持的文件化信息包括：①环境管理体系范围；②环境方针；③环境目标；④需要应对的风险和机遇确定及应对措施策划过程；⑤环境因素及重要环境因素确定及控制措施策划过程；⑥合规义务确定及履行措施策划过程；⑦应急准备和响应过程。 《环境管理体系 要求及使用指南》GB/T 24001—2016 要求保留的文件化信息包括：①能力的证据；②信息交流的证据；③监视、测量、分析和评价结果；④合规性评价结果；⑤内部审核方案实施和审核结果；⑥管理评审结果；⑦不符合的性质和所采取的任何后续措施；⑧任何纠正措施的结果

重点难点专项突破

1. 本考点中只需掌握上表内容即可。
2. 本考点可能会这样命题：

环境管理体系策划内容包括( )。
A. 风险和机遇确定及应对措施策划　　B. 环境因素确定及控制措施策划
C. 合规义务确定及履行措施策划　　　D. 环境目标确定及实现措施策划
E. 环境方针
【答案】A、B、C、D

专项突破3　文明施工的作用及管理理念

例题：文明施工是现代物质文明和精神文明的体现，是企业文化和企业社会责任的体现，是建筑业高质量发展的内在要求。因此，文明施工是保证( )的支持条件。
A. 施工质量　　　　　　　　　　　　B. 施工安全
C. 以人为本　　　　　　　　　　　　D. 关心公众
E. 企业能力　　　　　　　　　　　　F. 企业形象
【答案】A、B

重点难点专项突破

1. 本考点还可以考核的题目有：
(1) 文明施工是（C、D）的现实需要。
(2) 文明施工是反映（E、F）的重要窗口。
2. 本考点包含两个采分点：一是文明施工的作用，二是文明施工的管理理念。上述例题阐述了第一个采分点，下面学习第二个采分点：

项目	内容
企业社会责任理念	(1) 企业社会责任是除经济责任、法律责任之外的"第三种"责任。 (2) 建筑企业的社会责任表现为建筑企业在追求营利性目标的同时，应承担对环境、社会和其他利益相关者的责任或应尽的义务，文明施工是建筑企业对员工责任、业主责任、公众责任、环境资源责任的良好体现
精益管理理念	(1) 精益管理中的"精"体现在质量上，追求"精益求精"；"益"体现在成本上，减少资源消耗和浪费，多产出效益。 (2) 精益管理以"精准决策、精确计划、精确控制、精确考核"为手段，贯彻"管理以人为本，人以精益为本"的思想，遵循以结果为导向的管理理念
"8S"管理理念	整理、整顿、清扫、清洁、人的素养、安全、节约、学习，即成为当今施工现场的"8S"管理理念

专项突破4　文明施工工作具体要求

项目名称	具体要求
安全警示标志牌	在易发生伤亡事故（或危险）处设置明显的、符合国家标准要求的安全警示标志牌

续表

项目名称	具体要求
现场围挡	采用封闭围挡，高度不小于1.8m。【2018年、2023年1天考3科考过】 围挡材料可采用彩色、定型钢板、砖、混凝土砌块等墙体
"五牌一图"	在进门处悬挂工程概况、管理人员名单及监督电话、安全生产、文明施工、消防保卫五牌；施工现场总平面图【2016年、2017年、2018年、2022年2天考3科、2023年2天考3科考过】
企业标志	现场出入的大门应设有企业标识
场容场貌	道路畅通；排水沟、排水设施通畅；工地地面硬化处理；绿化
材料堆放	材料、构件、料具等堆放时，悬挂有名称、品种、规格等标牌；水泥和其他易飞扬细颗粒建筑材料应密闭存放或采取覆盖等措施；易燃、易爆和有毒有害物品分类存放
现场防火	消防器材配置合理，符合消防要求
垃圾清运	施工现场应设置密闭式垃圾站，施工垃圾、生活垃圾应分类存放。施工垃圾必须采用相应容器或管道运输

重点难点专项突破

1. 上表内容为本考点的重点内容。
2. 本考点可能会这样命题：

（1）按照文明工地标准，下列图牌中，属于施工现场"五牌一图"的有（　　）。
【2023年2天考3科真题】
  A. 组织机构图　　　　　　　　B. 工程概况牌
  C. 消防保卫牌　　　　　　　　D. 安全生产牌
  E. 文明施工牌
【答案】B、C、D、E

（2）根据建设工程文明工地标准，施工现场必须设置"五牌一图"，其中"一图"是指（　　）。【2018年真题】
  A. 施工进度横道图　　　　　　B. 大型机械布置位置图
  C. 施工现场交通组织图　　　　D. 施工现场平面布置图
【答案】D

（3）施工现场文明施工"五牌一图"中，"五牌"是指（　　）。【2017年真题】
  A. 工程概况牌、管理人员名单及监督电话牌、现场平面布置牌、安全生产牌、文明施工牌
  B. 工程概况牌、管理人员名单及监督电话牌、消防保卫牌、安全生产牌、文明施工牌
  C. 工程概况牌、现场危险警示牌、现场平面布置牌、安全生产牌、文明施工牌
  D. 工程概况牌、现场危险警示牌、消防保卫牌、安全生产牌、文明施工牌
【答案】B

(4) 施工现场文明施工措施中，施工现场采用封闭围挡，高度不小于( )m。
A. 1.8　　　　　　　　　　B. 1.0
C. 1.5　　　　　　　　　　D. 2.0
【答案】A

专项突破 5　文明施工管理目标及工作要求

项目	内容
管理目标	归纳为"六化"：现场管理制度化、安全设施标准化、现场布置条理化、机料摆放定置化、作业行为规范化、环境协调和谐化
工作要求	(1) 建立健全文明施工管理体系，落实管理责任。 (2) 抓好员工教育培训，树立文明施工理念。 (3) 制定安全文明施工管理规划，优化对策方法。 (4) 落实安全文明施工费，依规做好专款专用

重点难点专项突破

1. 本考点中重点内容为上表内容，关于文明施工管理工作要求的细节性内容，考生自行复习考试用书相关内容。

2. 本考点可能会这样命题：
建筑企业文明施工管理目标的内容包括( )。
A. 施工效率成本化　　　　　B. 机料摆放定置化
C. 安全设施标准化　　　　　D. 现场布置条理
E. 现场管理制度化
【答案】B、C、D、E

专项突破 6　施工现场环境保护措施

例题：根据《建筑与市政工程绿色施工评价标准》GB/T 50640—2023，"控制项"是指绿色施工过程中必须达到的基本要求条款。对于施工现场环境保护而言，"控制项"包括的内容有( )。【2024 年考过】

A. 应建立环境保护管理制度
B. 绿色施工策划文件中应包含环境保护内容
C. 施工现场应在醒目位置设环境保护标识【2024 年考过】
D. 应对施工现场的古迹、文物、墓穴、树木及生态环境等采取有效保护措施，制定地下文物应急预案
E. 施工现场宜设置可移动环保厕所，并定期清运、消毒
F. 现场宜采用自动喷雾（淋）降尘系统

G. 场界宜设置扬尘自动监测仪，动态连续定量监测扬尘

H. 场界宜设置动态连续噪声监测设施，保存昼夜噪声曲线

I. 装配式建筑施工的垃圾排放量不宜大于 140t/万 m^2，非装配式建筑施工的垃圾排放量不宜大于 210t/万 m^2

J. 宜采用地磅或自动监测平台，动态计量固体废弃物重量

K. 现场宜采用雨水就地渗透措施

L. 宜采用生态环保泥浆、泥浆净化器反循环快速清孔等环境保护技术

M. 土方施工宜采用水浸法湿润土壤等降尘方法

【答案】A、B、C、D

重点难点专项突破

1. 本考点还可以考核的题目有：

根据《建筑与市政工程绿色施工评价标准》GB/T 50640—2023，"优选项"是指绿色施工过程中实施难度较大、要求较高的条款。对于施工现场环境保护而言，"优选项"包括的内容有（E、F、G、H、I、J、K、L、M）。

2. 本考点中还需掌握施工现场环境保护的一般项的内容。具体内容包括：

项目	内容
扬尘控制	（1）现场应建立洒水清扫制度，配备洒水设备，并有专人负责。 （2）对裸露地面、集中堆放的土方应采取抑尘措施。【2024年考过】 （3）现场进出口应设车胎冲洗设施和吸湿垫，保持进出现场车辆清洁。 （4）易飞扬和细颗粒建筑材料应封闭存放，余料回收。 （5）拆除、爆破、开挖、回填及易产生扬尘的施工作业应有抑尘措施。 （6）高空垃圾清运应采用封闭式管道或垂直运输机械。 （7）现场搅拌应有密闭和防尘措施。 （8）遇有六级及以上大风天气时，应停止土方开挖、回填、转运及其他可能产生扬尘污染的施工活动。 （9）现场运送土石方、弃渣及易引扬尘的材料时，车辆应采取遮盖措施。 （10）弃土场应封闭，并进行临时性绿化。 （11）现场采用清洁燃料
废气排放控制	（1）车辆及机械设备废气排放应符合国家现行相关标准的规定。 （2）现场厨房烟气应净化后排放。【2024年考过】 （3）在敏感区域内的施工现场，进行喷漆作业时，应设有防挥发物扩散措施
建筑垃圾处置	（1）制定建筑垃圾减量化专项方案，明确减量化、资源化具体指标及各项措施。 （2）装配式建筑施工的垃圾排放量不大于 200t/万 m^2，非装配式建筑施工的垃圾排放量不大于 300t/万 m^2。 （3）建筑垃圾回收利用率达到30%，建筑材料包装物回收利用率达到100%。 （4）现场垃圾分类、封闭、集中堆放。【2024年考过】 （5）办理施工渣土、建筑废弃物等排放手续，按指定地点排放。 （6）碎石和土石方类等建筑垃圾用作地基和路基回填材料。 （7）土方回填不采用有毒有害废弃物。 （8）施工现场办公用纸两面使用，废纸回收，废电池、废硒鼓、废墨盒、剩油漆、剩涂料等有毒有害的废弃物封闭分类存放，设置醒目标志，并由符合要求的专业机构消纳处置。 （9）施工选用绿色、环保材料

续表

项目	内容
污水排放	（1）现场道路和材料堆放场地周边应设置排水沟。【2024年考过】 （2）工程污水和试验室养护用水应处理合格后，排入市政污水管道，检测频率不应少于1次/月。【2024年考过】 （3）现场厕所应设置化粪池，化粪池定期清理。【2024年考过】 （4）工地厨房应设置隔油池，定期清理。 （5）工地生活污水、预制场和搅拌站等施工污水达标排放和利用。 （6）钻孔桩顶管或盾构法作业应采用泥浆循环利用系统，不应外溢漫流【2024年考过】
光污染控制	（1）应采取限时施工、遮光和全封闭等防光污染措施。 （2）焊接作业时，应采取挡光措施。 （3）施工场区照明应采取防止光线外泄措施
噪声控制	（1）针对现场噪声源，应采取隔声、吸声、消声等降噪措施。 （2）应采用低噪声施工设备。 （3）噪声较大的机械设备应远离现场办公区、生活区和周边敏感区。 （4）混凝土输送泵、电锯等机械设备应设置吸声降噪屏或其他降噪措施。 （5）施工作业面应设置降噪设施。 （6）材料装卸设置降噪垫层，轻拿轻放，控制材料撞击噪声。 （7）施工场界声强限值昼间不大于70dB（A），夜间不大于55dB（A）

第8章 施工文件归档管理及项目管理新发展

8.1 施工文件归档管理

专项突破1 建筑工程施工文件归档范围

例题： 根据《建设工程文件归档规范》GB/T 50328—2014（2019年版），施工单位必须归档的建筑工程文件中的竣工验收与备案文件有（　　）。

A. 工程复工报审表　　　　　　　　B. 工程开工报审表
C. 质量事故报告及处理资料　　　　D. 见证取样和送检人员备案表
E. 见证记录　　　　　　　　　　　F. 工程概况表
G. 分包单位资质报审表　　　　　　H. 建设工程质量事故勘查记录
I. 建设工程质量报告书　　　　　　J. 见证试验检测汇总表
K. 施工日志　　　　　　　　　　　L. 图纸会审记录
M. 设计变更通知单　　　　　　　　N. 工程洽商记录（技术核定单）
O. 隐蔽工程验收记录　　　　　　　P. 工程定位测量记录
Q. 基槽验线记录　　　　　　　　　R. 沉降观测记录
S. 施工单位工程竣工报告　　　　　T. 工程竣工验收报告
U. 工程竣工验收会议纪要　　　　　V. 专家组竣工验收意见
W. 工程竣工验收证书
X. 规划、消防、环保、民防、防雷等部门出具的认可文件或准许使用文件
Y. 住宅质量保证书、住宅使用说明书　　Z. 建设工程竣工验收备案表

【答案】 S、T、U、V、W、X、Y、Z

重点难点专项突破

1. 本考点还可以考核的题目有：

（1）根据《建设工程文件归档规范》GB/T 50328—2014（2019年版），施工单位必须归档的建筑工程文件中的监理管理文件有（A）。

（2）根据《建设工程文件归档规范》GB/T 50328—2014（2019年版），施工单位必须归档的建筑工程文件中的进度控制文件有（B）。

（3）根据《建设工程文件归档规范》GB/T 50328—2014（2019年版），施工单位必须归档的建筑工程文件中的质量控制文件有（C、D、E）。

(4) 根据《建设工程文件归档规范》GB/T 50328—2014（2019 年版），施工单位必须归档的建筑工程文件中的施工管理文件有（F、G、H、I、J、K）。

(5) 根据《建设工程文件归档规范》GB/T 50328—2014（2019 年版），施工单位必须归档的建筑工程文件中的施工技术文件有（L、M、N）。

(6) 根据《建设工程文件归档规范》GB/T 50328—2014（2019 年版），施工单位必须归档的建筑工程文件中的施工记录文件有（O、P、Q、R）。

2. 施工单位必须归档的建筑工程文件还包括招标投标文件、开工审批文件、工程造价文件、工程建设基本信息、进场复试报告、工期管理文件、监理验收文件、出厂质量证明文件及检测报告，其他内容根据考试用书学习。

专项突破 2 市政工程施工文件归档范围

例题：根据《建设工程文件归档规范》GB/T 50328—2014（2019 年版），施工单位必须归档的市政工程文件中的施工技术文件有（　　）。

A. 工程复工报审表　　　　　　　　B. 工程开工报审表
C. 质量事故报告及处理资料　　　　D. 见证取样和送检人员备案表
E. 见证记录　　　　　　　　　　　F. 工程延期申请表
G. 竣工移交证书　　　　　　　　　H. 工程概况表
I. 分包单位资质报审表　　　　　　J. 建设工程质量事故勘查记录
K. 建设工程质量事故报告书　　　　L. 见证试验检测汇总表
M. 施工日志　　　　　　　　　　　N. 图纸会审记录
O. 设计变更通知单　　　　　　　　P. 工程洽商记录（技术核定单）
Q. 测量交接桩记录　　　　　　　　R. 工程定位测量记录
S. 水准点复测记录　　　　　　　　T. 导线点复测记录
U. 测量复核记录　　　　　　　　　V. 沉降观测记录
W. 道路高程测量成果记录（路床、基层、面层）
X. 隐蔽工程检查验收记录　　　　　Y. 水泥混凝土浇筑施工记录

【答案】N、O、P

重点难点专项突破

1. 本考点还可以考核的题目有：

(1) 根据《建设工程文件归档规范》GB/T 50328—2014（2019 年版），施工单位必须归档的市政工程文件中的监理管理文件有（A）。

(2) 根据《建设工程文件归档规范》GB/T 50328—2014（2019 年版），施工单位必须归档的市政工程文件中的进度控制文件有（B）。

(3) 根据《建设工程文件归档规范》GB/T 50328—2014（2019 年版），施工单位必须归档的市政工程文件中的质量控制文件有（C、D、E）。

(4) 根据《建设工程文件归档规范》GB/T 50328—2014（2019年版），施工单位必须归档的市政工程文件中的工期管理文件有（F）。

(5) 根据《建设工程文件归档规范》GB/T 50328—2014（2019年版），施工单位必须归档的市政工程文件中的监理验收文件有（G）。

(6) 根据《建设工程文件归档规范》GB/T 50328—2014（2019年版），施工单位必须归档的市政工程文件中的施工管理文件有（H、I、J、K、L、M）。

(7) 根据《建设工程文件归档规范》GB/T 50328—2014（2019年版），施工单位必须归档的市政工程文件中的施工记录文件有（Q、R、S、T、U、V、W、X、Y）。

2. 施工单位必须归档的市政工程文件还包括招标投标文件、开工审批文件、工程造价文件、工程建设基本信息、出厂质量证明文件及检测报告、进场复试报告、竣工验收与备案文件，其他内容根据考试用书学习。

专项突破3　施工文件立卷

项目	内容
立卷原则	(1) 按施工准备、施工过程、竣工验收不同阶段分别进行立卷，并可根据数量多少组成一卷或多卷。 (2) 专业承（分）包施工的分部、子分部（分项）工程应分别单独立卷。【2022年2天考3科、2024年考过】 (3) 室外工程应按室外建筑环境和室外安装工程单独立卷。 (4) 当施工文件中部分内容不能按一个单位工程分类立卷时，可按建设工程立卷。 (5) 不同载体的文件应分别立卷【2009年考过】
立卷方法	(1) 施工文件应按单位工程、分部（分项）工程进行立卷。【2024年考过】 (2) 竣工图应按单位工程分专业进行立卷。 (3) 竣工验收文件应按单位工程分专业进行立卷。【2010年考过】 (4) 电子文件立卷时，每个工程（项目）应建立多级文件夹，应与纸质文件在案卷设置上一致，并应建立相应的标识关系。 (5) 声像资料应按工程建设各阶段立卷，重大事件及重要活动的声像资料应按专题立卷，声像档案与纸质档案应建立相应的标识关系【2022年2天考3科考过】
立卷要求	(1) 不同幅面的工程图纸，应统一折叠成A4幅面（297mm×210mm）。 (2) 案卷不宜过厚，文字材料卷厚度不宜超过20mm，图纸卷厚度不宜超过50mm。 (3) 案卷内不应有重份文件【2009年考过】。印刷成册的工程文件宜保持原状。 (4) 电子文件的组织和排序可按纸质文件进行。 (5) 图纸应按专业排列，同专业图纸应按图号顺序排列【2009年考过】。当案卷内既有文字材料又有图纸时，文字材料应排在前面，图纸应排在后面【2022年2天考3科考过】

重点难点专项突破

1. 本考点一般会考核判断正确与错误说法的题目。

2. 本考点可能会这样命题：

(1) 根据《建设工程文件归档规范》GB/T 50328—2014（2019年版），关于施工文件立卷的说法，正确的是( )。【2022年2天考3科真题】

A. 声像资料应与纸质文件在案卷设置上一致
B. 专业分包的分部工程，应并入相应单位工程立卷
C. 文字材料按事项、专业顺序排列
D. 卷内既有文字材料又有图纸资料时，图纸排列在前

【答案】C

(2) 关于施工文件立卷的说法，正确的有( )。

A. 不同幅面的工程图纸，应统一折叠成A4幅面
B. 图纸按专业排列，同专业图纸按图号顺序排列
C. 既有文字材料又有图纸的案卷，图纸排前，文字材料排后
D. 文字材料同一事项的请示与批复，按批复在前、请示在后顺序排列
E. 案卷不宜过厚，文字材料卷厚度不宜超过50mm，图纸卷厚度不宜超过20mm

【答案】A、B、D

专项突破4 施工文件归档

项目	内容
质量要求	(1) 归档的纸质施工文件应为原件。【2010年、2018年、2019年、2021年第二批、2024年考过】 (2) 施工文件的内容及其深度必须符合国家有关标准的规定。【2010年考过】 (3) 施工文件应采用碳素墨水、蓝黑墨水等耐久性强的书写材料。【2010年、2011年、2021年第二批考过】 (4) 施工文件文字材料幅面尺寸规格宜为A4幅面（297mm×210mm），图纸宜采用国家标准图幅。【2018年、2019年考过】 (5) 施工文件的纸张应采用能够长期保存的韧力大、耐久性强的纸张。 (6) 所有竣工图均应加盖竣工图章。【2019年考过】 　① 竣工图章尺寸应为：50mm×80mm。【2024年考过】 　② 竣工图章应使用不易褪色的印泥，应盖在图标栏上方空白处。【2024年考过】 (7) 归档的电子文件应采用开放式文件格式或通用格式进行存储。专用软件产生的非通用格式的电子文件应转换成通用格式。【2024年考过】 (8) 归档的电子文件应采用电子签名等手段，所载内容应真实和可靠，且必须与其纸质档案一致
时间要求	施工单位应当在工程竣工验收前，将形成的有关工程档案向建设单位归档【2011年、2012年6月、2016年、2021年第二批、2023年1天考3科考过】
其他相关要求	(1) 工程档案的编制不得少于两套，一套由建设单位保管，一套（原件）移交当地城建档案管理机构保存。【2016年、2023年1天考3科考过】 (2) 施工单位向建设单位移交档案时，应编制移交清单，双方签字、盖章后方可交接【2023年1天考3科考过】

重点难点专项突破

1. 历年考试主要以判断正误的综合题目考核，上表中的每一句话都有可能作为备选项。

2. 红色墨水、纯蓝墨水、圆珠笔、复写纸、铅笔等属于易褪色的书写材料，不得使用。

3. 本考点可能会这样命题：

关于施工文件归档质量要求的说法，正确的有(　　)。

A. 施工文件可以采用纯蓝墨水书写
B. 归档图纸可以使用计算机出图的复印件
C. 工程文件文字材料幅面尺寸规格宜为 A4 幅面
D. 所有竣工图均应加盖竣工图章
E. 归档的电子文件应采用开放式文件格式或通用格式进行存储

【答案】C、D、E

8.2　项目管理新发展

专项突破 1　《建设工程项目管理规范》GB/T 50326—2017关于项目管理的主要内容

例题：根据《建设工程项目管理规范》GB/T 50326—2017，项目管理机构应按项目管理流程实施项目管理。项目管理流程应包括(　　)过程。

A. 启动　　　　　　　　　　B. 策划
C. 实施　　　　　　　　　　D. 监控
E. 收尾

【答案】A、B、C、D、E

重点难点专项突破

1. 本考点还可以考核的题目有：

(1) 根据《建设工程项目管理规范》GB/T 50326—2017，项目管理工作中，(A)过程应明确项目概念，初步确定项目范围，识别影响项目最终结果的内外部相关方。

(2) 根据《建设工程项目管理规范》GB/T 50326—2017，项目管理工作中，(B)过程应明确项目范围，协调项目相关方期望，优化项目目标，为实现项目目标进行项目管理规划与项目管理配套策划。

(3) 根据《建设工程项目管理规范》GB/T 50326—2017，项目管理工作中，(C)过程应按照项目管理策划要求组织人员和资源，实施具体措施，完成项目管理策划中确定的工作。

（4）根据《建设工程项目管理规范》GB/T 50326—2017，项目管理工作中，（D）过程应对照项目管理策划，监督项目活动，分析项目进展情况，识别必要的变更需求并实施变更。

（5）根据《建设工程项目管理规范》GB/T 50326—2017，项目管理工作中，（E）过程应完成全部过程或阶段的所有活动，正式结束项目或阶段。

2. 熟悉《建设工程项目管理规范》GB/T 50326—2017 中关于工程项目管理相关内容。下面将可能会考核的采分点总结如下：

考试怎么考	采分点
项目管理的基本制度是（　　）	项目管理责任制度
项目管理责任制度的核心内容是（　　）	项目经理责任制
施工单位法定代表人应书面授权委托项目经理，并实行项目经理责任制。项目经理应（　　）	取得相应资格，并按规定取得安全生产考核合格证书
项目管理策划由（　　）组成	项目管理规划策划和项目管理配套策划
项目管理规划包括（　　）	项目管理规划大纲和项目管理实施规划
项目管理策划应遵循的程序是（　　）	（1）识别项目管理范围。 （2）进行项目工作分解。 （3）确定项目实施方法。 （4）规定项目需要的各种资源。 （5）测算项目成本。 （6）对各个项目管理过程进行策划
项目技术管理措施的主要内容有（　　）	（1）技术规格书。 （2）技术管理规划。 （3）施工组织设计、施工措施、施工技术方案。 （4）采购计划

专项突破 2 《建设工程施工项目经理岗位职业标准》T/CCIAT 0010—2019 关于项目管理的主要内容

例题：根据《建设工程施工项目经理岗位职业标准》T/CCIAT 0010—2019，施工项目经理在施工过程管理阶段应（　　）。

A. 组织项目团队成员建立健全工程项目管理体系
B. 制定和实施科学合理的保障措施
C. 组织项目团队成员分析工程项目的特点、合同内容及经济、社会和自然环境条件
D. 进行项目实施策划，并分析风险因素，提出有效的控制措施和应急预案
E. 参加由建设单位主持召开的工地会议，并按规定会签会议纪要
F. 按规定向项目监理机构或建设单位报送工程开工申请

G. 组织项目团队成员分析预测工程施工状况

H. 结合工程项目目标制定和实施相关预控、预防措施

I. 定期组织召开施工例会,并应参加建设单位或项目监理机构组织召开的专题会议

J. 组织项目团队成员跟踪检查工程项目实施情况,分析工程项目目标偏差及其原因

K. 指派专人记录施工日志,定期编制施工月报,按规定向工程项目相关方提交施工进展分析报告

L. 按规定组织工程质量内部检验,参加工程竣工验收,在合同规定期限内组织工程交付

M. 依据施工合同、工程竣工结算有关规定,组织或参加工程竣工结算

N. 依据工程竣工验收与结算相关法规标准和施工合同约定,协调处理工程竣工验收与结算中的问题

O. 组织项目团队成员做好项目收尾工作

P. 及时进行工程项目管理总结与项目团队成员绩效考核评价

【答案】G、H、I、J、K

重点难点专项突破

本考点还可以考核的题目有:

(1) 根据《建设工程施工项目经理岗位职业标准》T/CCIAT 0010—2019,施工项目经理在施工准备管理阶段应(A、B、C、D、E、F)。

(2) 根据《建设工程施工项目经理岗位职业标准》T/CCIAT 0010—2019,施工项目经理在竣工验收与结算管理阶段应(L、M、N)。

(3) 根据《建设工程施工项目经理岗位职业标准》T/CCIAT 0010—2019,施工项目经理在工程项目管理总结评价阶段应(O、P)。

专项突破 3 交 付 价 值

例题: 价值交付系统需要考虑(   )。

A. 创造价值
B. 组织治理体系
C. 与项目有关的职能
D. 项目环境
E. 产品管理考虑因素

【答案】A、B、C、D、E

重点难点专项突破

1. 选项 B,组织治理体系包括监督、控制、价值评估及决策能力等要素。

2. 选项 C,与项目有关的职能包括:提供监督和协调;提出目标和反馈;引导和支持;运用专业知识开展工作;提供资源、业务方向和洞察;维持治理等。

3. 价值驱动是项目管理领域的新发展,项目管理者应关注项目管理新发展。

4. 本考点内容较少,熟悉以上采分点即可。

专项突破 4　BIM 技术在施工管理中的应用

项目	内容
施工模型	施工模型应根据 BIM 应用相关专业和任务的需要创建,其模型细度应满足深化设计、施工过程和竣工验收等任务的要求
深化设计	现浇混凝土结构工程、装配式混凝土结构工程、钢结构工程、机电工程等深化设计宜应用 BIM 技术
施工模拟	施工组织模拟和施工工艺模拟宜应用 BIM 技术。 (1) 在施工组织模拟 BIM 技术应用中,可基于施工图设计模型或深化设计模型和施工图、施工组织设计文档等创建施工组织模型,并应将工序安排、资源配置和平面布置等信息与模型关联,输出施工进度、资源配置等计划,指导和支持模型、视频、说明文档等成果的制作与方案交底。 (2) 当施工难度大或采用新技术、新工艺、新设备、新材料时,宜应用 BIM 进行施工工艺模拟
进度管理	在进度计划编制 BIM 技术应用中,可基于项目特点创建工作分解结构,编制进度计划,基于深化设计模型创建进度管理模型,基于定额完成工程量估算和资源配置、进度计划优化。 在进度控制 BIM 技术应用中,应基于进度管理模型和实际进度信息完成进度对比分析,基于偏差分析结果更新进度管理模型
成本管理	在成本管理 BIM 技术应用中,宜基于深化设计模型或预制加工模型,以及清单规范和消耗量定额创建成本管理模型,通过计算合同预算成本和集成进度信息,定期进行计划成本与实际成本对比分析及纠偏等工作
质量与安全管理	在质量管理 BIM 技术应用中,宜基于深化设计模型或预制加工模型创建质量管理模型,基于质量验收标准和施工资料标准确定质量验收计划,进行质量验收、质量问题处理、质量问题分析。 在安全管理 BIM 技术应用中,宜基于深化设计或预制加工等模型创建安全管理模型,基于安全管理标准确定安全技术措施计划,采取安全技术措施,处理安全隐患和事故,分析安全问题
竣工验收	竣工验收 BIM 技术应用中,应将竣工预验收与竣工验收合格后形成的验收信息和资料附加或关联到模型中,形成竣工验收模型,为数字交付奠定坚实基础

> ### 重点难点专项突破
>
> 1. BIM 技术在工程施工阶段的应用宜覆盖深化设计、施工实施、竣工验收等全过程,也可根据工程项目实际需要应用于某些环节或任务。
> 2. 考试可能会这样命题:
> (1) 在进度计划编制中,关于 BIM 技术应用的说法,正确的有(　　)。
> A. 可基于项目特点创建工作分解结构,编制进度计划

B. 可基于深化设计模型创建进度管理模型

C. 可基于定额完成工程量估算和资源配置、进度计划优化

D. 可基于进度管理模型和实际进度信息完成进度对比分析

E. 可基于偏差分析结果更新进度管理模型

【答案】A、B、C

(2) 在质量管理 BIM 技术应用中宜(　　)。

A. 基于施工图设计模型和施工图、施工组织设计文档等创建施工组织模型

B. 基于清单规范和消耗量定额创建成本管理模型

C. 基于深化设计模型或预制加工模型创建质量管理模型

D. 基于质量验收标准和施工资料标准确定质量验收计划

E. 进行质量验收、质量问题处理、质量问题分析

【答案】C、D、E